SOLIDWORKS 中文版基础教程

常 亮 王 艳 著

清华大学出版社
北 京

内容简介

SOLIDWORKS 是世界上第一套基于 Windows 系统开发的三维 CAD 软件，具有功能强大、易学、易用等特点。本书将讲解运用 SOLIDWORKS 2023 中文版进行设计的方法，包括草图设计、实体特征设计、实体附加特征、零件形变特征、特征编辑、曲线和曲面的设计与编辑、焊件设计、钣金设计、装配体设计、渲染输出、工程图设计、模具设计等内容。全书共分为 14 章，每章除了知识讲解，还设置了相应的进阶设计范例；最后，针对 SOLIDWORKS 的实际应用还设置了综合设计范例，包括多种技术和技巧的演练与讲解。

本书结构严谨，内容翔实，知识全面，可读性强，设计实例专业性强，步骤明确。本书主要面向初级和中级用户，是广大读者快速掌握 SOLIDWORKS 的自学实用指导书，也可作为高职院校计算机辅助设计课程的指导教材。

本书封面贴有清华大学出版社防伪标签，无标签者不得销售。
版权所有，侵权必究。举报：010-62782989，beiqinquan@tup.tsinghua.edu.cn。

图书在版编目(CIP)数据

SOLIDWORKS 中文版基础教程 / 常亮，王艳著. --北京：清华大学出版社，2025.5.
ISBN 978-7-302-68690-3
Ⅰ. TP391.72
中国国家版本馆 CIP 数据核字第 2025TA3521 号

责任编辑：张彦青
装帧设计：李　坤
责任校对：孙艺雯
责任印制：宋　林

出版发行：清华大学出版社
　　　　　网　　址：https://www.tup.com.cn, https://www.wqxuetang.com
　　　　　地　　址：北京清华大学学研大厦 A 座　　邮　编：100084
　　　　　社 总 机：010-83470000　　　　　　　　邮　购：010-62786544
　　　　　投稿与读者服务：010-62776969，c-service@tup.tsinghua.edu.cn
　　　　　质量反馈：010-62772015，zhiliang@tup.tsinghua.edu.cn
印 装 者：三河市春园印刷有限公司
经　　销：全国新华书店
开　　本：185mm×260mm　　印　张：22　　字　数：530 千字
版　　次：2025 年 6 第 1 版　　　　　　　　　印　次：2025 年 6 第 1 次印刷
定　　价：78.00 元

产品编号：102964-01

前言

　　SOLIDWORKS 提供了一套完整的 3D MCAD 产品设计解决方案，它在一个软件包中为产品设计团队提供了所有必要的机械设计、验证、运动模拟、数据管理和交流工具。该软件以参数化特征造型为基础，具有功能强大、易学、易用等特点，是当前最优秀的三维 CAD 软件之一。在 SOLIDWORKS 2023 中文版中，针对设计中的多种功能进行了大量的补充和更新，使用户可以更加方便地进行设计，这无疑为广大的产品设计人员带来了极大的便利。

　　为了使读者更好地学习，同时尽快熟悉 SOLIDWORKS 2023 的设计功能，云杰漫步科技 CAX 教研室根据多年在该领域的设计和教学经验，精心编写了本书。本书详细介绍了 SOLIDWORKS 2023 中文版的核心功能，包括草图设计、实体特征设计、实体附加特征、零件形变特征、特征编辑、曲线曲面设计和编辑、焊件设计、钣金设计、装配体设计、渲染输出、工程图设计和模具设计等内容。本书分为 14 章，每章除了知识讲解，还设置了相应的进阶设计范例，最后还针对 SOLIDWORKS 的实际应用设置了综合设计范例，包括多种技术和技巧的演练和讲解。CAX 教研室长期从事 SOLIDWORKS 的教学和培训工作，数年来承接了大量的项目，积累了丰富的实践经验。本书就像一位专业设计师，将设计项目时的思路、流程、方法、技巧和操作步骤面对面地与读者交流，是广大读者快速掌握 SOLIDWORKS 2023 的实用指导书。

　　本书还配有交互式多媒体教学资源，通过多媒体演示，详细讲解案例制作过程。从教多年的专业讲师提供全程多媒体语音视频跟踪教学，以面对面的形式讲解，便于读者学习使用，同时还提供了所有实例的源文件，以便读者练习使用。读者可扫描前言二维码获取本书范例文件。

SW2023 范例文件.rar

　　本书由常亮、王艳编写。其中，常亮老师编写了第 1～6 章，王艳老师编写了第 7～14 章。书中的多媒体教学由云杰漫步多媒体科技公司提供技术支持。同时，感谢清华大学出版社编辑的大力协助。

　　由于编写时间紧张，编写人员能力有限，因此，书中难免存在不足之处，望广大读者不吝赐教，给予批评指正。

编　者

目 录

第 1 章 SOLIDWORKS 使用入门 1
- 1.1 SOLIDWORKS 简介 2
- 1.2 SOLIDWORKS 操作界面 6
  - 1.2.1 菜单栏 7
  - 1.2.2 工具栏 9
  - 1.2.3 状态栏 9
  - 1.2.4 管理器选项卡 10
  - 1.2.5 任务窗格 11
- 1.3 基本操作工具 11
  - 1.3.1 新建文件 11
  - 1.3.2 打开文件 13
  - 1.3.3 保存文件 14
  - 1.3.4 退出软件 14
- 1.4 参考几何体 15
  - 1.4.1 参考坐标系 15
  - 1.4.2 参考基准轴 16
  - 1.4.3 参考基准面 18
  - 1.4.4 参考点 20
- 1.5 设计范例 21
  - 1.5.1 文件和视图操作范例 21
  - 1.5.2 参考几何体操作范例 23
- 1.6 本章小结 26

第 2 章 草图设计 27
- 2.1 基本概念 28
  - 2.1.1 绘图区 28
  - 2.1.2 草图选项 29
- 2.2 绘制草图 31
  - 2.2.1 直线 31
  - 2.2.2 圆 33
  - 2.2.3 圆弧 34
  - 2.2.4 椭圆和椭圆弧 35
  - 2.2.5 矩形和平行四边形 36
  - 2.2.6 抛物线 37
  - 2.2.7 多边形 37
  - 2.2.8 点 38
  - 2.2.9 样条曲线 38
- 2.3 编辑草图 39
  - 2.3.1 剪切、复制、粘贴 40
  - 2.3.2 移动、旋转、缩放 40
  - 2.3.3 剪裁 42
  - 2.3.4 延伸、分割 42
  - 2.3.5 等距实体 43
- 2.4 3D 草图 43
  - 2.4.1 基本操作 43
  - 2.4.2 绘制 3D 直线 44
  - 2.4.3 绘制 3D 圆角 45
  - 2.4.4 绘制 3D 样条曲线 45
  - 2.4.5 绘制 3D 草图点 46
- 2.5 设计范例 47
  - 2.5.1 绘制传动箱草图范例 47
  - 2.5.2 绘制油气弹簧草图范例 49
- 2.6 本章小结 52

第 3 章 实体特征设计 53
- 3.1 拉伸特征 54
  - 3.1.1 拉伸凸台/基体特征 54
  - 3.1.2 拉伸切除特征 55
- 3.2 旋转特征 56
  - 3.2.1 旋转凸台/基体特征 56
  - 3.2.2 旋转切除特征 56
- 3.3 扫描特征 57
  - 3.3.1 扫描特征的使用方法 57
  - 3.3.2 扫描特征的属性设置 57
- 3.4 放样特征 61
  - 3.4.1 放样特征的使用方法 61
  - 3.4.2 放样特征的属性设置 61
- 3.5 设计范例 64
  - 3.5.1 绘制球阀阀芯范例 64
  - 3.5.2 绘制伞齿轮范例 69

3.6	本章小结 73	

第 4 章 实体附加特征 75

- 4.1 圆角特征 76
  - 4.1.1 恒定大小圆角特征的属性设置 76
  - 4.1.2 变量大小圆角特征的属性设置 78
  - 4.1.3 面圆角特征的属性设置 78
  - 4.1.4 完整圆角特征的属性设置 79
  - 4.1.5 FilletXpert 模式圆角特征的属性设置 79
  - 4.1.6 生成圆角特征的操作步骤 80
- 4.2 倒角特征 82
  - 4.2.1 倒角特征的属性设置 82
  - 4.2.2 生成倒角特征的操作步骤 82
- 4.3 筋特征 83
  - 4.3.1 筋特征的属性设置 83
  - 4.3.2 生成筋特征的操作步骤 84
- 4.4 孔特征 84
  - 4.4.1 简单直孔特征的属性设置 85
  - 4.4.2 异型孔特征的属性设置 86
  - 4.4.3 生成孔特征的操作步骤 88
- 4.5 抽壳特征 90
  - 4.5.1 抽壳特征的属性设置 90
  - 4.5.2 生成抽壳特征的操作步骤 90
- 4.6 设计范例 91
  - 4.6.1 绘制连接阀范例 91
  - 4.6.2 绘制插盒范例 95
- 4.7 本章小结 99

第 5 章 零件形变特征 101

- 5.1 压凹特征 102
  - 5.1.1 压凹特征的属性设置 102
  - 5.1.2 生成压凹特征的操作步骤 102
- 5.2 弯曲特征 103
  - 5.2.1 折弯特征的属性设置 103
  - 5.2.2 扭曲、锥削和伸展特征的属性设置 104
  - 5.2.3 生成弯曲特征的操作步骤 105
- 5.3 变形特征 107
  - 5.3.1 点变形特征的属性设置 107
  - 5.3.2 曲线到曲线变形特征的属性设置 108
  - 5.3.3 曲面推进变形特征的属性设置 109
  - 5.3.4 生成变形特征的操作步骤 111
- 5.4 拔模特征 112
  - 5.4.1 中性面拔模特征的属性设置 112
  - 5.4.2 分型线拔模特征的属性设置 112
  - 5.4.3 阶梯拔模特征的属性设置 113
  - 5.4.4 DraftXpert 模式拔模特征的属性设置 113
  - 5.4.5 生成拔模特征的操作步骤 115
- 5.5 圆顶特征 115
  - 5.5.1 圆顶特征的属性设置 115
  - 5.5.2 生成圆顶特征的操作步骤 116
- 5.6 设计范例 116
  - 5.6.1 绘制圆规范例 116
  - 5.6.2 绘制轴瓦范例 122
- 5.7 本章小结 126

第 6 章 特征编辑 127

- 6.1 组合 128
  - 6.1.1 组合实体 128
  - 6.1.2 分割实体 130
  - 6.1.3 移动/复制实体 131
  - 6.1.4 删除实体 131
- 6.2 阵列 132
  - 6.2.1 草图线性阵列 132
  - 6.2.2 草图圆周阵列 133
  - 6.2.3 特征线性阵列 134
  - 6.2.4 特征圆周阵列 136
  - 6.2.5 表格驱动的阵列 137
  - 6.2.6 草图驱动的阵列 139
  - 6.2.7 曲线驱动的阵列 140

		6.2.8 填充阵列............................142
	6.3	镜向..144
		6.3.1 镜向现有草图实体............144
		6.3.2 在绘制时镜向草图实体....145
		6.3.3 镜向特征............................146
	6.4	设计范例....................................147
		6.4.1 绘制波纹轮范例................147
		6.4.2 绘制紧固螺栓范例............151
	6.5	本章小结....................................154

第 7 章 曲线和曲面的设计与编辑.....155

- 7.1 曲线设计....................................156
  - 7.1.1 投影曲线............................156
  - 7.1.2 组合曲线............................156
  - 7.1.3 分割线................................157
  - 7.1.4 通过 XYZ 点的曲线...........158
  - 7.1.5 通过参考点的曲线............159
  - 7.1.6 螺旋线和涡状线................159
- 7.2 曲面设计....................................160
  - 7.2.1 拉伸曲面............................161
  - 7.2.2 旋转曲面............................162
  - 7.2.3 扫描曲面............................162
  - 7.2.4 放样曲面............................163
  - 7.2.5 等距曲面............................165
  - 7.2.6 延展曲面............................165
- 7.3 曲面编辑....................................166
  - 7.3.1 圆角曲面............................166
  - 7.3.2 填充曲面............................166
  - 7.3.3 延伸曲面............................168
  - 7.3.4 剪裁曲面............................168
  - 7.3.5 替换面................................169
  - 7.3.6 删除面................................169
- 7.4 设计范例....................................170
  - 7.4.1 绘制打蛋器范例................170
  - 7.4.2 绘制棘轮范例....................173
- 7.5 本章小结....................................176

第 8 章 焊件设计.........................177

- 8.1 焊件轮廓和结构构件................178
  - 8.1.1 焊件轮廓............................178
  - 8.1.2 结构构件的属性种类........178
  - 8.1.3 结构构件的属性设置........178
- 8.2 剪裁和延伸构件........................179
  - 8.2.1 剪裁/延伸构件的属性设置....179
  - 8.2.2 剪裁/延伸构件的操作步骤....180
- 8.3 添加焊缝....................................181
  - 8.3.1 焊缝简介............................181
  - 8.3.2 设置焊缝............................181
  - 8.3.3 设置圆角焊缝....................182
- 8.4 子焊件和焊件工程图................185
  - 8.4.1 子焊件................................185
  - 8.4.2 焊件工程图........................186
- 8.5 焊件切割清单............................186
  - 8.5.1 生成切割清单....................186
  - 8.5.2 保存切割清单....................187
- 8.6 设计范例....................................188
  - 8.6.1 绘制圆筒座焊件范例........188
  - 8.6.2 绘制构件焊件范例............192
- 8.7 本章小结....................................198

第 9 章 钣金设计.........................199

- 9.1 基本术语....................................200
  - 9.1.1 折弯系数............................200
  - 9.1.2 折弯系数表........................200
  - 9.1.3 K 因子................................200
  - 9.1.4 折弯扣除............................200
- 9.2 钣金特征设计............................201
  - 9.2.1 利用钣金工具生成钣金....201
  - 9.2.2 零件转换为钣金................201
- 9.3 钣金零件设计............................202
  - 9.3.1 基体法兰............................202
  - 9.3.2 边线法兰............................203
  - 9.3.3 斜接法兰............................204
  - 9.3.4 其他生成钣金零件的方法....205
  - 9.3.5 实体转换为钣金................207
- 9.4 编辑钣金特征............................208
  - 9.4.1 切口....................................208
  - 9.4.2 展开....................................209

9.4.3 折叠 209
9.4.4 放样折弯 209
9.5 使用钣金成形工具 210
9.5.1 成形工具的属性设置 210
9.5.2 定位成形工具的操作方法 211
9.5.3 使用设计库成形工具的操作
方法 211
9.6 设计范例 212
9.6.1 制作 CD 盒钣金件范例 212
9.6.2 制作顶盖钣金件范例 218
9.7 本章小结 222

第 10 章 装配体设计 223

10.1 装配体设计的两种方式 224
10.1.1 插入零部件的属性设置 224
10.1.2 设计装配体的两种方式 225
10.2 装配体的干涉检查 225
10.2.1 干涉检查的功能 226
10.2.2 干涉检查的属性设置 226
10.3 装配体爆炸视图和轴测剖视图 227
10.3.1 爆炸视图的作用和配置 228
10.3.2 生成和编辑爆炸视图 229
10.3.3 爆炸与解除爆炸 230
10.3.4 轴测剖视图的属性设置 230
10.3.5 生成轴测剖视图的操作
步骤 231
10.4 复杂装配体中零部件的压缩状态 232
10.4.1 压缩状态的种类 232
10.4.2 压缩状态的方法 233
10.5 装配体的统计和轻化 234
10.5.1 装配体的统计 234
10.5.2 装配体的轻化 235
10.6 标准零件库 236
10.6.1 Toolbox 管理员 236
10.6.2 启动和配置 Toolbox 237
10.6.3 生成零部件和添加零部件
到装配体 240
10.7 装配体动画设计 241
10.7.1 运动算例概述 241
10.7.2 动画基本设置 241
10.7.3 制作装配体动画的方法 242
10.8 设计范例 243
10.8.1 创建齿轮装配体范例 243
10.8.2 创建减震器装配体范例 247
10.9 本章小结 252

第 11 章 渲染输出 253

11.1 PhotoView 360 渲染概述 254
11.2 设置布景、光源、外观和贴图 255
11.2.1 设置布景 255
11.2.2 设置线光源 257
11.2.3 设置点光源 258
11.2.4 设置聚光源 258
11.2.5 设置外观 258
11.2.6 设置贴图 262
11.3 渲染输出图像 265
11.3.1 改进渲染能力的方法 265
11.3.2 预览渲染 265
11.3.3 PhotoView 360 选项 266
11.3.4 最终渲染参数设置 268
11.3.5 排定的渲染 269
11.4 设计范例 270
11.4.1 渲染轮子范例 270
11.4.2 渲染螺栓范例 273
11.5 本章小结 274

第 12 章 工程图设计 275

12.1 工程图基本设置 276
12.1.1 工程图线型设置 276
12.1.2 工程图图层设置 276
12.1.3 图纸格式设置 278
12.1.4 编辑图纸格式 279
12.2 工程视图设计 280
12.2.1 概述 280
12.2.2 标准三视图 281
12.2.3 投影视图 281
12.2.4 剪裁视图 282
12.2.5 局部视图 283

12.2.6　剖面视图 283
　　12.2.7　断裂视图 285
　　12.2.8　相对视图 286
12.3　尺寸标注 287
　　12.3.1　尺寸标注概述 287
　　12.3.2　添加尺寸标注的操作方法 287
12.4　注解和注释 288
　　12.4.1　注释的属性设置 288
　　12.4.2　添加注释的操作方法 291
12.5　打印工程图 291
　　12.5.1　页面设置 291
　　12.5.2　线粗设置 292
　　12.5.3　打印出图 293
12.6　设计范例 294
　　12.6.1　绘制螺栓组件工程图范例 294
　　12.6.2　绘制泵组装配体工程图
　　　　　　范例 298
12.7　本章小结 300

第 13 章　模具设计 301

13.1　模具设计准备——分析诊断 302
　　13.1.1　拔模分析 302
　　13.1.2　底切分析 302

13.2　分型设计 303
　　13.2.1　分型线 304
　　13.2.2　修补破孔 305
13.3　型芯 306
　　13.3.1　分型面 306
　　13.3.2　分割型芯 307
13.4　设计范例 308
　　13.4.1　端盖模具设计范例 308
　　13.4.2　导块模具设计范例 312
13.5　本章小结 315

第 14 章　综合设计范例 317

14.1　绘制变速器范例 318
　　14.1.1　范例分析 318
　　14.1.2　范例操作 318
14.2　绘制套管轴装配体范例 325
　　14.2.1　范例分析 326
　　14.2.2　范例操作 326
14.3　绘制秤台范例 336
　　14.3.1　范例分析 336
　　14.3.2　范例操作 336
14.4　本章小结 341

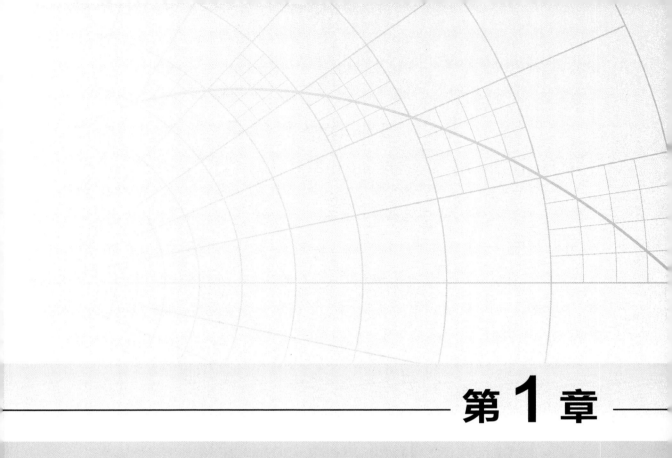

第 1 章

SOLIDWORKS 使用入门

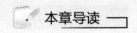
本章导读

  目前，SOLIDWORKS 已广泛应用于机械设计、工业设计、电装设计、消费品产品设计、通信器材设计、汽车制造设计、航空航天飞行器设计等行业中。

  本章主要介绍 SOLIDWORKS 的发展简史、设计特点、基本概念、操作界面、特征管理器、命令管理器、文件的基本操作，以及生成和修改参考几何体的方法。这些是用户使用 SOLIDWORKS 必须要掌握的基础知识，也是熟练使用该软件进行产品设计的前提。

1.1　SOLIDWORKS 简介

下面对 SOLIDWORKS 的背景、发展及其主要设计特点进行简单的介绍。

SOLIDWORKS 是一款三维 CAD 设计软件，它采用智能化参变量式设计理念及 Microsoft Windows 图形化用户界面，展现出卓越的几何建模和分析功能。该软件操作灵活，运行速度快，设计过程简单、便捷，被业界称为"三维机械设计软件的领先者"，并受到广大用户的青睐。在机械制图和结构设计领域，SOLIDWORKS 已成为三维 CAD 设计的主流软件。利用 SOLIDWORKS，工程技术人员可以更有效地为产品建模及模拟整个工程系统，以缩短产品的设计和生产周期，并可以制造出更加富有创意的产品。在市场应用中，SOLIDWORKS 也取得了卓然的成绩。例如，利用 SOLIDWORKS 及其集成软件 COSMOSWorks 设计制造的美国国家航空航天局(NASA)"勇气号"飞行器(见图 1-1)的机器人臂，在火星上圆满完成了探测器的展开、定位及摄影等工作。负责该航天产品设计的总工程师 Jim Staats 表示，SOLIDWORKS 能够提供非常精确的分析测试及优化设计，既满足了应用需求，又提高了产品研发速度。作为中国航天器研制和生产基地的中国空间技术研究院，也选择了 SOLIDWORKS 作为主要的三维设计软件，以最大限度地满足其对产品设计的高端需求。

图 1-1　"勇气号"飞行器

SOLIDWORKS 是一款参变量式的 CAD 设计软件。与传统的二维机械制图软件相比，参变量式 CAD 设计软件具有许多优越的性能，是当前机械制图设计软件的主流和发展方向。参变量式 CAD 设计软件是参数式和变量式 CAD 设计软件的通称。其中，参数式设计是 SOLIDWORKS 最主要的设计特点。所谓参数式设计，是将零件尺寸的设计用参数来描述，并在设计过程中通过修改参数的数值来改变零件的外形。SOLIDWORKS 中的参数不仅代表了设计对象的外观尺寸，还具有实际的物理意义。例如，可以将系统参数(如体积、表面积、重心、三维坐标等)或者用户定义参数(如密度、厚度等具有设计意义的物理量或者字符)加入设计构思中来表达设计意图。这不仅从根本上改变了设计理念，而且将设计的便捷性又向前推进了一大步。用户可以运用强大的数学运算工具,建立各个尺寸参数间的关系式,使模型可以随时自动计算出应有的几何外形。

2022 年 10 月,SOLIDWORKS 2023 版本正式发布,该版本增强了用户在执行日常设计、文档编制、数据管理、验证等任务时所使用的功能和工作流程。SOLIDWORKS 2023 提供了用户所需的功能,旨在帮助用户提高工作效率。下面将针对其新增功能进行介绍。

SOLIDWORKS 2023 不仅增强了很多原有功能,并且对部分性能进行了优化,软件启动后的界面如图 1-2 所示。SOLIDWORKS 2023 的主要功能增强和性能优化如表 1-1 所示。

图 1-2 软件启动界面

表 1-1 主要功能增强和性能优化内容

	类 别	增强或优化内容
主要功能增强	不再支持分离工程图	从 SOLIDWORKS 2023 开始不再支持分离工程图,但"出详图"模式仍然可用。现有的分离工程图将继续按照当前的方式正常工作。一旦将分离工程图保存回普通工程图,便无法将其另存为分离工程图
	装配体建模增强	● 可以更有效地访问和处理装配体,用户可以动态加载轻型零部件并接收有关循环参考的警告。将这些增强的功能与更好的 GPU 图形性能利用相结合,可以减少用户的等待时间,让用户投入更多的时间到设计工作中。 ● 可以自动优化"已解析"模式。在"已解析"模式下加载零部件时,可通过有选择地使用轻化技术来提高性能。 ● 可以选择面、边线、平面、轴和点作为参考,以修复遗漏的配合参考。 ● 在模型中,可以选择文档名称或配置名称,作为新配置的默认材料明细表(BOM)零件编号

续表

类别		增强或优化内容
主要功能增强	改进的电气设计	● 提供了强大的电气设计灵活性，用户可以使用样条曲线和圆弧来定义 3D 模型中的布线路径。如果在草图中使用样条曲线定义布线路径，则 SOLIDWORKS 将使用样条曲线对其进行建模。 ● 提供了更多选项用于管理项目中的线路。用户可以绘制线路而无须使用电线。当从符号上断开电线时，请拔下电线；并在删除连接的符号时合并导线。另外，现在可以使用多根电线或电缆穿过并布置夹子。 ● 终端类型管理器能够处理终端和互连，并允许用户将有关端子的信息从 SOLIDWORKS Electrical 示意图中导入 3D 模型中，以获取完整的文档
	改进的塑料仿真	● SOLIDWORKS Plastics 2023 允许用户进行基于领域的材料定义。用户还可以使用新的基于 Sketch 的挡板和起泡器，无须预先定义网格，即可完成塑料注射成形算例的定义，从而大大减少了创建、修改和共享信息的时间。 ● 通过重新设计的 Plastics Manager 树，用户可以更轻松地简化塑料注射成形的仿真工作流程。此外，用户可以更直观地设置注塑成形仿真研究，并利用数百种新添加的材料
	SOLIDWORKS CAM 的更多选项	● SOLIDWORKS CAM 2023 通过扩展的刀具库选项、增强的钻削操作以及对刀具管理位置的控制，提供了更高的自动化水平。 ● SOLIDWORKS 解决方案通过重建管理器控制更改，以确保所有必要的信息始终与设计更改保持同步。圆柱坯料支持铣削操作，并且可以根据所用钻头的直径指定钻针的数量
	允许库特征错误	当用户将库特征插入模型中并收到错误消息时，可以选择保留结果，以查看和手动修复错误。在警告消息中，单击【是】按钮以保留结果。在 Feature Manager(特征管理器)设计树(以下统称为特征管理器设计树)中，可以手动修复库特征，或单击【撤销】按钮将其移除。如果在警告消息中单击【否】按钮，可以在库特征的 Property Manager(属性管理器)中修改选择，或单击鼠标以恢复特征管理器设计树，而不使用库特征
	用户界面	● 备注功能得到了增强，提高了可用性。用户可以选择不同的背景颜色，并可以为文本设置粗体、斜体和下划线样式；在各个位置中选择【启动时显示】，以重新打开文件时在【查看所有备注】对话框中显示备注。 ● 在【查看所有备注】对话框的【启动时显示】列中，用户可以选择要在打开文件时显示的备注。在【显示】菜单中，用户可以指定要在启动时显示的备注，或根据颜色指定备注。单击【应用】按钮，可以保存对备注的启动时显示状态的更改。 ● 可以更轻松地在 SOLIDWORKS 中恢复出厂默认设置

续表

类 别		增强或优化内容
主要功能增强	SOLIDWORKS 检查	● SOLIDWORKS Inspection 可利用现有 3D CAD 文件创建符合行业标准的检查报告。 ● 对于 SOLIDWORKS Standalone 的功能增强，用户可以打开带有 3D 注释的 SOLIDWORKS 零件以创建检查文档，还可以查看带有 3D 注释的 SOLIDWORKS 零件。使用 3D CAD 数据能快速创建首件检验(FAI)报告，并读取和提取 3D 注释，进而使用 Smart Extract 创建报告。 ● SOLIDWORKS Inspection 是可单独购买的产品，可以将其与 SOLIDWORKS Standard、Professional 或 Premium 配合使用，或者将其作为完全独立的应用程序使用
主要性能优化	特定工具和工作流程性能的提升	● SOLIDWORKS PDM 2023 在处理 SOLIDWORKS PDM 服务器的高延迟情况时，显著提高了性能。 ● 借助文件版本升级工具的性能优化，用户可以更快地升级 SOLIDWORKS PDM 库中的 SOLIDWORKS 文件
	结构系统和焊件	使用 SOLIDWORKS 创建或编辑边角管理特征时，性能得到了改善。在边角管理属性管理器或图形区域中选择边角时，边角将被剪裁
	模型的剖面视图命令	启动和退出剖面视图命令的速度大约是以前的 5 倍，当用户使用剖面视图命令时，添加或移除剖面将瞬时完成
	与 CAD 模型的集成	通过支持保存在 CAD 零件或装配体中的配置，实现了与 CAD 模型更紧密的集成。SOLIDWORKS Visualize 还增强了对位移图的支持，使复杂外观纹理的呈现效果比以往更加逼真。SOLIDWORKS Visualize Professional 2023 还提供了新的"卡通"相机滤镜，可呈现大师级的概念性草图效果。剖面视图支持彩色加盖选项，这为在生成详细的零件和渲染装配体时提供了更大的自由度
	零件增强功能	在 SOLIDWORKS 中，可以沿非线性边线创建钣金边线卷边。新增的颜色选取器可帮助用户精确定义模型外观。执行 3MF 格式的导出和导入时，扩展了对颜色和外观的支持。还可在自定义属性、焊件和钣金切割清单属性中评估方程式。新增加了焊件剪裁功能以及在结构系统中用于选择打孔点的操纵器
	SOLIDWORKS Electrical 3D Routing	SOLIDWORKS Electrical 3D Routing 支持采用直线和样条曲线布线以创建复杂的布线路径，同时具备将多条导线固定到线夹的功能，可以为用户整理线路节省大量时间
	管理增强功能	SOLIDWORKS Manage 2023 将设计管理效率和团队协作水平提升至新的高度。新的项目管理工具让用户能够轻松地可视化和规划设计任务。新推出的强大材料明细表编辑工具可以让用户更快、准确地构建材料明细表。同时，与外部承包商共享设计也变得更加便捷、简单

续表

类别		增强或优化内容
主要性能优化	SOLIDWORKS Simulation	通过引入更加快速的接触计算、接触稳定、几何体自动修正、高效且更稳健的网格化技术以及改进的网格诊断功能，简化了接触预处理和网格化流程。使用 SOLIDWORKS Simulation 2023 可更快、更智能地求解仿真算例
	SOLIDWORKS eDrawings	让用户能以更精彩的方式分享 3D 概念，同时又能保护用户的知识产权。eDrawings 2023 为用户提供了更多选项，让用户能更轻松地传达设计理念
	工程图性能	大型工程图的缩放和平移性能显著提高，用户在浏览工程图时可获得更加一致和可预测的体验
	装配体性能	● 使用 SOLIDWORKS 可更高效地访问和处理装配体，特别是在执行包括子文件夹的搜索操作时，性能得到很大改善。 ● 装配体的保存效率得到提高，以避免保存未做更改的模型数据。这种性能优化在处理非常大的装配体时效果特别明显

1.2 SOLIDWORKS 操作界面

启动 SOLIDWORKS 后，可进入其操作界面，这是进行文件操作的基础。一个零件文件的操作界面包括菜单栏、工具栏、管理器选项卡、绘图区及状态栏等，如图 1-3 所示。装配体文件、工程图文件和零件文件的操作界面类似，本节以零件文件的操作界面为例，介绍 SOLIDWORKS 的操作界面。

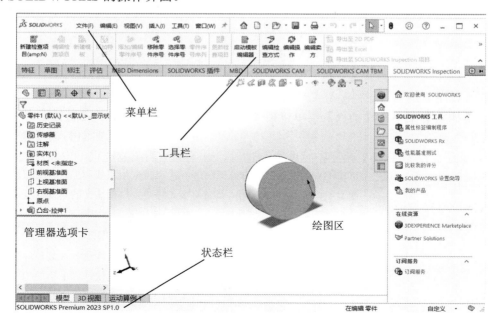

图 1-3　SOLIDWORKS 操作界面

在 SOLIDWORKS 操作界面中，菜单栏中包括了所有的操作命令，工具栏中一般显示常用的按钮，用户可以根据需要进行相应的设置。

Command Manager(命令管理器)可以将工具栏中的按钮集中管理，从而为绘图区节省空间。

特征管理器设计树记录文件的创建环境以及每一步骤的操作，对于不同类型的文件，其特征管理器的显示会有所差别。

绘图区是用户绘图的区域，所有草图及特征的生成都在该区域中完成。Feature Manager 设计树和绘图区之间存在动态链接，用户可在任一窗格中选择特征、草图、工程视图和构造几何体。

状态栏中显示当前编辑文件的操作状态。特征管理器中的注解、材质和基准面是系统默认的，用户可根据实际情况对它们进行修改。

1.2.1 菜单栏

在默认情况下，SOLIDWORKS 的菜单栏是隐藏的，将鼠标指针移动到 SOLIDWORKS 徽标上或者单击该徽标，菜单栏就会显示出来，如图 1-4 所示。将菜单栏中的图标 ✈ 改为 ✈，即设置为打开状态，菜单栏就会保持可见状态。SOLIDWORKS 包括【文件】、【编辑】、【视图】、【插入】、【工具】和【窗口】等菜单项。另外，在顶部右侧还有【帮助】菜单图标 ⓘ，单击该图标可以打开【帮助】菜单并执行相关命令。

图 1-4 菜单栏

下面对各菜单分别进行介绍。

(1)【文件】菜单。【文件】菜单包括【新建】、【打开】、【保存】和【打印】等命令，如图 1-5 所示。

(2)【编辑】菜单。【编辑】菜单包括【剪切】、【复制】、【粘贴】、【删除】、【压缩】以及【解除压缩】等命令，如图 1-6 所示。

(3)【视图】菜单。【视图】菜单包括显示控制的相关命令，如图 1-7 所示。

(4)【插入】菜单。【插入】菜单包括【凸台/基体】、【切除】、【特征】、【阵列/镜向】(此处为与软件界面统一，使用"镜向")、【扣合特征】、【曲面】、【钣金】、【模具】等命令，如图 1-8 所示。这些命令也可通过【特征】工具选项卡中相应的功能按钮来实现，其具体操作将在以后的章节中陆续介绍，在此不再赘述。

(5)【工具】菜单。【工具】菜单包括【草图工具】、【关系】、【比较】、【几何分析】、【选择】等命令，如图 1-9 所示。

(6)【窗口】菜单。【窗口】菜单包括【视口】、【新建窗口】、【层叠】等命令，如图 1-10 所示。

(7)【帮助】菜单。【帮助】菜单提供了各种信息查询命令，如图 1-11 所示。例如，执行【帮助】命令，可打开 SOLIDWORKS 软件提供的在线帮助文件；执行【API 帮助】命令，可打开 SOLIDWORKS 软件提供的 API(应用程序接口)在线帮助文件。这些文件均可作为用户学习和使用 SOLIDWORKS 的参考。

图 1-5 【文件】菜单

图 1-6 【编辑】菜单

图 1-7 【视图】菜单

图 1-8 【插入】菜单

图 1-9 【工具】菜单

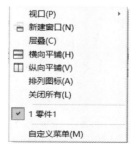
图 1-10 【窗口】菜单

此外，用户还可通过快捷键访问菜单或自定义菜单命令。在 SOLIDWORKS 中右击，将弹出与上下文相关的快捷菜单，如图 1-12 所示。在绘图区和特征管理器设计树中使用快捷菜单，可以实现快捷的操作。

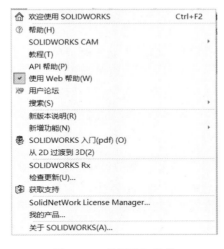

图 1-11 【帮助】菜单

图 1-12 快捷菜单

1.2.2 工具栏

工具栏分为标准工具栏和 Command Manager 工具选项卡，用户可自定义其位置和显示内容，如图 1-13 所示。选择【工具】|【自定义】菜单命令，打开【自定义】对话框，用户可自行定义工具栏的内容。标准工具栏中的各按钮与其对应的菜单命令的功能相同。

图 1-13 标准工具栏和 Command Manager 工具选项卡

1.2.3 状态栏

状态栏显示了当前操作对象的状态，如图 1-14 所示。

图 1-14 状态栏

状态栏中提供的信息如下。
(1) 当用户将鼠标指针移动到工具栏的按钮上或单击菜单命令时，会显示简要说明。
(2) 当用户对要求重建的草图或零件进行更改时，将显示【重建模型】图标 。

(3) 当用户进行草图绘制或编辑等操作时,将显示草图状态及鼠标指针的坐标。

(4) 对所选实体进行常规测量,如边线长度等。

(5) 显示用户正在装配体中编辑的零件的信息。

(6) 当用户使用【系统选项】对话框中的【协作】选项时,显示可访问【重装】对话框的图标 。

(7) 当用户选择【暂停自动重建模型】命令时,显示【重建模型暂停】。

(8) 显示或者隐藏标签对话的按钮 。

(9) 如果自动保存设置按照分钟计时,则显示最近一次保存至下次保存的时间间隔。

1.2.4 管理器选项卡

管理器选项卡包括特征管理器设计树 、属性管理器 、Configuration Manager(配置管理器) (以下统称为配置管理器)、DimXpert Manager(公差分析管理器) 和 Display Manager(外观管理器) (以下统称为外观管理器)5 个选项卡。其中,特征管理器设计树和属性管理器使用得比较普遍,下面将进行详细介绍。

1) 特征管理器设计树

特征管理器设计树提供激活的零件、装配体或者工程图的大纲视图,可用来观察零件或装配体的生成及查看工程图的图纸和视图,如图 1-15 所示。

用户可分割特征管理器设计树,或将特征管理器设计树与属性管理器或配置管理器进行组合。

2) 属性管理器

当用户编辑特征时,会出现相应的属性管理器。图 1-16 所示为【凸台-拉伸 1】属性管理器。属性管理器可显示草图、零件或特征的属性,其组成部分介绍如下。

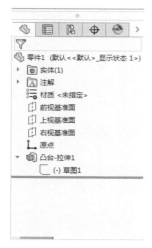

图 1-15 特征管理器设计树　　　　图 1-16 【凸台-拉伸 1】属性管理器

(1) 在属性管理器中,一般包含【确定】按钮 、【取消】按钮 、【帮助】按钮 、【保持可见】按钮 等。

(2) 【信息】卷展栏:引导用户进行下一步操作,常列举出实施下一步操作的各种方

第1章 SOLIDWORKS 使用入门

法，如图 1-17 所示。

（3）卷展栏组：包含一组相关参数的设置，带有标题，如【方向】卷展栏，单击∧或者∨箭头图标，可以展开或者折叠卷展栏。

（4）选择框：处于活动状态时，该框显示为蓝色，如图 1-18 所示。在其中选择任一项目时，所选项将在绘图区高亮显示。若要删除所选项目，在该项目上右击，在弹出的快捷菜单中选择【删除】命令(针对某一项目)或者选择【消除选择】命令(针对所有项目)即可，如图 1-19 所示。

图 1-17　【信息】卷展栏　　图 1-18　处于活动状态的选择框　　图 1-19　删除选择项目的快捷菜单

1.2.5　任务窗格

SOLIDWORKS 包括【SOLIDWORKS 资源】、【设计库】、【文件探索器】等任务窗格，如图 1-20 和图 1-21 所示。

图 1-20　【SOLIDWORKS 资源】任务窗格　　　　图 1-21　【设计库】任务窗格

1.3　基本操作工具

文件的基本操作可以通过【文件】菜单中的命令及标准工具栏中的相应命令按钮来实现。

1.3.1　新建文件

创建新文件时，需要选择创建文件的类型。选择【文件】|【新建】菜单命令，或单击标准工具栏中的【新建】按钮，可以打开【新建 SOLIDWORKS 文件】对话框，如图 1-22

所示。在该对话框中有三个图标，分别是【零件】、【装配体】及【工程图】。单击需要创建的文件类型的图标，然后单击【确定】按钮，就可以创建需要的文件，并进入默认的工作环境。

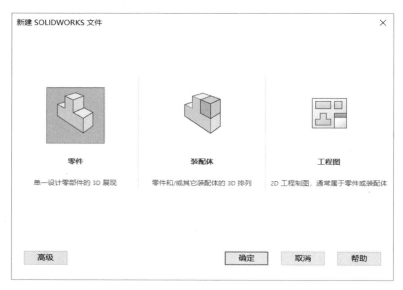

图 1-22　【新建 SOLIDWORKS 文件】对话框

在 SOLIDWORKS 中，【新建 SOLIDWORKS 文件】对话框有两种界面可供选择：一种是新手界面，如图 1-22 所示；另一种是高级界面，如图 1-23 所示。

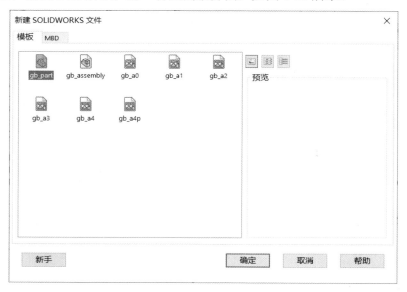

图 1-23　【新建 SOLIDWORKS 文件】对话框的高级界面

单击图 1-22 所示的【新建 SOLIDWORKS 文件】对话框中的【高级】按钮，就可以进入高级界面；单击图 1-23 所示的【新建 SOLIDWORKS 文件】对话框中的【新手】按钮，则可以进入新手界面。新手界面的设计较为简洁，提供了零件、装配体和工程图文档的说明；高级界面中在各个标签上显示了模板图标，当选择某一文件类型时，模板预览会出现在【预览】框中。

1.3.2 打开文件

打开已保存的 SOLIDWORKS 文件，可以对其进行相应的编辑和操作。选择【文件】|【打开】菜单命令，或单击标准工具栏中的【打开】按钮，会弹出【打开】对话框，如图 1-24 所示。在该对话框中选择要打开的文件，然后单击【打开】按钮，即可打开文件。

图 1-24 【打开】对话框

【打开】对话框中的各项功能如下。

(1)【文件名】下拉列表框：输入打开文件的名称，或者单击文件列表中所需要的文件，文件名称会自动显示在【文件名】下拉列表框中。

(2)【快速过滤器】中各按钮：可以根据特定条件选择并显示文件夹中的文件，用于快速找到目标文件。

(3)【文件类型】下拉列表框：用于选择显示文件的类型，显示的文件类型不仅限于 SOLIDWORKS 文件，如图 1-25 所示。默认的文件类型是 SOLIDWORKS 文件(*.sldprt、*.sldasm 和*.slddrw)。SOLIDWORKS 软件还可以调用和编辑由其他软件生成的图形文件，具体的文件类型已列在【文件类型】下拉列表中。

> **注意** 要想打开早期版本的 SOLIDWORKS 文件，可能需要转换格式，已转换为 SOLIDWORKS 2023 格式的文件，将无法在旧版的 SOLIDWORKS 软件中打开。

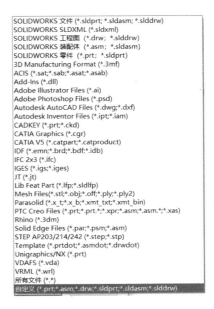

图 1-25 【文件类型】下拉列表

1.3.3 保存文件

只有将文件保存起来，才能在需要时打开该文件并对其进行相应的编辑和操作。选择【文件】|【保存】菜单命令，或单击标准工具栏中的【保存】按钮 ，将弹出【另存为】对话框，如图 1-26 所示，在该对话框中即可进行保存文件的操作。

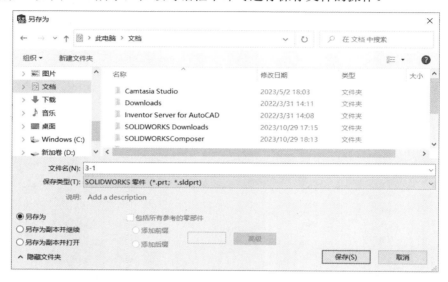

图 1-26　【另存为】对话框

1.3.4 退出软件

编辑文件并保存后，用户就可以退出 SOLIDWORKS 软件。选择【文件】|【退出】菜单命令，或单击绘图区右上角的【关闭】按钮 ，即可退出 SOLIDWORKS。

如果在操作过程中不小心执行了【退出】命令，或者对文件进行了编辑但没有保存而执行了【退出】命令，那么系统会弹出如图 1-27 所示的提示对话框。

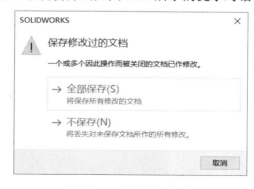

图 1-27　系统提示对话框

1.4　参考几何体

SOLIDWORKS 使用带原点的坐标系，且零件文件中包含原有原点。当用户选择一个基准面或者打开草图并选择某一面时，系统将生成一个新的原点，并使其与所选基准面或该面对齐。原点不仅可用作草图实体的定位点，还有助于确定轴心透视图的方向。SOLIDWORKS 中的三维视图引导功能能够让用户快速定向到零件文件和装配体文件中的 X、Y、Z 轴方向。

1.4.1　参考坐标系

下面介绍参考坐标系的基本概念和设置。

1. 原点

零件原点显示为蓝色，代表零件的(0, 0, 0)坐标。当草图处于激活状态时，草图原点显示为红色，代表草图的(0, 0, 0)坐标。可以将尺寸标注和几何关系添加到零件原点中，但不能添加到草图原点中。

：蓝色，表示零件原点，每个零件文件中均有一个零件原点。

：红色，表示草图原点，每个新草图中均有一个草图原点。

：表示装配体原点。

：表示零件文件和装配体文件中的视图引导。

2. 参考坐标系的属性设置

在 SOLIDWORKS 中，可以定义零件或装配体的坐标系，并将此坐标系与测量和质量特性工具一起使用，还可以将 SOLIDWORKS 文件导出为 IGES、STL、ACIS、STEP、Parasolid、VDA 等格式。

单击【参考几何体】工具选项卡中的【坐标系】按钮，或选择【插入】|【参考几何体】|【坐标系】菜单命令，系统弹出【坐标系】属性管理器，如图 1-28 所示，其中主要选项介绍如下。

- 【原点】：用于定义原点。单击其选择框，在绘图区中选择零件或者装配体的一个顶点、点、中点或者默认的原点。
- 【X 轴】、【Y 轴】、【Z 轴】：用于定义各轴。单击其选择框，在绘图区中按照以下方法之一定义所选轴的方向。
    - ◆ 单击顶点、点或者中点，则轴将与所选点对齐。
    - ◆ 单击线性边线或者草图直线，则轴将与所选的边线或者直线平行。
    - ◆ 单击非线性边线或者草图实体，则轴将与所选实体上选择的位置对齐。
    - ◆ 单击平面，则轴将与所选面的垂直方向对齐。

- 【反转 X/Y 轴方向】：单击该按钮，将反转轴的方向。

坐标系定义完成之后，单击【确定】按钮即可。

3. 修改和显示参考坐标系

(1) 将参考坐标系平移到新的位置。

在特征管理器设计树中，右击已生成的坐标系的图标，在弹出的快捷菜单中选择【编辑特征】命令，系统弹出【坐标系】属性管理器，如图 1-29 所示。在【位置】卷展栏中，单击【原点】选择框，在绘图区中单击想要将原点平移到的点或者顶点处，最后单击【确定】按钮，原点将被移动到指定的位置上。

图 1-28 【坐标系】属性管理器

图 1-29 编辑状态的【坐标系】属性管理器

(2) 切换参考坐标系的显示。

要切换坐标系的显示，可以选择【视图】|【坐标系】菜单命令。当菜单命令左侧的图标呈下凹状态时，表示坐标系可见。

(3) 隐藏或者显示参考坐标系。

在特征管理器设计树中，右击已生成的坐标系的图标，在弹出的快捷菜单中单击【显示】按钮或【隐藏】按钮，可以显示或隐藏坐标系，如图 1-30 所示。

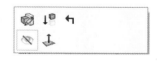
图 1-30 单击【隐藏】按钮

1.4.2 参考基准轴

参考基准轴是参考几何体中的重要组成部分，在生成草图几何体或圆周阵列时经常用到。参考基准轴的用途较多，主要包括以下 3 个方面。

(1) 参考基准轴作为中心线。基准轴可作为圆柱体、圆孔、回转体的中心线。在 SOLIDWORKS 中，当拉伸草图中的圆得到一个圆柱体，或通过旋转得到一个回转体时，系统会自动生成一个临时轴；但在生成圆角特征时，系统不会自动生成临时轴。

(2) 基准轴作为参考轴，辅助生成圆周阵列等特征。

(3) 基准轴作为同轴度特征的参考轴。当两个均包含基准轴的零件需要生成同轴度特征时，可选择各个零件的基准轴作为几何约束条件，使两个基准轴在同一轴上。

下面介绍参考基准轴的创建方法。

1. 设置临时轴

在 SOLIDWORKS 中，每一个圆柱和圆锥都有一条轴线。临时轴是由模型中的圆柱和圆锥生成的，临时轴经常被设置为基准轴。

选择【视图】|【隐藏/显示】|【临时轴】菜单命令，如图 1-31 所示，即可显示临时轴，如图 1-32 所示。

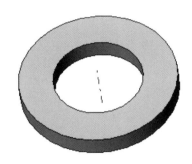

图 1-31　选择【临时轴】菜单命令　　　　图 1-32　显示临时轴

2. 参考基准轴的属性设置

单击【参考几何体】工具选项卡中的【基准轴】按钮，或选择【插入】|【参考几何体】|【基准轴】菜单命令，系统弹出【基准轴】属性管理器，如图 1-33 所示。在【选择】卷展栏中选择项目以生成不同类型的基准轴。

- 【一直线/边线/轴】：选择一条草图直线或边线作为基准轴，或双击选择临时轴作为基准轴，如图 1-34 所示。
- 【两平面】：选择两个平面，将两个面的交叉线作为基准轴。
- 【两点/顶点】：选择两个顶点、点或者中点，将它们的连线作为基准轴。
- 【圆柱/圆锥面】：选择一个圆柱或者圆锥面，将其轴线作为基准轴。
- 【点和面/基准面】：选择一个平面(或者基准面)，然后选择一个顶点(或者点、中点等)，由此所生成的轴会通过所选择的顶点(或者点、中点等)且垂直于所选的平面(或者基准面)。

参考基准轴的属性设置完成后，检查【参考实体】选择框中列出的项目是否正确。

图 1-33　【基准轴】属性管理器　　　　图 1-34　选择临时轴作为基准轴

3．显示参考基准轴

选择【视图】|【隐藏/显示】|【基准轴】菜单命令，如图 1-35 所示，即可将基准轴设置为可见(再次选择该命令，该图标恢复原始状态，则隐藏基准轴)。

图 1-35　选择【基准轴】菜单命令

1.4.3　参考基准面

在特征管理器设计树中，系统默认提供了前视、上视以及右视基准面。除了这些默认的基准面外，还可以生成参考基准面，它主要用来绘制草图和生成特征几何体。

1．参考基准面的属性设置

单击【参考几何体】工具选项卡中的【基准面】按钮，或选择【插入】|【参考几何体】|【基准面】菜单命令，系统弹出【基准面】属性管理器，如图 1-36 所示。在【选择】卷展栏中，可以选择需要生成的基准面类型及项目。

- 【平行】：生成一个平行于模型表面的基准面，如图 1-37 所示。
- 【垂直】：生成于垂直于一条边线、轴线或者平面的基准面，如图 1-38 所示。
- 【重合】：通过选定一个点、一条线或一个面生成基准面。

第 1 章 SOLIDWORKS 使用入门

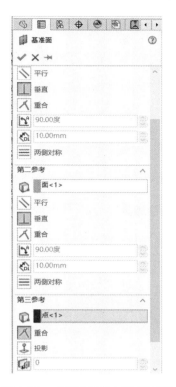

图 1-36 【基准面】属性管理器

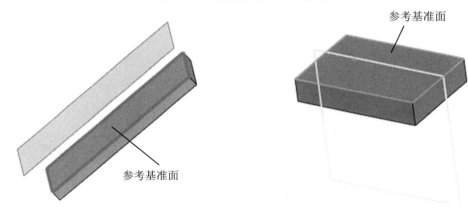

图 1-37 生成一个平行于模型表面的基准面　　图 1-38 生成一个垂直于平面的基准面

- 【两面夹角】：通过设定一条边线(或者轴线、草图线等)与一个面(或者基准面)之间的特定夹角生成基准面，如图 1-39 所示。
- 【偏移距离】：在平行于一个面(或者基准面)的指定距离处生成等距基准面。首先选择一个平面(或者基准面)，然后设置距离数值，如图 1-40 所示。
- 【反转等距】：选中此复选框，将在相反的方向生成等距基准面。

> 提示　在 SOLIDWORKS 中，等距基准面有时也称为偏置平面，以便与 AutoCAD 等软件里的偏置概念相统一。在创建混合特征时，经常需要生成多个等距基准面。

19

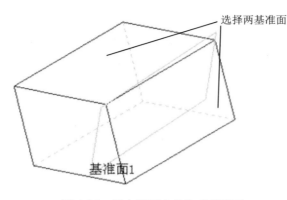
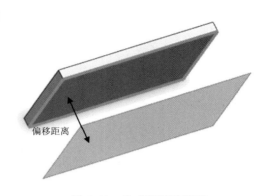

图 1-39　设定两面夹角生成基准面　　　　图 1-40　生成等距基准面

2. 修改参考基准面

双击基准面,将显示等距距离或角度。双击尺寸或角度数值,在弹出的【修改】对话框中输入新的数值,如图 1-41 所示,即可修改基准面的数值。也可在特征管理器设计树中右击已生成的基准面的图标,从弹出的快捷菜单中选择【编辑特征】命令,在【基准面】属性管理器的【选择】卷展栏中输入新数值,以修改基准面,然后单击【确定】按钮✓。

此外,还可使用基准面控标和边线来移动、复制基准面或者调整基准面的大小。要想显示基准面控标,可在特征管理器设计树中单击已生成的基准面的图标,或在绘图区中单击基准面的名称,如图 1-42 所示。

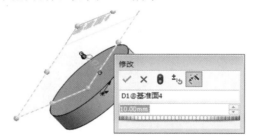
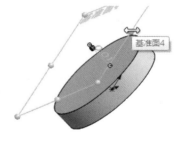

图 1-41　设定在【修改】对话框中修改数值　　　图 1-42　显示基准面控标

利用基准面控标和边线,可以进行以下操作。
- 拖动边角或者边线控标以调整基准面的大小。
- 拖动基准面的边线以移动基准面。
- 在绘图区中选择基准面并进行复制,然后按住 Ctrl 键并使用边线将基准面拖动至新的位置,生成一个等距基准面,如图 1-43 所示。

1.4.4　参考点

SOLIDWORKS 可生成多种类型的参考点,用于构造几何对象,还可在已指定距离分割的曲线上生成指定数量的参考点。选择【视图】|【点】菜单命令,可以切换

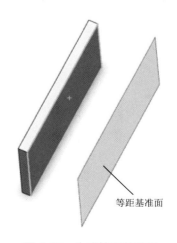

图 1-43　生成等距基准面

参考点的显示状态。

下面介绍参考点的生成方法。

(1) 单击【参考几何体】工具选项卡中的【点】按钮，或选择【插入】|【参考几何体】|【点】菜单命令，系统弹出【点】属性管理器，如图1-44所示。

(2) 在【选择】卷展栏中单击【参考实体】选择框，在绘图区中选择用于生成点的实体。然后选择要生成的点的类型，可单击【圆弧中心】按钮、【面中心】按钮、【交叉点】按钮、【投影】按钮等。

(3) 单击【沿曲线距离或多个参考点】按钮，可沿边线、曲线或草图线段生成一组参考点，需要输入指定的距离或百分比数值(如果数值过大，以至于无法生成指定数量的参考点，系统将会提示设置较小的数值)。

(4) 属性设置完成后，单击【确定】按钮，生成参考点，如图1-45所示。

图1-44　【点】属性管理器　　　　图1-45　生成的参考点

1.5　设 计 范 例

1.5.1　文件和视图操作范例

本范例完成文件：范例文件/第1章/1-1.SLDPRT

范例操作

step 01　单击标准工具栏中的【打开】按钮，弹出【打开】对话框，如图1-46所示。在该对话框中选择"1-1"零件文件，单击【打开】按钮，打开零件文件，如图1-47所示。

step 02　单击视图工具栏中的【前视】按钮，绘图区显示零件前视图，如图1-48所示。

step 03　单击视图工具栏中的【上视】按钮，绘图区显示零件上视图，如图1-49所示。

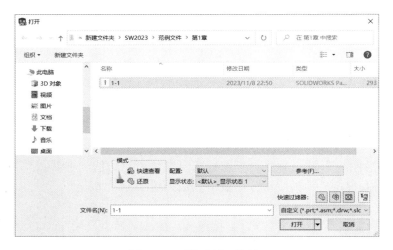

图 1-46 【打开】对话框

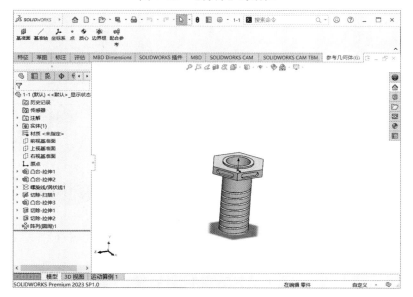

图 1-47 打开零件文件

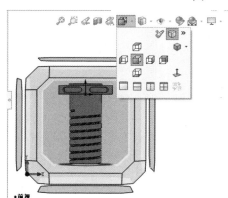 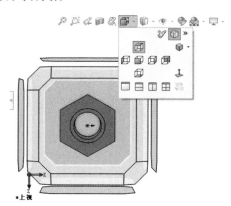

图 1-48 前视图　　　　　　　　　　图 1-49 上视图

step 04 单击视图工具栏中的【等轴测】按钮,绘图区显示零件等轴测视图,如图 1-50 所示。

step 05 单击视图工具栏中的【消除隐藏线】按钮,绘图区显示零件消除隐藏线视图,如图 1-51 所示。

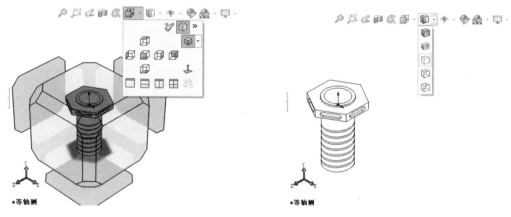

图 1-50　等轴测视图　　　　　　　图 1-51　消除隐藏线视图

step 06 单击视图工具栏中的【线架图】按钮,绘图区显示零件线架图视图,如图 1-52 所示。至此,文件和视图范例操作完成。

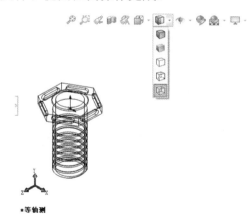

图 1-52　线架图视图

1.5.2　参考几何体操作范例

本范例完成文件:范例文件/第 1 章/1-2.SLDPRT

范例操作

step 01 打开本节的范例文件,单击【特征】工具选项卡中的【基准面】按钮,在绘图区中选择参考面,如图 1-53 所示。

step 02 在【基准面】属性管理器中设置参数,如图 1-54 所示,最后单击【确定】按钮，完成基准面的创建。

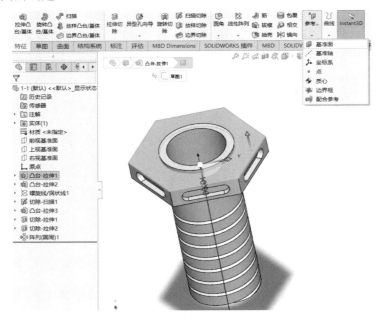

图 1-53 创建基准面

图 1-54 设置基准面参数

step 03 单击【特征】工具选项卡中的【点】按钮，在绘图区中选择参考边线，如图 1-55 所示。

step 04 在【点】属性管理器中单击【圆弧中心】按钮，如图 1-56 所示，最后单击【确定】按钮，完成点的创建。

step 05 单击【特征】工具选项卡中的【坐标系】按钮，在绘图区中选择参考点，如图 1-57 所示，单击【确定】按钮，完成坐标系的创建。

第 1 章　SOLIDWORKS 使用入门

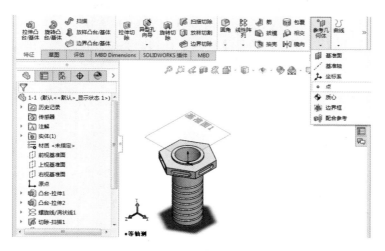

图 1-55　创建参考点

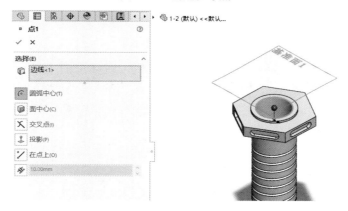

图 1-56　设置点参数

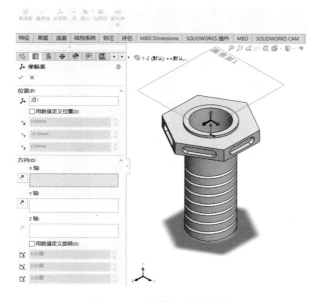

图 1-57　创建参考坐标系

step 06 单击【特征】工具选项卡中的【基准轴】按钮，在绘图区中选择参考面，设置参数，如图 1-58 所示，单击【确定】按钮，完成基准轴的创建。

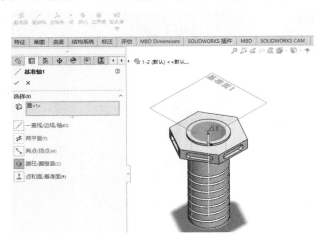

图 1-58 创建基准轴

step 07 单击标准工具栏中的【另存为】按钮，在弹出的【另存为】对话框中设置文件名，如图 1-59 所示，单击【保存】按钮。至此，参考几何体范例操作完成。

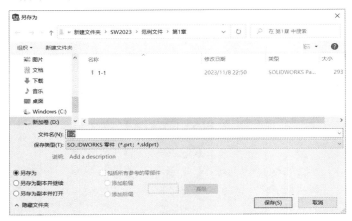

图 1-59 保存文件

1.6 本章小结

本章主要介绍了 SOLIDWORKS 中文版的软件界面和文件的基本操作方法，以及生成和修改参考几何体的方法，希望读者能够在本章的学习中掌握这部分内容，从而为以后生成实体和曲面特征打下良好的基础。

第 2 章

草 图 设 计

本章导读

使用 SOLIDWORKS 软件进行设计是从绘制草图开始的,在草图基础上生成特征模型,进而生成零件等。因此,草图绘制对 SOLIDWORKS 三维零件的模型生成非常重要,也是使用该软件进行三维建模的基础。一个完整的草图包括几何形状、几何关系和尺寸标注等信息。

本章将详细介绍草图绘制的基本概念,以及绘制草图、编辑草图和生成 3D 草图的方法。

2.1 基本概念

在使用草图绘制命令前,首先要了解草图绘制的基本概念,以更好地掌握草图绘制和草图编辑的方法。本节主要介绍草图设计的基本操作,引导读者认识草图绘制工具栏,熟悉绘制草图时光标的显示状态。

2.1.1 绘图区

草图必须绘制在平面上,这个平面既可以是基准面,也可以是三维模型中的平面。进入草图绘制初始状态时,系统默认有三个基准面:前视基准面、右视基准面和上视基准面,如图 2-1 所示。由于没有其他平面,因此,零件的初始草图绘制是从系统默认的基准面开始的。

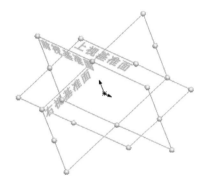

图 2-1 系统默认的基准面

1. 【草图】工具栏

【草图】工具栏中的工具按钮可以作用于绘图区中的整个草图,如图 2-2 所示。

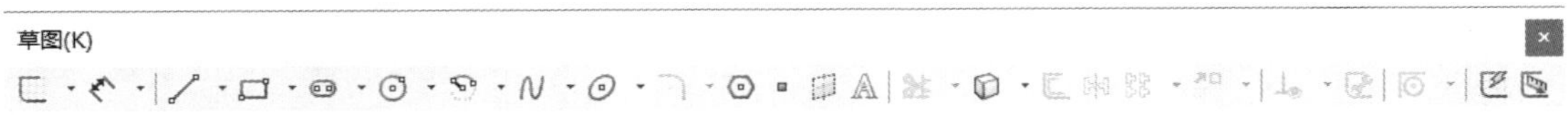

图 2-2 【草图】工具栏

2. 状态栏

状态栏显示的信息如下。

- 当草图处于激活状态时,状态栏会显示草图的状态,如图 2-3 所示。
- 绘制实体时显示鼠标指针的坐标。
- 显示"过定义""欠定义"或者"完全定义"等草图状态。
- 如果工作时草图网格线为关闭状态,那么提示会显示处于绘制状态。例如,"正在编辑:草图 n"(n 为草图绘制时的标号)。
- 当鼠标指针移动到菜单命令或者工具按钮上时,状态栏左侧会显示此命令或按钮的简要说明。

第 2 章　草图设计

-120.54mm　　-15.36mm　　0mm　欠定义　　在编辑 草图1　　自定义

图 2-3　状态栏

3. 草图原点

激活的草图其原点为红色，可通过原点了解所绘制草图的坐标。因为零件中的每个草图都有自己的原点，所以在一个零件中通常有多个草图原点。当草图处于打开状态时，不能关闭对其原点的显示。

4. 视图定向

在开始绘制草图时，绘图区会显示系统默认的基准面，系统会提示用户选择一个基准面。第一个选择的草图基准面会决定零件的方位。默认情况下，新草图会在前视基准面中打开。也可在特征管理器设计树或绘图区中选择任意平面作为草图的绘制平面，单击视图工具栏中的【视图定向】按钮，在弹出的下拉菜单中单击【正视于】按钮，将视图切换至指定平面的法线方向，如图 2-4 所示。如果操作时出现错误或需要修改，那么可选择【视图】|【修改】|【视图定向】菜单命令，在打开的【方向】对话框中单击【更新标准视图】按钮，重新定向，如图 2-5 所示。

图 2-4　系统基准面法线方向

图 2-5　【方向】对话框

2.1.2　草图选项

下面介绍草图选项的设置方法。

1. 设置草图的系统选项

选择【工具】|【选项】菜单命令，将打开【系统选项】对话框，在【系统选项】选项卡中选择【草图】选项并进行设置，如图 2-6 所示，设置完成后单击【确定】按钮。

【系统选项】选项卡中一些较常用的设置选项介绍如下。

- 【使用完全定义草图】：选中该复选框，只有完全定义的草图才能用于生成特征。
- 【在零件/装配体草图中显示圆弧中心点】：选中该复选框，草图中显示圆弧中心点。
- 【在零件/装配体草图中显示实体点】：选中该复选框，草图实体的端点以实心点的方式显示。该点的颜色反映草图实体的状态(即黑色为"完全定义"，蓝色为"欠定义"，红色为"过定义"，绿色为"当前所选定的草图")。无论此复选框如何设置，过定义的点与悬空的点总是会显示出来。
- 【提示关闭草图】：选中该复选框，如果生成一个有开环轮廓且可用模型边线封闭的草图，则系统会弹出提示信息"封闭草图至模型边线？"，这时可选择用模型边线封闭草图轮廓及方向。
- 【打开新零件时直接打开草图】：选中该复选框，新零件在前视基准面中打开时，可直接使用草图绘制工具在绘图区中绘图。
- 【尺寸随拖动/移动修改】：选中该复选框，可通过拖动草图实体或在【移动】、【复制】属性管理器中移动草图实体来动态修改尺寸。也可选择【工具】|【草图设置】|【尺寸随拖动/移动修改】菜单命令来实现该功能。
- 【上色时显示基准面】：选中该复选框，在上色模式下编辑草图时，基准面被着色。

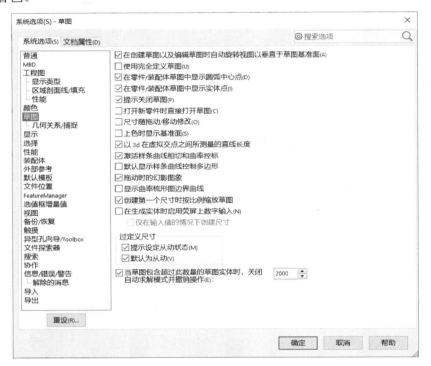

图 2-6　【系统选项】对话框

2. 【草图设置】菜单

选择【工具】|【草图设置】菜单命令，如图 2-7 所示，在子菜单中可以使用草图的各种设置命令。
- 【自动添加几何关系】：在添加草图实体时，自动建立几何关系。
- 【自动求解】：在生成零件时，自动求解草图几何体。
- 【激活捕捉】：可激活快速捕捉功能。
- 【上色草图轮廓】：对草图轮廓进行着色，方便观察。
- 【移动时不求解】：可以在草图中移动草图实体，而不会重新求解尺寸或几何关系。

- 【独立拖动单一草图实体】：可独立地拖动草图中的单个实体。
- 【尺寸随拖动/移动修改】：拖动草图实体或在【移动】、【复制】属性管理器中移动草图实体，可以动态修改尺寸。

图 2-7 【草图设置】菜单

3. 草图网格线和捕捉

当草图或者工程图处于激活状态时，可选择在当前的草图或工程图中显示网格线。由于 SOLIDWORKS 是参变量式设计软件，因此，草图网格线和捕捉功能并不像在 AutoCAD 中那么重要，在大多数情况下不需要使用该功能。

2.2 绘 制 草 图

本节将介绍草图绘制命令的使用方法。在 SOLIDWORKS 的建模流程中，生成大部分特征时都需要先建立草图实体，再执行特征命令，因此本节的内容非常重要。

2.2.1 直线

(1) 下面介绍绘制直线的方法。

单击【草图】工具选项卡中的【直线】按钮，或选择【工具】|【草图绘制实体】|【直线】菜单命令，系统弹出【插入线条】属性管理器，如图 2-8 所示。可按照下述方法生成单一线条或直线链。

- 生成单一线条：在绘图区中单击，定义直线起点的位置，将鼠标指针拖动到直线的终点位置后释放鼠标。
- 生成直线链：将鼠标指针拖动到直线的一个终点位置后单击，然后将鼠标指针拖动到直线的第二个终点位置后再次单击，最后右击，在弹出的快捷菜单中选择【选择】命令或【结束链】命令，结束绘制。

(2) 下面介绍设置直线属性的方法。

在绘图区中选择绘制的直线，打开【线条属性】属性管理器，在其中设置该直线的属性，如图 2-9 所示。

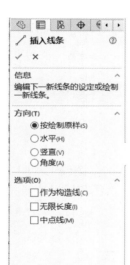

图 2-8 【插入线条】属性管理器　　图 2-9 【线条属性】属性管理器

- 【现有几何关系】卷展栏：显示现有几何关系，即在草图绘制过程中自动推理或使用【添加几何关系】卷展栏手动生成的现有几何关系。该卷展栏还会显示所选草图实体的状态信息，如"欠定义""完全定义"等。
- 【添加几何关系】卷展栏：可将新的几何关系添加到所选草图实体中，其中只列举了所选直线实体可使用的几何关系，如【水平】、【竖直】和【固定】等。
- 【选项】卷展栏。
  - 【作为构造线】：选中该复选框，可以将实体直线转换为构造几何体的直线。
  - 【无限长度】：选中该复选框，可以生成一条可剪裁的、无限长度的直线。

- 【参数】卷展栏。
  - ◆ 【长度】：设置该直线的长度。
  - ◆ 【角度】：设置该直线相对于网格线的角度，水平角度为 180°，竖直角度为 90°，且逆时针方向为正向。
- 【额外参数】卷展栏：在该卷展栏中可以设置线条端点的坐标。

2.2.2 圆

图 2-10 【圆】属性管理器

(1) 下面介绍绘制圆的方法。

单击【草图】工具选项卡中的【圆】按钮，或选择【工具】|【草图绘制实体】|【圆】菜单命令，系统弹出【圆】属性管理器，如图 2-10 所示。

在【圆类型】卷展栏中，若单击【圆】按钮，那么在绘图区中单击可放置圆心；若单击【周边圆】按钮，则在绘图区中单击可放置圆弧，如图 2-11 所示。拖动鼠标指针可以定义半径。设置圆的属性后，单击【确定】按钮，完成圆的绘制。

(2) 下面介绍设置圆属性的方法。

在绘图区中选择绘制的圆，系统弹出【圆】属性管理器，可设置其属性，如图 2-12 所示。

- 【现有几何关系】卷展栏：可显示现有几何关系及所选草图实体的状态信息。
- 【添加几何关系】卷展栏：可将新的几何关系添加到所选的草图实体圆中。

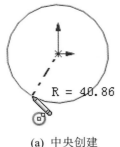
(a) 中央创建

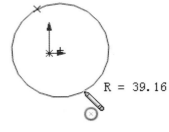
(b) 周边创建

图 2-11 圆的两种不同绘制方式

- 【选项】卷展栏：可选中【作为构造线】复选框，将实体圆转换为构造几何体的圆。
- 【参数】卷展栏：用来设置圆心的坐标和圆的半径。
  - ◆ 【X 坐标置中】：设置圆心的 x 坐标。
  - ◆ 【Y 坐标置中】：设置圆心的 y 坐标。
  - ◆ 【半径】：设置圆的半径。

2.2.3 圆弧

圆弧有"圆心/起/终点画弧""切线弧"和"3点圆弧"三种类型。下面分别介绍它们的绘制方法。

1. 圆心/起/终点画弧

(1) 单击【草图】工具选项卡中的【圆心/起/终点画弧】按钮，或选择【工具】|【草图绘制实体】|【圆心/起/终点画弧】菜单命令。

(2) 确定圆心，在绘图区中单击放置圆弧圆心。

(3) 拖动鼠标指针放置起点、终点。

(4) 单击以显示圆周参考线。

(5) 拖动鼠标指针确定圆弧的长度和方向，然后单击以确认。

(6) 设置圆弧的属性，单击【确定】按钮，完成圆弧的绘制。

2. 切线弧

(1) 单击【草图】工具选项卡中的【切线弧】按钮，或选择【工具】|【草图绘制实体】|【切线弧】菜单命令。

(2) 在直线、圆弧、椭圆或者样条曲线的端点处单击，系统弹出【圆弧】属性管理器。

(3) 拖动鼠标指针绘制所需的形状，然后单击以确认。

(4) 设置圆弧的属性，单击【确定】按钮，完成圆弧的绘制。

3. 3点圆弧

(1) 单击【草图】工具选项卡中的【3点圆弧】按钮，或选择【工具】|【草图绘制实体】|【三点圆弧】菜单命令，系统弹出【圆弧】属性管理器，如图2-13所示。

(2) 在绘图区中单击确定圆弧的起点位置。

(3) 将鼠标指针拖动到圆弧结束处，再次单击确定圆弧的终点位置。

(4) 拖动圆弧设置圆弧的半径，必要时可更改圆弧的方向，然后单击以确认。

(5) 设置圆弧的属性，单击【确定】按钮，完成圆弧的绘制。

图 2-12 【圆】属性管理器

图 2-13 【圆弧】属性管理器

第 2 章　草图设计

4．设置圆弧属性

在【圆弧】属性管理器中，可设置所绘制圆弧的属性。

(1)【现有几何关系】卷展栏：显示现有的几何关系，即在草图绘制过程中自动推理或使用【添加几何关系】卷展栏手动生成的几何关系(在列表中选择某一几何关系时，绘图区中的标注会高亮显示)；显示所选草图实体的状态信息，如"欠定义""完全定义"等。

(2)【添加几何关系】卷展栏：只列举所选实体可使用的几何关系，如【固定】等。

(3)【选项】卷展栏：选中【作为构造线】复选框，可将实体圆弧转换为构造几何体的圆弧。

(4)【参数】卷展栏：如果圆弧不受几何关系约束，可修改这些参数以定义圆弧。当更改一个或者多个参数时，其他参数会自动更新。

2.2.4　椭圆和椭圆弧

使用【椭圆】命令可生成一个完整椭圆，使用【部分椭圆】命令可生成一个椭圆弧。下面分别介绍它们的绘制方法。

1．绘制椭圆

(1) 选择【工具】|【草图绘制实体】|【椭圆(长短轴)】菜单命令，系统弹出【椭圆】属性管理器，如图 2-14(a)所示。

(2) 在绘图区中单击放置椭圆中心。

(3) 拖动鼠标指针并单击，定义椭圆的长轴(或者短轴)。

(4) 再次拖动鼠标指针并单击，定义椭圆的短轴(或者长轴)。

(5) 设置椭圆的属性，单击【确定】按钮，完成椭圆的绘制。

2．绘制椭圆弧

(1) 选择【工具】|【草图绘制实体】|【部分椭圆】菜单命令，系统弹出【椭圆】属性管理器，如图 2-14(b)所示。

(2) 在绘图区中单击放置椭圆中心。

(3) 拖动鼠标指针并单击，定义椭圆的长轴(或者短轴)。

(4) 再次拖动鼠标指针并单击，定义椭圆的短轴(或者长轴)，保留圆周引导线。

(5) 围绕圆周拖动鼠标指针定义椭圆弧的范围。

(6) 设置椭圆弧的属性，单击【确定】按钮，完成椭圆弧的绘制。

3．设置椭圆属性

在【椭圆】属性管理器中编辑其属性，大部分卷展栏中的属性设置与圆的属性设置相似，在此不再赘述。

其中，【参数】卷展栏中的微调框分别用来定义圆心的 x 坐标、y 坐标，以及短轴、长轴的长度等。

(a) 椭圆(长短轴)　　　　　　　(b) 部分椭圆

图 2-14　【椭圆】属性管理器

2.2.5　矩形和平行四边形

使用【矩形】命令可生成水平或竖直的矩形，使用【平行四边形】命令可生成任意角度的平行四边形。下面介绍它们的绘制方法。

1. 绘制矩形

(1) 单击【草图】工具选项卡中的【边角矩形】按钮 ，或选择【工具】|【草图绘制实体】|【矩形】菜单命令。

(2) 在绘图区中单击放置矩形的第一个顶点，拖动鼠标指针定义矩形。在拖动鼠标指针时，会动态显示矩形的尺寸，当矩形的大小和形状符合要求时释放鼠标。

(3) 选择并拖动一条边或一个顶点，来更改矩形的大小和形状；也可以打开【线条属性】或【点】属性管理器，在【参数】卷展栏中定义其位置坐标、尺寸等；还可以使用【智能尺寸】按钮，定义矩形的位置坐标、尺寸等。单击【确定】按钮，完成矩形的绘制。

2. 绘制平行四边形

平行四边形的绘制方法与矩形类似，单击【草图】工具选项卡中的【平行四边形】按钮，或选择【工具】|【草图绘制实体】|【平行四边形】菜单命令即可。

如果需要改变矩形或平行四边形中单条边线的属性，则选择该边线，然后在【线条属性】属性管理器中编辑其属性。

2.2.6 抛物线

使用【抛物线】命令可生成各种类型的抛物线。

1. 绘制抛物线

(1) 选择【工具】|【草图绘制实体】|【抛物线】菜单命令。

(2) 在绘图区中单击放置抛物线的焦点，然后将鼠标指针拖动到起点处，沿抛物线轨迹绘制抛物线，系统弹出【抛物线】属性管理器，如图 2-15 所示。

(3) 单击并拖动鼠标指针定义抛物线，设置抛物线属性，单击【确定】按钮，完成抛物线的绘制。

2. 设置抛物线属性

(1) 在绘图区中选择绘制的抛物线，当鼠标指针位于抛物线上时会变成形状。系统弹出【抛物线】属性管理器。

(2) 当选择抛物线顶点时，鼠标指针变成形状，拖动顶点可改变曲线的形状。

图 2-15 【抛物线】属性管理器

- 将顶点拖动远离焦点时，抛物线开口扩大，曲线展开。
- 将顶点拖动靠近焦点时，抛物线开口缩小，曲线变尖锐。
- 要改变抛物线一条边的长度而不修改抛物线的形状，则应选择一个端点进行拖动。

(3) 在绘图区中选择绘制的抛物线，然后在【抛物线】属性管理器中编辑其各个点的属性。其他属性与圆的属性设置相似，在此不再赘述。

2.2.7 多边形

使用【多边形】命令可以生成具有任意边数的等边多边形。同时可用内切圆或者外接圆的直径定义多边形的大小，还可指定多边形的旋转角度。

1. 绘制多边形

(1) 单击【草图】工具选项卡中的【多边形】按钮，或选择【工具】|【草图绘制实体】|【多边形】菜单命令，系统弹出【多边形】属性管理器，如图 2-16 所示。

(2) 在【参数】卷展栏的【边数】微调框中设置多边形的边数，或在绘制多边形之后修改其边数，选中【内切圆】或【外接圆】单选按钮，并在【圆直径】微调框中设置圆直径数值。

(3) 在绘图区中单击放置多边形的中心，然后拖动鼠标指针定义多边形。

(4) 设置多边形的属性，单击【确定】按钮，完成多边形的绘制。

2. 设置多边形属性

完成多边形的绘制后，可通过编辑多边形属性来改变多边形的大小、位置、形状等。

右击多边形的一条边，在弹出的快捷菜单中选择【编辑多边形】命令，系统弹出【多边形】属性管理器，在其中，用户可编辑多边形的属性。

2.2.8 点

使用【点】命令，可将点插入草图和工程图中。下面介绍点的绘制方法。

(1) 单击【草图】工具选项卡中的【点】按钮 ▫ ，或选择【工具】|【草图绘制实体】|【点】菜单命令。

(2) 在绘图区中单击放置点，系统弹出【点】属性管理器，如图 2-17 所示。只要【点】命令保持激活状态，就可继续插入点。若要设置点的属性，则在绘图区状态选择绘制的点，然后在【点】属性管理器中进行设置。

图 2-16　【多边形】属性管理器

图 2-17　【点】属性管理器

2.2.9 样条曲线

定义样条曲线至少需要三个点，中间为型值点(或者通过点)，两端为端点。可通过拖动样条曲线的型值点或端点来改变其形状，也可在端点处指定样条曲线的相切条件。此外，在 3D 草图绘制中，也可以绘制样条曲线，新绘制的样条曲线默认为非成比例的。

1. 绘制样条曲线

(1) 单击【草图】工具选项卡中的【样条曲线】按钮 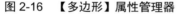 ，或选择【工具】|【草图绘制实体】|【样条曲线】菜单命令。

(2) 在绘图区中单击放置第一个点，然后拖动鼠标指针以定义曲线的第一段。

(3) 在绘图区中单击放置第二个点，拖动鼠标指针以定义样条曲线的第二段。

(4) 重复以上步骤直到完成样条曲线的绘制，双击最后一个点即可。

2. 设置样条曲线属性

在【样条曲线】属性管理器中可设置样条曲线的属性，如图 2-18 所示。

若样条曲线不受几何关系约束，则可在【参数】卷展栏中指定以下参数来定义样条曲线。

- 【样条曲线控制点数】：滚动查看样条曲线上的点时，曲线相应点的序号会出现在该框中。
- 【X 坐标】：设置样条曲线端点的 x 坐标。
- 【Y 坐标】：设置样条曲线端点的 y 坐标。
- 【相切重量 1】、【相切重量 2】：用于控制样条曲线在相应控制点处的相切的量。修改样条曲线在相应控制点处的曲率数值，可以控制相切向量的大小和方向。
- 【相切径向方向】：修改样条曲线相对于 X、Y、Z 轴的倾斜角度，可以控制相切方向。
- 【相切驱动】：选中该复选框，可以激活【相切重量 1】、【相切重量 2】和【相切径向方向】等选项。
- 【重设此控标】：单击该按钮，可将所选样条曲线控标重返到其初始状态。
- 【重设所有控标】：单击该按钮，可将所有样条曲线控标重返到其初始状态。
- 【弛张样条曲线】：单击该按钮，可显示控制样条曲线的多边形，拖动控制多边形上的任意点可以更改其形状，如图 2-19 所示。
- 【成比例】：选中该复选框，将样条曲线设置为成比例样条曲线。在拖动成比例的样条曲线的端点时，整个样条曲线会按比例调整大小，保持形状不变，并可为成比例样条曲线的内部端点标注尺寸和添加几何关系。

图 2-18 【样条曲线】属性管理器

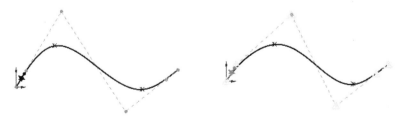

图 2-19 控制样条曲线的多边形

2.3 编辑草图

草图绘制完毕后，需要对草图进行进一步的编辑以符合设计需要。本节介绍常用的草图编辑工具，如剪切、复制、移动、旋转、剪裁、延伸、分割、等距实体等。

2.3.1 剪切、复制、粘贴

在草图绘制中，可在同一草图中或在不同草图间进行剪切、复制、粘贴一个或多个草图实体的操作。例如，复制整个草图并将其粘贴到当前零件的一个面，或复制草图到另一个草图、零件、装配体或工程图文件中(目标文件必须是打开的)。

要在同一文件中复制草图实体或将草图实体复制到另一个文件，可在特征管理器设计树中选择草图实体，然后按住 Ctrl 键并拖动。

要在同一草图内部移动草图实体，可在特征管理器设计树中选择草图实体，然后按住 Shift 键并拖动。

2.3.2 移动、旋转、缩放

如果要移动、旋转、按比例缩放、复制草图，可在【草图】工具选项卡中选择以下命令。

【移动实体】：移动草图实体。
【旋转实体】：旋转草图实体。
【缩放实体比例】：按比例缩放草图实体。
【复制实体】：复制草图实体。

也可选择【工具】|【草图工具】菜单命令，然后选择相关命令。下面进行详细的介绍。

1. 移动

使用【移动实体】命令可将草图实体移动一定的距离，或以实体上某一点为基准，将实体移动至已有的草图点。

选择要移动的草图实体，然后选择【工具】|【草图工具】|【移动】菜单命令，系统弹出【移动】属性管理器。在【参数】卷展栏中，选中【从/到】单选按钮，再单击【起点】下的【基准点】选择框，在绘图区中选择移动的起点，拖动鼠标指针定义草图实体要移动到的位置，如图 2-20 所示。

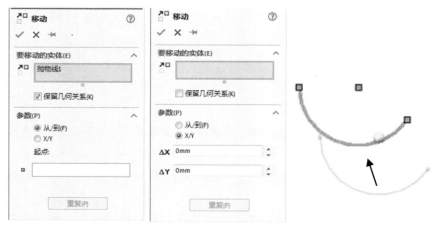

图 2-20　移动草图实体

也可选中 X/Y 单选按钮，然后设置ΔX 和ΔY 数值来定义草图实体移动的位置。

> **提示** 执行移动或复制操作不生成几何关系。如果需要在移动或者复制过程中保留现有几何关系，则选中【保留几何关系】复选框；当取消选中【保留几何关系】复选框时，只有在所选择项目和未被选择的项目之间的几何关系被断开，所选择项目之间的几何关系仍被保留。

2．旋转

使用【旋转实体】命令可使草图实体沿旋转中心旋转一定的角度。

选择要旋转的草图实体，然后选择【工具】|【草图工具】|【旋转】菜单命令，系统弹出【旋转】属性管理器，如图 2-21 所示。在【参数】卷展栏中，单击【旋转中心】下的【基准点】选择框，然后在绘图区中单击放置旋转中心。在【角度】微调框中设置旋转角度，或在绘图区中拖动鼠标指针以定义旋转角度，单击【确定】按钮，草图实体被旋转。

> **提示** 拖动鼠标指针时，角度捕捉增量将根据鼠标指针与基准点的距离发生变化，在【角度】微调框中会显示精确的角度值。

3．按比例缩放

使用【缩放实体比例】命令可将草图实体按一定比例进行放大或者缩小，或生成一系列尺寸成等比例的实体。

选择要按比例缩放的草图实体，然后选择【工具】|【草图工具】|【缩放比例】菜单命令，系统弹出【比例】属性管理器，如图 2-22 所示。

图 2-21 【旋转】属性管理器

图 2-22 【比例】属性管理器

在【参数】卷展栏中可以设置以下参数。

(1)【比例缩放点】：单击【基准点】选择框，在绘图区中单击草图实体的某个点作为比例缩放的基准点。

(2)【比例因子】：比例因子按算术方法递增(不按几何体方法)。

(3)【复制】：选中此复选框，可以设置【份数】微调框，将草图实体按比例缩放并复制。

2.3.3 剪裁

使用【剪裁】命令可裁剪或延伸某一草图实体，使之与另一个草图实体重合，或者删除某一草图实体。

单击【草图】工具选项卡中的【剪裁实体】按钮，或选择【工具】|【草图工具】|【剪裁】菜单命令，系统弹出【剪裁】属性管理器，如图 2-23 所示。

在【选项】卷展栏中可以设置以下参数。

(1)【强劲剪裁】：剪裁草图实体。拖动鼠标指针，剪裁一个或多个草图实体到最近的草图实体处。

(2)【边角】：修改所选的两个草图实体，直到它们以虚拟边角交叉。沿其自然路径延伸一个或两个草图实体时就会生成虚拟边角。

(3)【在内剪除】：剪裁位于两个所选边界之间的草图实体。例如，椭圆等闭环草图实体将会生成一个边界区域，其剪裁方式与选择两个开环实体作为边界相同。

(4)【在外剪除】：剪裁位于两个所选边界之外的开环草图实体。

图 2-23 【剪裁】属性管理器

(5)【剪裁到最近端】：删除草图实体，直至其与另一草图实体(如直线、圆弧、圆、椭圆、样条曲线、中心线等)或模型边线的交点。

在草图上移动鼠标指针，直到希望剪裁(或者删除)的草图实体以红色高亮显示，然后单击该实体执行剪裁。如果草图实体未与其他草图实体相交，则整个草图实体将被删除。草图剪裁也可用于删除草图实体余下的部分。

2.3.4 延伸、分割

下面介绍延伸和分割草图实体的方法。

1. 延伸

使用【延伸实体】命令可以延伸草图实体以增加其长度，如延伸直线、圆弧或中心线等。常用于将一个草图实体延伸到与另一个草图实体相交。具体操作方法如下。

单击【草图】工具选项卡中的【延伸实体】按钮，或选择【工具】|【草图工具】|【延伸】菜单命令。将鼠标指针拖动到要延伸的草图实体上，所选草图实体显示为红色，绿色的直线或圆弧表示草图实体延伸的方向。单击该草图实体，草图实体延伸到与另一草图实体相交。

> 提示 如果预览显示延伸方向出错，可将鼠标指针拖动到直线或者圆弧的另一半上重新预览。

2. 分割

【分割实体】命令是通过添加分割点将一个草图实体分割成两个草图实体。具体操作方法如下。

首先打开包含需要分割实体的草图，然后选择【工具】|【草图工具】|【分割实体】菜单命令，或在绘图区右击草图实体，在弹出的快捷菜单中选择【分割实体】命令。单击草图实体上的分割位置，该草图实体被分割成两个草图实体，这两个草图实体间会添加一个分割点，如图 2-24 所示。

图 2-24　分割点

2.3.5　等距实体

使用【等距实体】命令可将其他特征的边线以一定的距离和方向偏移，偏移的几何特征可以是一个或多个草图实体、一个模型面、一条模型边线或外部草图曲线。

选择一个或者多个草图实体、一个模型面、一条模型边线或外部草图曲线等，单击【草图】工具选项卡中的【等距实体】按钮，或选择【工具】|【草图工具】|【等距实体】菜单命令，系统弹出【等距实体】属性管理器，如图 2-25 所示。

图 2-25　【等距实体】属性管理器

在【参数】卷展栏中设置以下参数。

(1)【等距距离】：设置等距数值，或在绘图区移动鼠标指针以定义等距距离。

(2)【添加尺寸】：选中该复选框，在草图中添加等距距离，不会影响原有草图实体中的任何尺寸。

(3)【反向】：选中该复选框，将更改单向等距的方向。

(4)【选择链】：选中该复选框，将生成所有连续草图实体的等距实体。

(5)【双向】：选中该复选框，将在绘图区的两个方向上生成等距实体。

(6)【顶端加盖】：通过选中【双向】复选框并添加顶盖以延伸原有非相交草图实体，可以选中【圆弧】或【直线】单选按钮来设置延伸顶盖的类型。

(7)【构造几何体】：设置基本几何体或者偏移几何体。

2.4　3D 草 图

3D 草图由一系列直线、圆弧以及样条曲线构成。3D 草图可以作为扫描路径，也可以用作放样或者扫描的引导线、放样的中心线等。

2.4.1　基本操作

单击【草图】工具选项卡中的【3D 草图】按钮，或选择【插入】|【3D 草图】菜单

命令，即可开始绘制 3D 草图。

1. 3D 草图坐标系

生成 3D 草图时，在默认情况下，通常是相对于模型中默认的坐标系进行绘制。如果要切换到另外两个默认基准面之一，则单击所需的草图绘制工具，然后按 Tab 键，当前草图基准面的原点显示出来。如果要改变 3D 草图的坐标系，则单击所需的草图绘制工具，按住 Ctrl 键，然后选择一个基准面、一个平面或一个用户定义的坐标系。如果选择基准面或者平面，3D 草图基准面将进行旋转，使 X、Y 草图基准面与所选项目对正。如果选择坐标系，3D 草图基准面将进行旋转，使 X、Y 草图基准面与该坐标系的 X、Y 基准面平行。在开始绘制 3D 草图前，将视图方向设置为等轴测，因为在此视图方向下，X、Y、Z 轴方向均可见，可以更方便地生成 3D 草图。

2. 空间控标

当绘制 3D 草图时，一个图形化的助手可以帮助用户定位方向，此助手称为空间控标。在所选基准面上定义直线或者样条曲线的第一个点时，空间控标就会显示出来。使用空间控标可提示当前绘图的坐标，如图 2-26 所示。

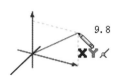

图 2-26　空间控标

3. 3D 草图的尺寸标注

绘制 3D 草图时，可以先按照近似长度绘制直线，然后按照精确尺寸进行标注。选择两个点、一条直线或者两条平行线，可以添加一个长度尺寸。选择三个点或者两条直线，可以添加一个角度尺寸。

4. 直线捕捉

在 3D 草图中绘制直线时，可以利用直线捕捉功能捕捉零件中现有的几何体，如模型表面、顶点或草图点。如果沿主要坐标方向绘制直线，则不会激活捕捉功能；如果在一个平面上绘制直线，且系统推理出捕捉到一个空间点时，就会显示一个暂时的 3D 图形框，以指示该捕捉点不在当前平面上。

2.4.2　绘制 3D 直线

在绘制直线时，如果直线捕捉到一个主要方向(即 X、Y、Z 轴方向)，那么它将被分别约束为水平、竖直或沿 Z 轴方向(相对于当前的坐标系为 3D 草图添加几何关系)，但并不一定要求沿着这三个主要方向之一绘制直线，可在当前基准面中与任何一个主要方向成任意角度绘制直线。如果直线的端点捕捉到现有的几何模型，也可在基准面之外进行绘制。

3D 直线的绘制方法如下。

(1) 单击【草图】工具选项卡中的【3D 草图】按钮，或选择【插入】|【3D 草图】菜单命令，进入 3D 草图绘制状态。

(2) 单击【草图】工具选项卡中的【直线】按钮，系统弹出【插入线条】属性管理器。在绘图区中单击开始绘制直线，此时出现空间控标，帮助用户在不同的基准面上绘制草图(如果想改变基准面，按 Tab 键即可)。

(3) 拖动鼠标指针至线段的终点处。
(4) 如果要继续绘制直线，可选择线段的终点，然后按 Tab 键转换到另一个基准面。
(5) 拖动鼠标指针直至出现第 2 段直线，然后释放鼠标，如图 2-27 所示。

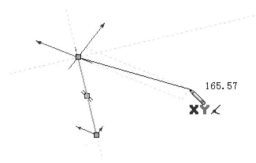

图 2-27　绘制 3D 直线

2.4.3　绘制 3D 圆角

3D 圆角的绘制方法如下。

(1) 单击【草图】工具选项卡中的【3D 草图】按钮，或选择【插入】|【3D 草图】菜单命令，进入 3D 草图绘制状态。

(2) 单击【草图】工具选项卡中的【绘制圆角】按钮，或选择【工具】|【草图工具】|【圆角】菜单命令，系统弹出【绘制圆角】属性管理器。在【圆角参数】卷展栏中，设置【圆角半径】数值，如图 2-28 所示。

(3) 选择两条相交的线段或其交叉点，即可绘制出圆角，如图 2-29 所示。

图 2-28　【绘制圆角】属性管理器

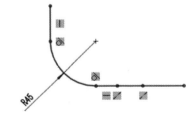

图 2-29　绘制圆角

2.4.4　绘制 3D 样条曲线

3D 样条曲线的绘制方法如下。

(1) 单击【草图】工具选项卡中的【3D 草图】按钮，或选择【插入】|【3D 草图】菜单命令，进入 3D 草图绘制状态。

(2) 单击【草图】工具选项卡中的【样条曲线】按钮 N，或选择【工具】|【草图绘制实体】|【样条曲线】菜单命令，系统弹出【样条曲线】属性管理器，如图 2-30 所示，它比二维的【样条曲线】属性管理器多了【Z 坐标】N 参数。

(3) 在绘图区中单击放置第一个点，拖动鼠标指针定义曲线的第一段。

(4) 每次单击时，都会出现空间控标来帮助用户在不同的基准面上绘制草图。

(5) 重复前面的步骤，直到完成 3D 样条曲线的绘制。

2.4.5 绘制 3D 草图点

3D 草图点的绘制方法如下。

(1) 单击【草图】工具选项卡中的【3D 草图】按钮，或选择【插入】|【3D 草图】菜单命令，进入 3D 草图绘制状态。

(2) 单击【草图】工具选项卡中的【点】按钮，或选择【工具】|【草图绘制实体】|【点】菜单命令，系统弹出【点】属性管理器，如图 2-31 所示，它比二维的【点】属性管理器多了【Z 坐标】参数。

(3) 在绘图区中单击放置点。

图 2-30　【样条曲线】属性管理器　　图 2-31　【点】属性管理器

(4) 保持【点】命令处于激活状态，可继续插入点。

如果需要改变点的属性，可在 3D 草图中选择一个点，然后在【点】属性管理器中进行编辑。

2.5 设 计 范 例

2.5.1 绘制传动箱草图范例

本范例完成文件：范例文件/第 2 章/2-1.SLDPRT

范例操作

step 01 单击【草图】工具选项卡中的【草图绘制】按钮，在模型树中，选择上视基准面，单击【草图】工具选项卡中的【边角矩形】按钮，在绘图区中绘制一个 120×60 的矩形，如图 2-32 所示。

step 02 单击【草图】工具选项卡中的【圆】按钮，绘制两个直径为 30 的圆，如图 2-33 所示。

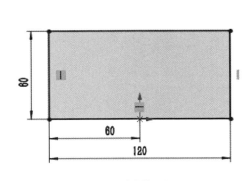

图 2-32 绘制矩形

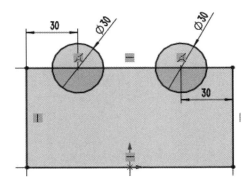

图 2-33 绘制两个圆

step 03 单击【草图】工具选项卡中的【剪裁实体】按钮，剪裁实体，如图 2-34 所示。

step 04 单击【草图】工具选项卡中的【直线】按钮，绘制水平直线，如图 2-35 所示。

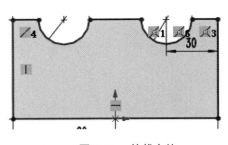

图 2-34 剪裁实体

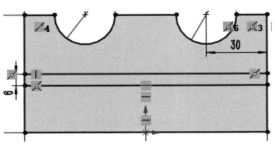

图 2-35 绘制水平直线

step 05 单击【草图】工具选项卡中的【绘制圆角】按钮，绘制圆角，如图 2-36 所示。

step 06 单击【草图】工具选项卡中的【直线】按钮，绘制连接直线，如图 2-37 所示。

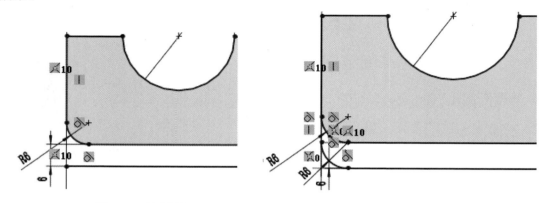

图 2-36 绘制圆角　　　　　　　　图 2-37 绘制连接直线

step 07 继续绘制直线，如图 2-38 所示。

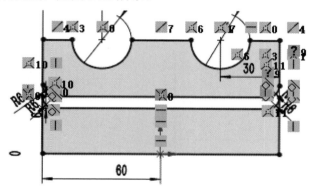

图 2-38 绘制直线

step 08 单击【草图】工具选项卡中的【圆】按钮，绘制两个直径为 8 的圆，如图 2-39 所示。

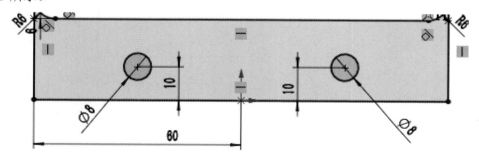

图 2-39 绘制两个圆

至此，传动箱草图绘制完成，最终结果如图 2-40 所示。

第 2 章 草图设计

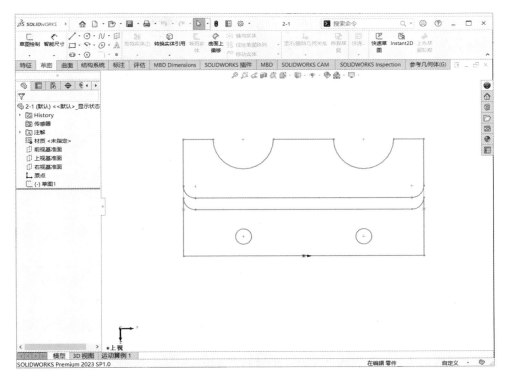

图 2-40 传动箱草图

2.5.2 绘制油气弹簧草图范例

本范例完成文件：范例文件/第 2 章/2-2.SLDPRT

范例操作

step 01 单击【草图】工具选项卡中的【草图绘制】按钮，在模型树中，选择前视基准面，单击【草图】工具选项卡中的【边角矩形】按钮，在绘图区中绘制一个 40×2 的矩形，如图 2-41 所示。

step 02 单击【草图】工具选项卡中的【圆】按钮，在左侧绘制一个直径为 10 的圆，如图 2-42 所示。

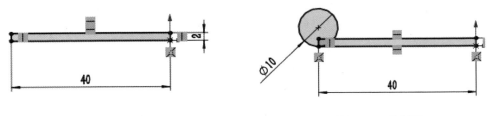

图 2-41 绘制矩形　　　　　　　　图 2-42 绘制圆

step 03 单击【草图】工具选项卡中的【圆】按钮，在上方绘制两个直径为 40 的圆，如图 2-43 所示。

49

step 04　单击【草图】工具选项卡中的【等距实体】按钮，绘制等距实体，如图 2-44 所示。

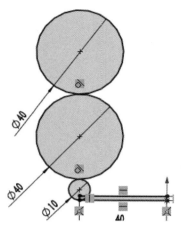
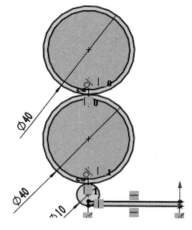

图 2-43　绘制两个圆　　　　　　图 2-44　绘制等距实体

step 05　单击【草图】工具选项卡中的【镜像实体】按钮，绘制镜像实体，如图 2-45 所示。

step 06　单击【草图】工具选项卡中的【直线】按钮，绘制直线，如图 2-46 所示。

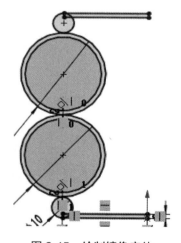
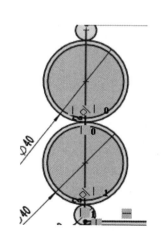

图 2-45　绘制镜像实体　　　　　　图 2-46　绘制直线

step 07　单击【草图】工具选项卡中的【剪裁实体】按钮，剪裁实体，如图 2-47 所示。

step 08　单击【草图】工具选项卡中的【圆】按钮，再次绘制圆，如图 2-48 所示。

step 09　单击【草图】工具选项卡中的【剪裁实体】按钮，再次剪裁实体，如图 2-49 所示。

step 10　单击【草图】工具选项卡中的【镜像实体】按钮，再次绘制镜像实体，如图 2-50 所示。

至此，油气弹簧草图绘制完成，最终结果如图 2-51 所示。

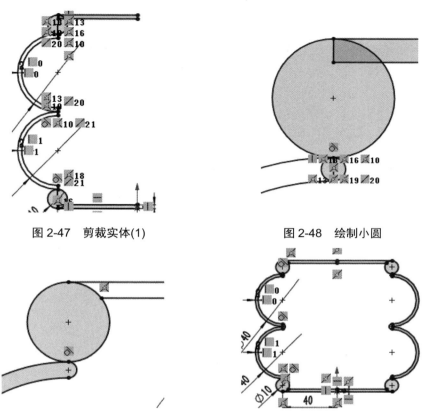

图 2-47 剪裁实体(1)　　　　　图 2-48 绘制小圆

图 2-49 剪裁实体(2)　　　　　图 2-50 绘制镜像实体

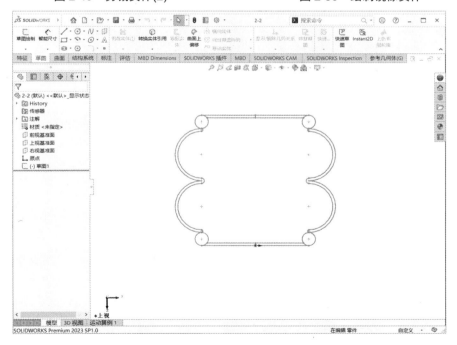

图 2-51 油气弹簧草图

2.6 本章小结

本章主要介绍了使用 SOLIDWORKS 进行草图设计的基本操作，包括草图绘制的基本概念，绘制草图的各种命令，以及编辑草图的各种方法。此外，本章还介绍了 3D 草图的绘制方法，它便于创建空间曲线，为后续曲面、曲线和空间特征的生成奠定了基础。

第 3 章

实体特征设计

本章导读

拉伸凸台/基体是由草图生成的实体零件的第一个特征，基体是实体的基础，在此基础上，可以通过增加或减少材料来实现各种复杂的实体零件。本章将重点讲解增加材料的拉伸凸台特征和减少材料的拉伸切除特征。

旋转特征通过绕中心线旋转一个或多个轮廓来添加或移除材料，可以生成凸台/基体、旋转切除或旋转曲面。旋转特征可以是实体、薄壁特征或曲面。

扫描特征是通过沿着一条路径移动轮廓(截面)来生成凸台/基体、切除或曲面的方法，使用该方法可以生成复杂的模型零件。

放样特征通过在轮廓之间进行过渡来生成特征。

本章主要介绍 SOLIDWORKS 中各种实体特征命令的使用方法，主要包括拉伸、旋转、扫描和放样。

3.1 拉伸特征

拉伸特征包括拉伸凸台/基体特征和拉伸切除特征，下面将着重介绍这两种特征。

3.1.1 拉伸凸台/基体特征

单击【特征】工具选项卡中的【拉伸凸台/基体】按钮 ，或选择【插入】|【凸台/基体】|【拉伸】菜单命令，系统弹出【凸台-拉伸】属性管理器，如图 3-1 所示。

1. 【从】卷展栏

该卷展栏用来设置特征拉伸的开始条件，其选项包括【草图基准面】、【曲面/面/基准面】、【顶点】和【等距】，如图 3-1 所示。

- 【草图基准面】：以草图所在的基准面作为基础开始拉伸。
- 【曲面/面/基准面】：以这些实体作为基础开始拉伸。操作时必须为【曲面/面/基准面】选择有效的实体，实体可以是平面或者非平面，平面实体不必与草图基准面平行，但草图必须完全在非平面曲面或者平面的边界内。
- 【顶点】：从选择的顶点处开始拉伸。
- 【等距】：从与当前草图基准面等距的基准面上开始拉伸，等距距离可以手动输入。

2. 【方向 1】卷展栏

- 【终止条件】：设置特征拉伸的终止条件，其选项如图 3-2 所示。单击【反向】按钮 ，可沿预览中所示的相反方向拉伸特征。

图 3-1 【凸台-拉伸】属性管理器

图 3-2 【终止条件】选项

- 【拉伸方向】↗：在图形区域选择方向向量，并从垂直于草图轮廓的方向拉伸草图。
- 【拔模开/关】：设置【拔模角度】数值，如果有必要，选中【向外拔模】复选框。

3. 【方向2】卷展栏

该卷展栏用来设置同时从草图基准面向两个方向拉伸的相关参数，其用法和【方向1】卷展栏基本相同。

4. 【薄壁特征】卷展栏

薄壁特征基体是钣金零件的基础。在该卷展栏中可控制拉伸的【厚度】数值。

图 3-3 【薄壁特征】卷展栏

- 【类型】：设置薄壁特征拉伸的类型，如图 3-3 所示。
- 【顶端加盖】：为薄壁特征拉伸的顶端加盖，生成一个中空的零件(仅限于闭环的轮廓草图)。
- 【加盖厚度】(在选中【顶端加盖】复选框时可用)：设置薄壁特征从拉伸端到草图基准面的加盖厚度，只可用于模型中第一个生成的拉伸特征。

5. 【所选轮廓】卷展栏

【所选轮廓】◇：允许使用部分草图生成拉伸特征，可以在图形区域选择草图轮廓和模型边线。

3.1.2 拉伸切除特征

单击【特征】工具选项卡中的【拉伸切除】按钮，或选择【插入】|【切除】|【拉伸】菜单命令，系统弹出【切除-拉伸】属性管理器，如图 3-4 所示。

图 3-4 【切除-拉伸】属性管理器

【切除-拉伸】属性管理器中的设置与【凸台-拉伸】属性管理器中的设置基本一致。不同之处是，在【方向1】卷展栏中多了【反侧切除】复选框。

【反侧切除】(仅限于拉伸的切除)：移除轮廓外的所有部分，如图 3-5 所示。在默认情况下，从轮廓内部移除，如图 3-6 所示。

图 3-5 拉伸反侧切除　　图 3-6 拉伸默认切除

3.2 旋转特征

本节讲解旋转特征的属性设置方法和创建旋转特征的操作步骤。

3.2.1 旋转凸台/基体特征

单击【特征】工具选项卡中的【旋转凸台/基体】按钮，或选择【插入】|【凸台/基体】|【旋转】菜单命令，系统弹出【旋转】属性管理器，如图 3-7 所示。

1. 【旋转轴】卷展栏和【方向】卷展栏

- 【旋转轴】：选择旋转所围绕的轴，根据生成旋转特征的类型来选择，此轴可以为中心线、直线或者边线。
- 【旋转类型】：设置旋转类型，其选项如图 3-7 所示。
- 【反向】：单击该按钮，可以更改旋转方向。
- 【方向 1 角度】：设置旋转角度，默认的角度为 360°，沿顺时针方向从所选草图开始测量角度。

图 3-7　【旋转】属性管理器

2. 【薄壁特征】卷展栏

此卷展栏用来设置旋转特征的厚度方向。

- 【单向】：使用【方向 1 厚度】数值，在草图单侧添加薄壁特征体积。如果有必要，单击【反向】按钮反转添加薄壁特征体积的方向。
- 【两侧对称】：使用【方向 1 厚度】数值，并以草图为中心，在草图两侧对称地添加相等厚度的薄壁特征体积。
- 【双向】：在草图两侧添加不同厚度的薄壁特征体积。设置【方向 1 厚度】数值，从草图向外添加薄壁特征体积；设置【方向 2 厚度】数值，从草图向内添加薄壁特征体积。

3. 【所选轮廓】卷展栏

在使用多轮廓生成旋转特征时使用该卷展栏中的选项。

单击【所选轮廓】选择框，拖动鼠标指针，在图形区域选择合适的轮廓，此时显示旋转特征的预览，可以选择任何轮廓以生成单一实体零件或者多实体零件，单击【确定】按钮，生成旋转特征。

3.2.2 旋转切除特征

单击【特征】工具选项卡中的【旋转切除】按钮，或选择【插入】|【切除】|【旋转】菜单命令，弹出【切除-旋转】属性管理器，如图 3-8 所示。

旋转切除特征的属性设置与旋转凸台/基体特征的属性设置基本一致。不同之处是特征经过的区域都会被移除，如图3-9所示。

图3-8　【切除-旋转】属性管理器　　　　图3-9　旋转切除特征

3.3　扫描特征

扫描特征是沿着一条路径移动轮廓，生成凸台/基体、切除或者曲面的一种方法。使用扫描特征时可利用引导线生成多轮廓特征和薄壁特征。

3.3.1　扫描特征的使用方法

扫描特征的使用方法如下。

(1) 单击【特征】工具选项卡中的【扫描】按钮 ，或选择【插入】|【凸台/基体】|【扫描】菜单命令。

(2) 选择【插入】|【切除】|【扫描】菜单命令。

(3) 单击【曲面】工具栏中的【扫描曲面】按钮 ，或选择【插入】|【曲面】|【扫描曲面】菜单命令。

3.3.2　扫描特征的属性设置

单击【特征】工具选项卡中的【扫描】按钮 ，或者选择【插入】|【凸台/基体】|【扫描】菜单命令，打开【扫描】属性管理器，如图3-10所示。

1. 【轮廓和路径】卷展栏

- 【轮廓】 ：设置用来生成扫描特征的草图轮廓。

图3-10　【扫描】属性管理器

在图形区域或特征管理器设计树中选择草图轮廓。基体或凸台的扫描特征轮廓应为闭环,曲面的扫描特征轮廓可为开环或闭环。

- 【路径】：设置轮廓的扫描路径。路径可以是开环或者闭环,可以是草图中的一组曲线、一条曲线或一组模型边线,但路径的起点必须位于轮廓的基准面上。

> **提示** 不论是轮廓、路径还是形成的实体,都不能自相交叉。

2. 【引导线】卷展栏

- 【引导线】：在轮廓沿路径扫描时加以引导以生成特征。

> **注意** 引导线必须与轮廓或轮廓草图中的点重合。

- 【上移】、【下移】：调整引导线的顺序。选择一条引导线并拖动鼠标指针以调整顺序。
- 【合并平滑的面】：优化带引导线扫描的性能,并在引导线或者路径的非曲率连续点处分割扫描。
- 【显示截面】：显示扫描特征的截面。单击按钮浏览截面,可按截面数查看轮廓并进行删减。

3. 【选项】卷展栏

- 【轮廓方位】：控制轮廓在沿路径扫描时的方向,其选项如图 3-11 所示。
- 【轮廓扭转】：控制轮廓在沿路径扫描时的形变方向,其选项如图 3-12 所示。
- 【合并切面】：将多个实体合并成一个实体。
- 【显示预览】：选中该复选框将显示扫描的上色预览;取消选中该复选框,则只显示轮廓和路径。

图 3-11 【轮廓方位】选项

图 3-12 【轮廓扭转】选项

4. 【起始处和结束处相切】卷展栏

- 【起始处相切类型】：其选项如图 3-13 所示,包含以下两个选项。

◆ 【无】：不应用相切。
◆ 【路径相切】：生成垂直于起始点路径的扫描。
- 【结束处相切类型】：与【起始处相切类型】下拉列表框中的选项相同，如图 3-14 所示，在此不再赘述。

图 3-13 【起始处相切类型】选项

图 3-14 【结束处相切类型】选项

5. 【薄壁特征】卷展栏

此卷展栏用来设置薄壁特征扫描的类型，其选项如图 3-15 所示。

- 【单向】：设置【厚度】数值 ，在轮廓单侧生成薄壁特征。
- 【两侧对称】：设置【方向 1 厚度】数值 ，在轮廓两侧对称地生成相等厚度的薄壁特征。
- 【双向】：设置【方向 1 厚度】数值 、【方向 2 厚度】数值 ，在轮廓两侧生成不等厚度的薄壁特征。

生成的薄壁特征扫描，如图 3-16 所示。

图 3-15 薄壁特征扫描类型选项

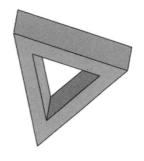
图 3-16 薄壁特征扫描

6. 【曲率显示】卷展栏

【曲率显示】卷展栏，如图 3-17 所示。

- 【网格预览】：显示及设置模型上的网格和网格密度，如图 3-18 所示。

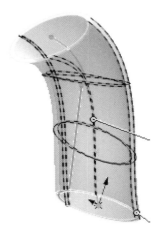

图 3-17　【曲率显示】选项组　　　　图 3-18　模型网格

- 【斑马条纹】：显示模型上的斑马应力条纹，以便观察应力分布，如图 3-19 所示。
- 【曲率检查梳形图】：显示模型上的曲率分布，如图 3-20 所示。

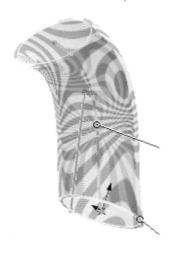
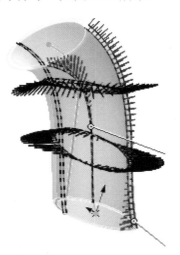

图 3-19　模型斑马应力条纹　　　　图 3-20　模型曲率

3.4 放样特征

放样特征通过在轮廓之间进行过渡来生成特征，放样的对象可以是基体/凸台、切除或者曲面，可用两个或多个轮廓生成放样特征，但仅第一个或最后一个对象的轮廓可以是点。

3.4.1 放样特征的使用方法

放样特征的使用方法如下。

(1) 单击【特征】工具选项卡中的【放样凸台/基体】按钮 ，或选择【插入】|【凸台/基体】|【放样】菜单命令。

(2) 选择【插入】|【切除】|【放样】菜单命令。

(3) 单击【曲面】工具栏中的【放样曲面】按钮 ，或选择【插入】|【曲面】|【放样】菜单命令。

3.4.2 放样特征的属性设置

选择【插入】|【凸台/基体】|【放样】菜单命令，系统弹出【放样】属性管理器，如图 3-21 所示。

1. 【轮廓】选项组

- 【轮廓】：设置用来生成放样特征的轮廓，可以选择要放样的草图轮廓、面或者边线。
- 【上移】 、【下移】 ：调整轮廓的顺序。

> 提示 如果放样特征预览显示不理想，可以重新选择或调整草图的顺序以在轮廓上连接不同的点。

2. 【起始/结束约束】卷展栏

- 【开始约束】、【结束约束】：应用约束以控制开始轮廓和结束轮廓的相切条件，【结束约束】选项如图 3-22 所示。
- 【方向向量】 (在设置【开始(结束)约束】为【方向向量】时可用)：按照所选择的方向向量应用相切约束，放样特征与所选线性边线或轴相切，或与所选面或基准面的法线相切，如图 3-23 所示。
- 【拔模角度】 (在设置【开始(结束)约束】为【方向向量】或【垂直于轮廓】时可用)：为起始轮廓或结束轮廓应用拔模角度，如图 3-23 所示。
- 【起始/结束处相切长度】 (在设置【开始(结束)约束】为【无】时不可用)：控制放样的相切影响量。
- 【应用到所有】：选中此复选框，显示一个可控制整个轮廓的所有约束的控标；取消选中此复选框，显示控制单个线段约束的多个控标。

在选择不同【开始约束】和【结束约束】选项时的效果如图 3-24 所示。

图 3-21 【放样】属性管理器

图 3-22 【结束约束】选项

图 3-23 设置【开始(结束)约束】参数

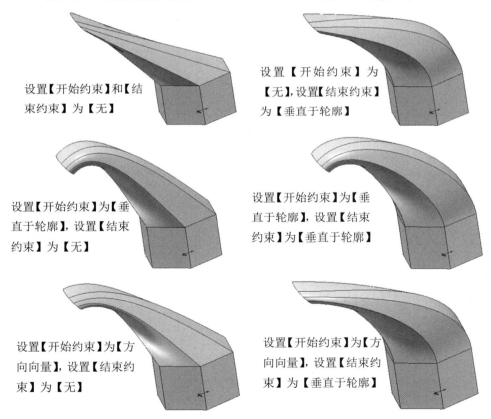

图 3-24 选择不同【开始约束】和【结束约束】选项的效果

3. 【引导线】卷展栏

- 【引导线感应类型】：控制引导线对放样特征的影响力度，其选项如图 3-25 所示。
- 【引导线】：选择引导线来控制放样特征。

- 【上移】、【下移】：调整引导线的顺序。
- 【草图 n-相切】：控制放样特征与引导线相交处的相切关系(n 为所选引导线的标号)。

> **提示** 为获得最佳结果，轮廓在与引导线相交处还应与相切面相切，理想的公差为 2°或者更小，且连接点与离相切面的夹角应小于 30°（角度大于 30°，放样就会失败）。

4. 【中心线参数】卷展栏

【中心线参数】卷展栏如图 3-26 所示。

- 【中心线】：使用中心线来引导放样特征的形状。
- 【截面数】：在轮廓之间并围绕中心线添加特定数量的截面。
- 【显示截面】：显示放样特征的截面。单击按钮浏览截面，也可输入截面标号，然后单击【显示截面】按钮跳转到该截面。

图 3-25 【引导线感应类型】选项

图 3-26 【中心线参数】卷展栏

5. 【草图工具】卷展栏

- 【拖动草图】按钮：激活拖动模式，当编辑放样特征时，可从任何已经为放样特征定义了轮廓线的 3D 草图中拖动 3D 草图线段、点或基准面，3D 草图在拖动过程中会自动更新。如果需要退出草图拖动模式，再次单击【拖动草图】按钮即可。
- 【撤销草图拖动】按钮：撤销最近的草图拖动操作，并将预览返回到先前状态。

6. 【选项】卷展栏

【选项】卷展栏如图 3-27 所示。

- 【合并切面】：如果对应的线段相切，则保持放样特征中的曲面相切。
- 【闭合放样】：在放样方向上生成闭合实体，选中该复选框会自动连接最后一个和第一个草图实体。
- 【显示预览】：选中该复选框，显示放样特征的上色预览；取消选中该复选框，则只能查看路径和引导线。

- 【微公差】：在非常小的几何图形区域之间设置公差，创建放样时选中该复选框。

7. 【薄壁特征】卷展栏

此卷展栏用于设置薄壁特征放样的类型。

- 【单向】：设置【厚度】数值，在轮廓单侧生成薄壁特征。
- 【两侧对称】：设置【厚度】数值，在轮廓两侧对称地生成相等厚度的薄壁特征。
- 【双向】：设置【方向1厚度】数值、【方向2厚度】数值，在轮廓两侧生成不等厚度的薄壁特征。

图 3-27 【选项】卷展栏

8. 【曲率显示】卷展栏

- 【网格预览】：显示及设置模型上的网格和网格密度。
- 【斑马条纹】：显示模型上的斑马应力条纹，以便观察应力分布。
- 【曲率检查梳形图】：显示模型上的曲率分布。

3.5 设计范例

3.5.1 绘制球阀阀芯范例

本范例完成文件：范例文件/第 3 章/3-1.SLDPRT

范例操作

step 01 单击【草图】工具选项卡中的【草图绘制】按钮，选择上视基准面，在上视基准面上绘制半圆形，如图 3-28 所示。

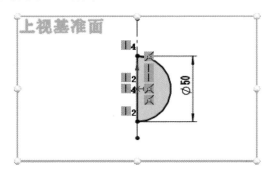

图 3-28 绘制半圆形

step 02 单击【特征】工具选项卡中的【旋转凸台/基体】按钮，创建旋转特征，参数设置如图 3-29 所示。

step 03 在上视基准面上绘制圆形，如图 3-30 所示。

第 3 章 实体特征设计

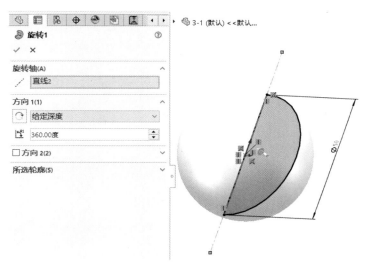

图 3-29 创建旋转特征

图 3-30 绘制圆形(1)

step 04 单击【特征】工具选项卡中的【拉伸凸台/基体】按钮，创建拉伸特征，参数设置如图 3-31 所示。

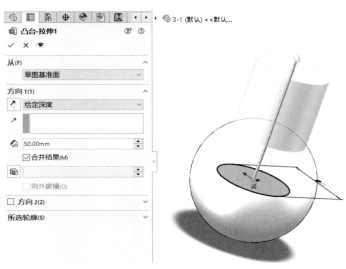

图 3-31 创建拉伸特征(1)

step 05 继续绘制圆形,如图 3-32 所示。

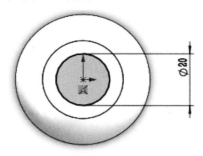

图 3-32 绘制圆形(2)

step 06 再次创建拉伸特征,参数设置如图 3-33 所示。

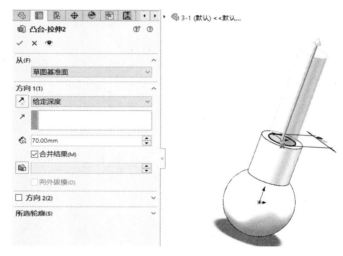

图 3-33 创建拉伸特征(2)

step 07 在右视基准面上绘制矩形,如图 3-34 所示。

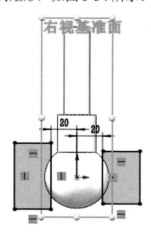

图 3-34 绘制矩形(1)

step 08 单击【特征】工具选项卡中的【拉伸切除】按钮,创建拉伸切除特征,参数设置如图3-35所示。

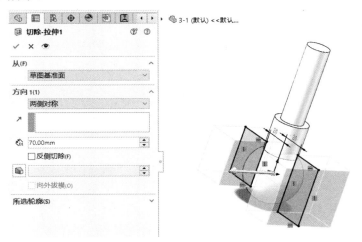

图3-35 创建拉伸切除特征(1)

step 09 继续绘制圆形,如图3-36所示。

step 10 单击【特征】工具选项卡中的【拉伸切除】按钮,继续创建拉伸切除特征,参数设置如图3-37所示,得到阀头。

step 11 在球面上绘制矩形,如图3-38所示。

step 12 单击【特征】工具选项卡中的【拉伸切除】按钮,创建拉伸切除特征,参数设置如图3-39所示。

step 13 单击【特征】工具选项卡中的【圆周阵列】按钮,创建圆周阵列特征,参数设置如图3-40所示,创建结果如图3-41所示。

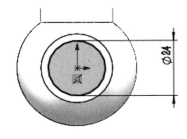

图3-36 绘制圆形(3)

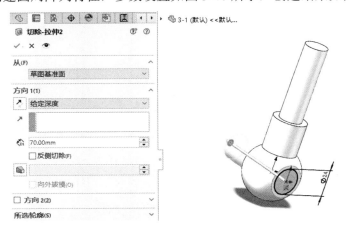

图3-37 创建拉伸切除特征(2)

至此,球阀阀芯模型创建完成,最终结果如图3-42所示。

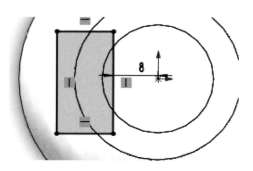

图 3-38 绘制矩形(2)

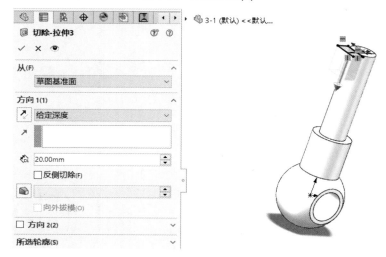

图 3-39 创建拉伸切除特征(3)

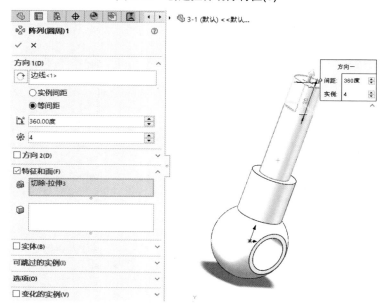

图 3-40 创建圆周阵列特征

第 3 章 实体特征设计

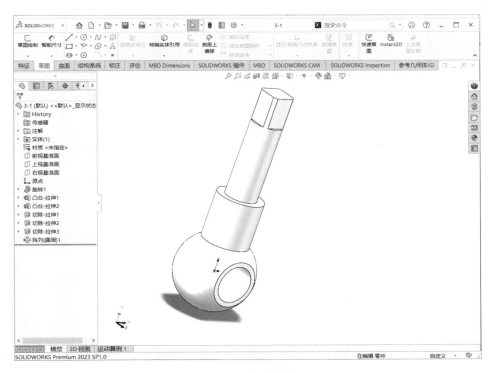

图 3-41 创建结果

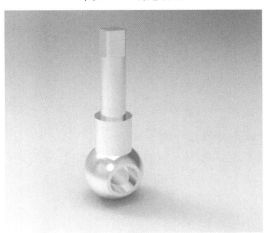

图 3-42 球阀阀芯模型

3.5.2 绘制伞齿轮范例

本范例完成文件：范例文件/第 3 章/3-2.SLDPRT

范例操作

step 01 单击【草图】工具选项卡中的【草图绘制】按钮，选择前视基准面，在前视基准面上绘制梯形，如图 3-43 所示。

step 02 单击【草图】工具选项卡中的【边角矩形】按钮 ⬜，绘制矩形，如图 3-44 所示。

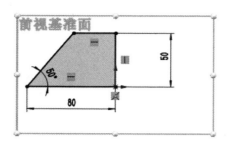

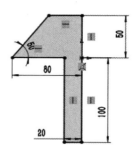

图 3-43　绘制梯形　　　　　　　　　　图 3-44　绘制矩形

step 03 单击【特征】工具选项卡中的【旋转凸台/基体】按钮，创建旋转特征，参数设置如图 3-45 所示，得到齿轮体。

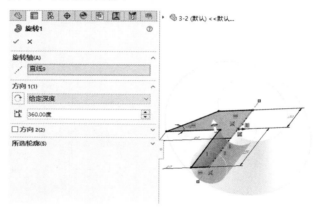

图 3-45　创建旋转特征

step 04 在草图中绘制角度线，如图 3-46 所示。

step 05 单击【特征】工具选项卡中的【投影曲线】按钮，创建投影曲线，参数设置如图 3-47 所示。

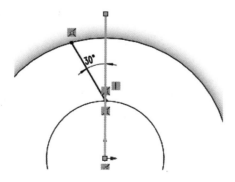

图 3-46　绘制角度线　　　　　　　　　图 3-47　创建投影曲线

step 06 使用圆工具和直线工具，绘制轮齿草图，如图 3-48 所示。

第 3 章 实体特征设计

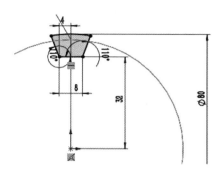

图 3-48 绘制轮齿草图

step 07 单击【特征】工具选项卡中的【扫描切除】按钮，创建扫描切除特征，参数设置如图 3-49 所示。

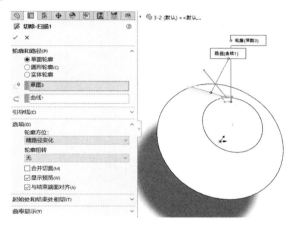

图 3-49 创建扫描切除特征

step 08 单击【特征】工具选项卡中的【圆周阵列】按钮，创建圆周阵列特征，参数设置如图 3-50 所示。

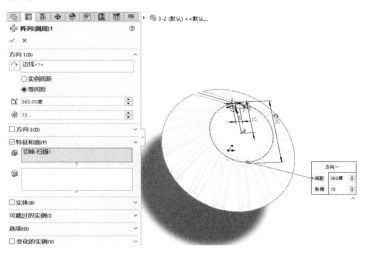

图 3-50 创建圆周阵列特征

step 09 在中间绘制圆形，如图 3-51 所示。

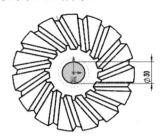

图 3-51　绘制圆形

step 10 单击【特征】工具选项卡中的【拉伸切除】按钮 ⬚，创建拉伸切除特征，参数设置如图 3-52 所示，创建结果如图 3-53 所示。

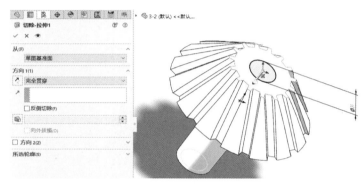

图 3-52　创建拉伸切除特征

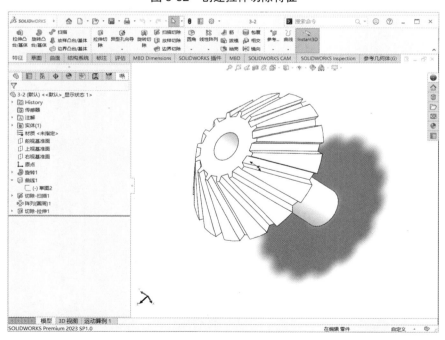

图 3-53　创建结果

至此，伞齿轮模型创建完成，最终结果如图 3-54 所示。

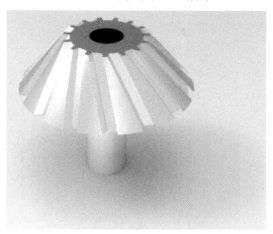

图 3-54　伞齿轮模型

3.6　本 章 小 结

本章主要介绍了 SOLIDWORKS 中各种实体特征的创建方法，重点是实体特征命令的应用，其中包括拉伸、旋转、扫描和放样这四类命令，以及它们相应的切除命令，比如拉伸切除命令和旋转切除命令，读者可以结合范例进行学习。

第 4 章

实体附加特征

本章导读

实体附加特征是对已经完成的实体模型进行辅助性编辑,进而生成的特征。在实体上添加各种附加特征,可以通过多种命令来实现。

本章主要介绍 SOLIDWORKS 中的实体附加特征,包括圆角特征、倒角特征、筋特征、孔特征和抽壳特征。筋特征用于在指定位置生成加强筋;孔特征用于在指定位置生成直孔或异型孔;圆角特征一般用于给铸造类零件的边线添加圆角;倒角特征用于在零件的边缘产生倒角;抽壳特征用于掏空零件,使选择的面敞开,在其余面上生成薄壁特征。

4.1 圆角特征

圆角特征用于在零件上生成内圆角面或者外圆角面，可在一个面的所有边线、所选的多组面、所选的边线或边线环上生成圆角。

一般而言，在生成圆角时应遵循以下规则。

(1) 在添加小圆角之前，应先添加较大的圆角。当有多个圆角汇聚于一个顶点时，优先生成较大的圆角。

(2) 在添加圆角前，应先添加拔模特征。如果要生成具有多个圆角边线及拔模面的铸模零件，在大多数情况下，应在添加圆角之前添加拔模特征。

(3) 最后添加装饰圆角。在大多数其他几何特征定位后，再添加装饰圆角。越早添加装饰圆角，系统重建零件所需的时间越长。

(4) 如果要加快零件重建的速度，可以一次性生成多个相同半径的圆角。

4.1.1 恒定大小圆角特征的属性设置

选择【插入】|【特征】|【圆角】菜单命令，或者单击【特征】工具选项卡中的【圆角】按钮，系统弹出【圆角】属性管理器。

在整个边线上生成具有相同半径的圆角。在【圆角类型】卷展栏中选中【恒定大小圆角】按钮，【手工】模式下的【圆角】属性管理器如图4-1和图4-2所示。

1. 【要圆角化的项目】卷展栏

- 【边线、面、特征和环】：在图形区域选择要进行圆角处理的实体。
- 【切线延伸】：选中该复选框，将圆角延伸到与所选面相切的所有面。
- 【完整预览】：选中该单选按钮，将显示所有边线的圆角预览。
- 【部分预览】：选中该单选按钮，将只显示一条边线的圆角预览。
- 【无预览】：选中该单选按钮，将关闭预览，可以缩短复杂模型的重建时间。

2. 【圆角参数】卷展栏

- 【半径】：设置圆角的半径。
- 【轮廓】：选择圆角的轮廓形状。

3. 【逆转参数】卷展栏

该卷展栏用来在模型的混合曲面之间，沿着边线生成圆角，以形成平滑的过渡。

- 【距离】：在顶点处设置圆角的逆转距离。
- 【逆转顶点】：在图形区域选择一个或者多个顶点进行圆角逆转。
- 【逆转距离】：根据设定的【距离】数值列举边线数。
- 【设定所有】：单击该按钮，将当前的【距离】数值应用到【逆转距离】下的所有项目上。

第 4 章 实体附加特征

图 4-1 【要圆角化的项目】卷展栏　　　图 4-2 【圆角】属性管理器其他参数

4．【部分边线参数】卷展栏

【部分边线参数】卷展栏用于设置部分边线的参数起止。
- 【选择边线】：选择需要部分修改的边线。
- 【与起点的偏移距离】：设置部分边线的起始位置。
- 【与端点的偏移距离】：设置部分边线的结束位置。

5．【圆角选项】卷展栏

- 【通过面选择】：选中该复选框，通过隐藏边线的面选择边线。
- 【保持特征】：如果应用的圆角半径足够大，以至于可以覆盖某个特性，则选中此复选框可确保切除或者凸台特征保持可见。
- 【圆形角】：选中该复选框，生成含圆形角的等半径圆角。必须选择至少两条相邻边线进行圆角化，圆形角可以实现边线之间的平滑过渡，并消除边线汇合处的尖锐接合点。
- 【扩展方式】：控制单一闭合边线(如圆、样条曲线、椭圆等)上圆角与边线汇合的方式。
  - 【默认】：选中该单选按钮，将由系统自动选中【保持边线】或【保持曲面】单选按钮。
  - 【保持边线】：选中该单选按钮，将保持模型边线不变，对圆角进行调整。
  - 【保持曲面】：选中该单选按钮，将调整圆角边线以实现连续平滑的过渡，同时更改模型边线以匹配圆角边线。

4.1.2 变量大小圆角特征的属性设置

在生成含可变半径值的圆角时，可以使用控制点来辅助定义圆角。在【圆角类型】卷展栏中选中【变量大小圆角】按钮，【圆角】属性管理器如图4-3所示。

1. 【要圆角化的项目】卷展栏

【边线、面、特征和环】：在图形区域选择需要进行圆角处理的实体。

2. 【变半径参数】卷展栏

- 【半径】：设置圆角的半径。
- 【附加的半径】：列举在【要圆角化的项目】卷展栏的【边线、面、特征和环】选择框中的边线顶点，以及在图形区域选择的控制点。
- 【设定未指定的】：将当前的【半径】应用到【附加的半径】下所有未指定半径的项目上。
- 【设定所有】：将当前的【半径】应用到【附加的半径】下的所有项目上。
- 【实例数】：设置边线上控制点的数量。
- 【平滑过渡】：选中该单选按钮生成圆角时，使得当一条圆角边线与相邻面相交时，圆角半径能够从某一半径平滑地过渡到另一半径。
- 【直线过渡】：选中该单选按钮生成圆角时，使得圆角半径从某一半径线性地过渡到另一半径，但是不会使切边与相邻的圆角相匹配。

3. 【逆转参数】卷展栏

与恒定大小圆角特征的【逆转参数】卷展栏属性设置相同。

4. 【圆角选项】卷展栏

与恒定大小圆角特征的【圆角选项】卷展栏属性设置相同。

图4-3 选中【变量大小圆角】按钮后的【圆角】属性管理器

4.1.3 面圆角特征的属性设置

面圆角特征用于混合非相邻或非连续的面。在【圆角类型】卷展栏中选中【面圆角】按钮，【圆角】属性管理器如图4-4所示。

图4-4 选中【面圆角】按钮后的【圆角】属性管理器

1. 【要圆角化的项目】卷展栏
- 【面组 1】：在图形区域选择要混合的第一个面或第一组面。
- 【面组 2】：在图形区域选择要与【面组 1】混合的面。

2. 【圆角参数】卷展栏

与恒定大小圆角特征的【圆角参数】卷展栏属性设置相同。

3. 【圆角选项】卷展栏
- 【通过面选择】：选中该复选框，通过隐藏边线的面选择边线。
- 【辅助点】：当面混合的位置不明确时，使用辅助点来解决位置选择问题。单击【辅助点顶点】选择框，然后单击要插入面圆角的边线上的一个顶点，圆角将在靠近辅助点的位置处生成。

4.1.4 完整圆角特征的属性设置

完整圆角特征用于生成相切于三个相邻面组(与一个或者多个面相切)的圆角。在【圆角类型】卷展栏中选中【完整圆角】按钮，【圆角】属性管理器如图 4-5 所示。
- 【面组 1】：选择第一个边侧面。
- 【中央面组】：选择中央面。
- 【面组 2】：选择与【面组 1】相对的面。

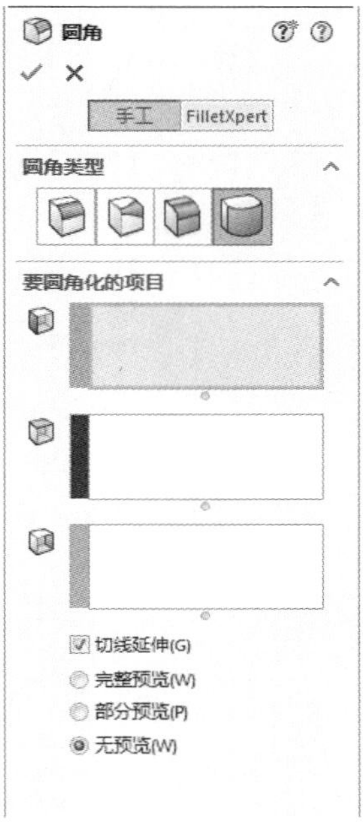

图 4-5 选中【完整圆角】按钮后的【圆角】属性管理器

4.1.5 FilletXpert 模式圆角特征的属性设置

FilletXpert 模式下的【圆角】属性管理器提供了一个强大的工具集，用于管理、组织和重新排序圆角。在【添加】选项卡中可以生成新的圆角，如图 4-6 所示；在【更改】选项卡中可以修改现有圆角。

1. 【圆角项目】卷展栏
- 【边线、面、特征和环】：在图形区域选择需要进行圆角处理的实体。
- 【半径】：设置圆角的半径。

2. 【选项】卷展栏
- 【通过面选择】：选中该复选框，在上色或者 HLR 显示模式中，通过隐藏边线的面选择边线。
- 【切线延伸】：选中该复选框，将圆角延伸到与所选边线相切的所有边线。
- 【完整预览】：选中该单选按钮，将显示所有边线的圆角预览。
- 【部分预览】：选中该单选按钮，将只显示一条边线的圆角预览。

- 【无预览】：选中该单选按钮，将关闭预览，可以缩短复杂圆角的显示时间。

3. 【要更改的圆角】卷展栏

单击【更改】标签，将切换到【更改】选项卡，如图4-7所示。

- 【边线、面、特征和环】：选择要调整大小或者要删除的圆角。可以在图形区域选择个别边线，并从包含多条圆角边线的圆角特征中删除个别边线或调整其大小，也可以在不了解边线在圆角特征中的组织方式的情况下，以图形方式编辑圆角。
- 【半径】：设置新的圆角半径。
- 【调整大小】：单击该按按钮，将所选圆角修改为设置的半径值。
- 【移除】：单击该按按钮，将从模型中删除所选的圆角。

图4-6　FilletXpert模式下的【添加】选项卡

图4-7　FilletXpert模式下的【更改】选项卡

4. 【现有圆角】卷展栏

【按大小分类】：根据圆角的尺寸进行筛选。从其选择框中选择一个圆角大小，系统会筛选出所有具有该尺寸的圆角，并将它们显示在【边线、面、特征和环】选择框中。

单击【边角】标签，将切换到【边角】选项卡，如图4-8所示。选择相应的边角面和复制目标即可。

4.1.6　生成圆角特征的操作步骤

生成圆角特征的操作步骤如下。

(1) 选择【插入】|【特征】|【圆角】菜单命令，系统弹出【圆角】属性管理器。在【圆角类型】卷展栏中，选中【恒定大小圆角】按钮，如图4-9所示。在【要圆角化的项目】卷展栏中，单击【边线、面、特征和环】选择框，选择模型上面的4条边线，设置【半径】为10 mm。单击【确定】按钮，将生成等半径圆角特征，如图4-10所示。

图4-8　FilletXpert模式下的【边角】选项卡

图 4-9　等半径圆角特征参数设置　　　　图 4-10　生成等半径圆角特征

(2) 在【圆角类型】卷展栏中，选中【变量大小圆角】按钮。在【要圆角化的项目】卷展栏中，单击【边线、面、特征和环】选择框，在图形区域选择模型正面的一条边线。在【变半径参数】卷展栏中，单击【附加的半径】中的 P1，设置【半径】为 30 mm，单击【附加的半径】中的 P2，设置【半径】为 20 mm，再设置【实例数】为 3，如图 4-11 所示。单击【确定】按钮，生成变半径圆角特征，如图 4-12 所示。

 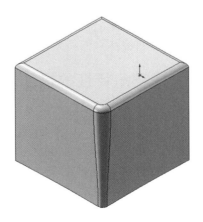

图 4-11　变半径圆角特征参数设置　　　　图 4-12　生成变半径圆角特征

4.2 倒角特征

倒角特征用于在所选边线、面或者顶点上生成倾斜角。

4.2.1 倒角特征的属性设置

单击【特征】工具选项卡中的【倒角】按钮，或选择【插入】|【特征】|【倒角】菜单命令，系统弹出【倒角】属性管理器，如图 4-13 所示。

1. 【倒角类型】卷展栏

- 【角度距离】：通过指定角度和距离来确定倒角。
- 【距离-距离】：通过指定两个距离值为确定倒角。
- 【顶点】：选择顶点来确定倒角。
- 【等距面】：通过等距于现有面的方式来确定倒角。
- 【面-面】：选择两个面，通过它们之间的距离来确定倒角。

2. 【要倒角化的项目】卷展栏

【边线、面或顶点】：在图形区域选择需要倒角的边线、面或顶点。

图 4-13 【倒角】属性管理器

3. 【倒角参数】卷展栏

- 【距离】：设置倒角类型参数中的距离(D)。
- 【角度】：设置倒角类型参数中的角度(A)。

4. 【倒角选项】卷展栏

- 【通过面选择】：选中该复选框，将通过隐藏边线的面选择边线。
- 【保持特征】：选中该复选框，将保留在生成倒角过程中可能被移除的特征，如切除或拉伸特征。

4.2.2 生成倒角特征的操作步骤

生成倒角特征的操作步骤如下。

(1) 选择【插入】|【特征】|【倒角】菜单命令，系统打开【倒角】属性管理器。在【倒角类型】卷展栏中选中【角度距离】按钮。在【要倒角化的项目】卷展栏中，单击【边线、面或顶点】选择框，在图形区域选择模型的左侧边线。在【倒角参数】卷展栏中，设置【距离】为 20 mm，【角度】为 45 度，如图 4-14 所示。单击【确定】按钮，生成不保持

图 4-14 不保持特征的倒角特征参数设置

特征的倒角特征，如图 4-15 所示。

(2) 在【倒角选项】卷展栏中，选中【保持特征】复选框，单击【确定】按钮✓，生成保持特征的倒角特征，如图 4-16 所示。

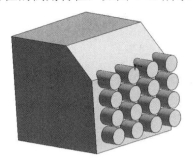
图 4-15　生成不保持特征的倒角特征

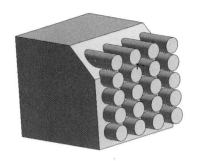
图 4-16　生成保持特征的倒角特征

4.3　筋　特　征

筋特征可以从开环或闭环的轮廓中生成，是一种特殊类型的拉伸特征。它通过在轮廓与现有零件之间添加指定方向和厚度的材料来生成，可以使用单一草图实体或多个草图实体来生成，也可以用拔模来生成，或者选择一个要拔模的参考轮廓。

4.3.1　筋特征的属性设置

单击【特征】工具选项卡中的【筋】按钮，或选择【插入】|【特征】|【筋】菜单命令，系统弹出【筋】属性管理器，如图 4-17 所示。

【参数】卷展栏中的参数设置如下。

(1) 【厚度】：在草图边缘添加筋的厚度。
- 【第一边】：只延伸草图轮廓到草图的一边。
- 【两侧】：均匀延伸草图轮廓到草图的两边。
- 【第二边】：只延伸草图轮廓到草图的另一边。

(2) 【筋厚度】：设置筋的厚度。

(3) 【拉伸方向】：设置筋的拉伸方向。
- 【平行于草图】：平行于草图生成筋拉伸。
- 【垂直于草图】：垂直于草图生成筋拉伸。

选择不同选项时的效果如图 4-18 和图 4-19 所示。

(4) 【反转材料方向】：选中该复选框，将更改筋的拉伸方向。

图 4-17　【筋】属性管理器

(5) 【拔模开/关】：添加拔模特征到筋，可以设置拔模角度。

【向外拔模】(在【拔模开/关】被选择时可用)：选中该复选框，将生成向外的拔模角度；取消选中该复选框，将生成向内的拔模角度。

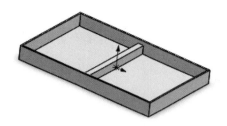 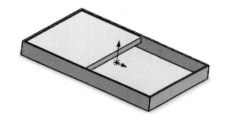

图 4-18　选择【平行于草图】选项时的筋拉伸　　　图 4-19　选择【垂直于草图】选项时的筋拉伸

(6)【下一参考】(在【拉伸方向】中选中【平行于草图】按钮且【拔模开/关】被选择时可用)：单击该按钮，切换草图轮廓，可以选择拔模所用的参考轮廓。

(7)【类型】(在【拉伸方向】中选中【垂直于草图】按钮时可用)。

- 【线性】：选中该单选按钮，将生成与草图方向相垂直的筋。
- 【自然】：选中该单选按钮，将生成沿草图轮廓自然延伸的筋。例如，如果草图为圆形或者圆弧，则自然使用圆形延伸筋，直到与边界汇合。

【所选轮廓】卷展栏中的参数用来列举生成筋特征的草图轮廓。

4.3.2　生成筋特征的操作步骤

生成筋特征的操作步骤如下。

(1) 选择一个草图。

(2) 选择【插入】|【特征】|【筋】菜单命令，系统弹出【筋】属性管理器。在【参数】卷展栏中，选中【两侧】按钮，设置【筋厚度】为 30 mm。在【拉伸方向】中选中【平行于草图】按钮，取消选中【反转材料方向】复选框，如图 4-20 所示。

(3) 单击【确定】按钮，结果如图 4-21 所示。

 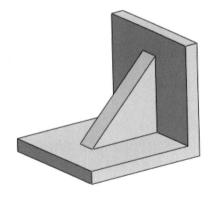

图 4-20　【参数】卷展栏中的参数设置　　　　　图 4-21　生成筋特征

4.4　孔　特　征

孔特征用于在模型上生成各种类型的孔。在平面上定位孔，并设置其深度，孔的位置可以通过标注尺寸来定义。

作为设计者,一般是在设计阶段临近结束时生成孔,这样可以避免因为疏忽而将材料添加到先前生成的孔内。如果准备生成不需要其他参数的孔,可以选择【简单直孔】命令;如果准备生成具有复杂轮廓的异型孔(如锥形孔等),则通常选择【异型孔向导】命令。【简单直孔】命令在生成不需要其他参数的孔时,可以提供比【异型孔向导】命令更优越的性能。

4.4.1 简单直孔特征的属性设置

选择【插入】|【特征】|【孔】|【简单直孔】菜单命令,系统弹出【孔】属性管理器,如图 4-22 所示。

1. 【从】卷展栏

- 【草图基准面】:从草图所在的同一基准面开始生成简单直孔。
- 【曲面/面/基准面】:从这些实体之一开始生成简单直孔。
- 【顶点】:从所选择的顶点位置处开始生成简单直孔。
- 【等距】:从与当前草图基准面等距的基准面上生成简单直孔。

2. 【方向 1】卷展栏

(1) 【终止条件】:其选项如图 4-23 所示。
- 【给定深度】:从草图的基准面以指定的距离延伸特征。
- 【完全贯穿】:从草图的基准面延伸特征直到贯穿所有现有的几何体。
- 【成形到下一面】:从草图的基准面延伸特征到下一面(隔断整个轮廓)以生成特征。
- 【成形到一顶点】:从草图的基准面延伸特征到某一平面,这个平面平行于草图基准面且通过指定的顶点。
- 【成形到一面】:从草图的基准面延伸特征到所选的曲面以生成特征。

图 4-22 【孔】属性管理器

图 4-23 【方向 1】卷展栏

- 【到离指定面指定的距离】：从草图的基准面延伸特征到特定距离处以生成特征。

(2) 【拉伸方向】：用于在除了垂直于草图轮廓以外的其他方向拉伸孔。

(3) 【深度】或者【等距距离】：在设置【终止条件】为【给定深度】或者【到离指定面指定的距离】时可用(在选择【给定深度】选项时，此选项为【深度】；在选择【到离指定面指定的距离】选项时，此选项为【等距距离】)。

(4) 【孔直径】：设置孔的直径。

(5) 【拔模开/关】：为孔添加拔模特征，可以设置拔模角度。选中【向外拔模】复选框，则生成向外拔模。

4.4.2 异型孔特征的属性设置

单击【特征】工具选项卡中的【异型孔向导】按钮，或选择【插入】|【特征】|【孔】|【异型孔向导】菜单命令，系统弹出【孔规格】属性管理器，如图4-24所示。

(1) 【孔规格】属性管理器包括两个选项卡。
- 【类型】：设置异形孔类型的参数。
- 【位置】：在平面或者非平面上找出异型孔向导孔，使用尺寸和其他草图绘制工具定位孔中心，如图4-25所示。

图 4-24 【孔规格】属性管理器　　图 4-25 【位置】选项卡

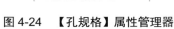 如果需要添加不同的孔类型，可以将其添加为单独的异型孔向导特征。

(2) 【收藏】卷展栏：该卷展栏用于管理可以在模型中重新使用的常用异型孔清单。
- 【应用默认/无收藏】：重设到【没有选择最常用的】及默认设置。
- 【添加或更新收藏】：将所选异型孔向导孔添加到常用类型清单中。如果需要添加常用类型，单击【添加或更新收藏】按钮，将打开【添加或更新收藏】对话框，设置名称，如图4-26所示，单击【确定】按钮。

如果需要更新常用类型，单击【添加或更新收藏】按钮，打开【添加或更新收藏】对话框，输入新的或者现有名称。

- 【删除收藏】：删除所选的收藏。

- 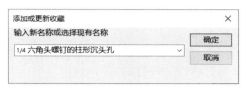【保存收藏】：保存所选的收藏。
- 【装入收藏】：载入收藏。

图 4-26 【添加或更新收藏】对话框

(3)【孔类型】卷展栏。
- 【孔类型】：【孔类型】卷展栏会根据孔类型的不同而发生变化，孔类型包括柱形沉头孔、锥形沉头孔、孔、直螺纹孔、锥形螺纹孔、旧制孔、柱孔槽口、锥孔槽口、槽口。
- 【标准】：选择孔的标准，如 ANSI Inch、JIS 等。
- 【类型】：选择孔的类型，其选项如图 4-27 所示。

(4)【孔规格】卷展栏。
- 【大小】：为螺纹孔设置尺寸大小。
- 【配合】(在单击【柱形沉头孔】和【锥形沉头孔】按钮时可用)：为扣件选择配合形式。其选项如图 4-28 所示。

图 4-27 【类型】选项

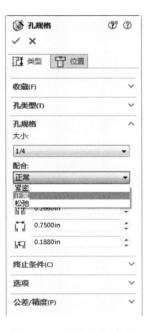
图 4-28 【配合】选项

(5)【终止条件】卷展栏。【终止条件】卷展栏中的参数也会根据孔类型的不同而发生变化，其选项如图 4-29 所示。
- 【盲孔深度】(在设置【终止条件】为【给定深度】时可用)：设定孔的深度。

对于【螺纹孔】类型，可以设置螺纹线的【螺纹线类型】和【螺纹线深度】；对于【直管螺纹孔】类型，可以设置【螺纹线深度】。

- 【面/曲面/基准面】 (在设置【终止条件】为【成形到一顶点】时可用)：将孔特征延伸到选择的顶点处。
- 【面/曲面/基准面】 (在设置【终止条件】为【成形到一面】或者【到离指定面指定的距离】时可用)：将孔特征延伸到选择的面、曲面或者基准面处。
- 【等距距离】 (在设置【终止条件】为【到离指定面指定的距离】时可用)：将孔特征延伸到从所选面、曲面或者基准面起指定等距距离的位置。

(6)【选项】卷展栏。【选项】卷展栏如图 4-30 所示，包括【带螺纹标注】、【螺纹线等级】、【近端锥孔】、【近端锥形沉头孔直径】、【近端锥形沉头孔角度】等选项，选项会根据孔类型的不同而发生变化。

(7)【公差/精度】卷展栏。【公差/精度】卷展栏如图 4-30 所示，可以设置公差标注值类型和精度位数。

图 4-29　【终止条件】卷展栏　　　　图 4-30　【选项】和【公差/精度】卷展栏

4.4.3　生成孔特征的操作步骤

生成孔特征的操作步骤如下。

(1) 选择【插入】|【特征】|【孔】|【简单直孔】菜单命令，系统弹出【孔】属性管理器。在【从】卷展栏中，选择【草图基准面】选项，如图 4-31 所示。在【方向 1】卷展栏中，设置【终止条件】为【给定深度】，设置【深度】为 10 mm，设置【孔直径】为 30 mm，单击【确定】按钮，生成的简单直孔，如图 4-32 所示。

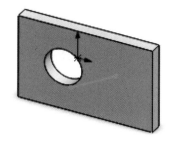

图 4-31 简单直孔的参数设置　　　　图 4-32 生成简单直孔特征

(2) 选择【插入】|【特征】|【孔】|【异型孔向导】菜单命令，系统弹出【孔规格】属性管理器。切换到【类型】选项卡，在【孔类型】卷展栏中，选中【锥形沉头孔】按钮，设置【标准】为 GB、【类型】为【内六角花形半沉头螺钉】、【大小】为 M6、【配合】为【正常】，如图 4-33 所示。切换到【位置】选项卡，在图形区域定义孔的位置，单击【确定】按钮，创建异型孔，如图 4-34 所示。

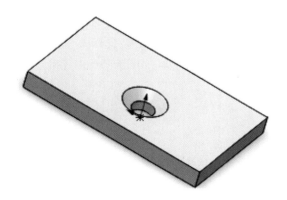

图 4-33 异型孔的参数设置　　　　图 4-34 生成异型孔特征

4.5 抽壳特征

抽壳特征用于掏空零件,使所选择的面敞开,并在其他面上生成薄壁特征。如果没有选择模型上的任何面,则掏空实体零件,生成闭合的抽壳特征,也可以使用多个厚度以生成抽壳模型。

4.5.1 抽壳特征的属性设置

选择【插入】|【特征】|【抽壳】菜单命令,或单击【特征】工具选项卡中的【抽壳】按钮,系统弹出【抽壳】属性管理器,如图 4-35 所示。

1. 【参数】卷展栏

- 【厚度】:设置保留面的厚度。
- 【移除的面】:指定要移除的面,可以在图形区域选择一个或者多个面。
- 【壳厚朝外】:增加模型的外部尺寸。
- 【显示预览】:显示抽壳特征的预览效果。

2. 【多厚度设定】卷展栏

【多厚度面】:在图形区域选择一个面,为所选面设置【多厚度】数值。

图 4-35 【抽壳】属性管理器

4.5.2 生成抽壳特征的操作步骤

生成抽壳特征的操作步骤如下。

(1) 选择【插入】|【特征】|【抽壳】菜单命令,系统弹出【抽壳】属性管理器。在【参数】卷展栏中,设置【厚度】为 1 mm,单击【移除的面】选择框,在图形区域选择模型的上表面,如图 4-36 所示。单击【确定】按钮,生成抽壳特征,如图 4-37 所示。

图 4-36 【抽壳】属性管理器

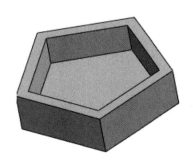

图 4-37 生成抽壳特征

(2) 在【多厚度设定】卷展栏中，单击【多厚度面】选择框，选择模型的下表面和左侧面，设置【多厚度】为 4 mm，如图 4-38 所示。单击【确定】按钮，生成多厚度抽壳特征，如图 4-39 所示。

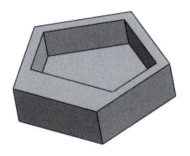

图 4-38 【多厚度设定】卷展栏的参数设置　　　图 4-39 生成多厚度抽壳特征

4.6 设 计 范 例

4.6.1 绘制连接阀范例

本范例完成文件：范例文件/第 4 章/4-1.SLDPRT

范例操作

step 01 单击【草图】工具选项卡中的【草图绘制】按钮，选择右视基准面，在右视基准面上绘制多个圆形，如图 4-40 所示。

step 02 单击【草图】工具选项卡中的【剪裁实体】按钮，剪裁实体，如图 4-41 所示。

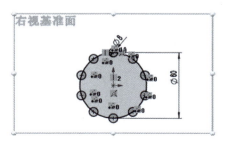
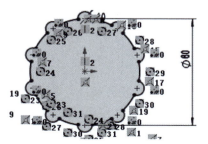

图 4-40 绘制草图　　　　　　　　图 4-41 剪裁实体

step 03 单击【特征】工具选项卡中的【拉伸凸台/基体】按钮，创建拉伸特征，参数设置如图 4-42 所示。

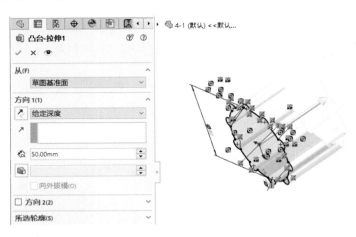

图 4-42　创建拉伸特征(1)

step 04　单击【特征】工具选项卡中的【圆角】按钮，创建圆角特征，参数设置如图 4-43 所示。

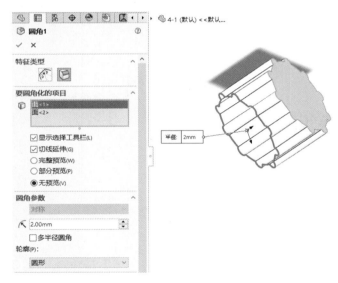

图 4-43　创建圆角特征

step 05　单击【草图】工具选项卡中的【圆】按钮，绘制圆形，如图 4-44 所示。

step 06　单击【特征】工具选项卡中的【拉伸凸台/基体】按钮，创建拉伸特征，参数设置如图 4-45 所示。

step 07　单击【特征】工具选项卡中的【倒角】按钮，创建倒角特征，参数设置如图 4-46 所示。

step 08　再次绘制圆形，如图 4-47 所示。

step 09　单击【特征】工具选项卡中的【拉伸凸台/基体】按钮，创建拉伸特征，参数设置如图 4-48 所示。

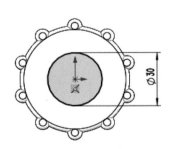

图 4-44　绘制圆形(1)

图 4-45 创建拉伸特征(2)　　　　图 4-46 创建倒角特征

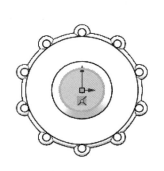 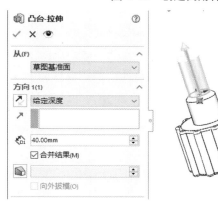

图 4-47 绘制圆形(2)　　　　图 4-48 创建拉伸特征(3)

step 10 单击【草图】工具选项卡中的【多边形】按钮，绘制六边形，如图 4-49 所示。

step 11 单击【特征】工具选项卡中的【拉伸凸台/基体】按钮，创建拉伸特征，参数设置如图 4-50 所示。

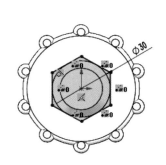 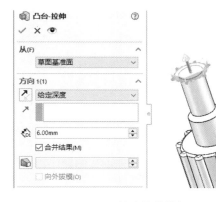

图 4-49 绘制六边形　　　　图 4-50 创建拉伸特征(4)

step 12 单击【草图】工具选项卡中的【圆】按钮，在上视基准面上绘制圆形，如

图 4-51 所示。

step 13 单击【特征】工具选项卡中的【拉伸凸台/基体】按钮，创建拉伸特征，参数设置如图 4-52 所示。

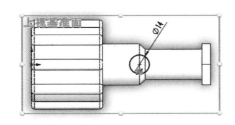
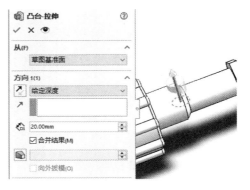

图 4-51　绘制圆形(3)　　　　　　　图 4-52　创建拉伸特征(5)

step 14 再次绘制圆形，如图 4-53 所示。
step 15 继续创建拉伸特征，参数设置如图 4-54 所示。

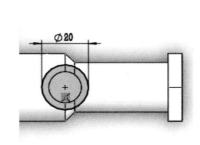
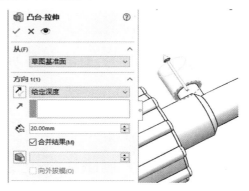

图 4-53　绘制圆形(4)　　　　　　　图 4-54　创建拉伸特征(6)

step 16 再次绘制圆形，如图 4-55 所示。
step 17 创建拉伸切除特征，参数设置如图 4-56 所示，创建结果如图 4-57 所示。

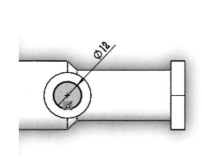
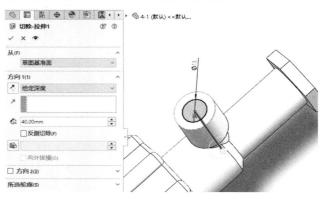

图 4-55　绘制圆形(5)　　　　　　　图 4-56　创建拉伸切除特征

第 4 章　实体附加特征

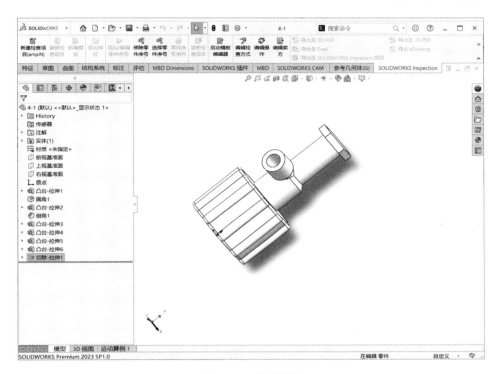

图 4-57　创建结果

至此，连接阀模型创建完成，最终结果如图 4-58 所示。

图 4-58　连接阀模型

4.6.2　绘制插盒范例

本范例完成文件：范例文件/第 4 章/4-2.SLDPRT

范例操作

step 01　单击【草图】工具选项卡中的【草图绘制】按钮，选择上视基准面，在上视基准面上绘制矩形，如图 4-59 所示。

step 02 单击【特征】工具选项卡中的【拉伸凸台/基体】按钮,创建拉伸特征,参数设置如图 4-60 所示。

step 03 单击【草图】工具选项卡中的【等距实体】按钮,绘制等距实体,参数设置如图 4-61 所示。

step 04 单击【草图】工具选项卡中的【圆】按钮,绘制圆形,如图 4-62 所示。

step 05 单击【草图】工具选项卡中的【剪裁实体】按钮,剪裁实体,如图 4-63 所示。

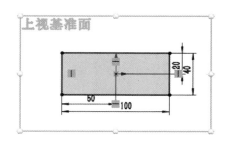

图 4-59 绘制矩形

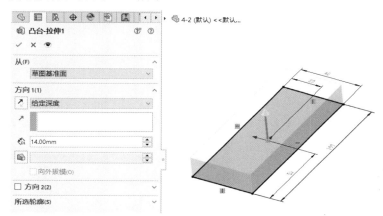

图 4-60 创建拉伸特征

图 4-61 绘制等距实体

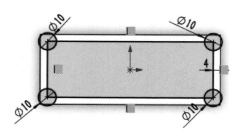

图 4-62 绘制圆形(1)

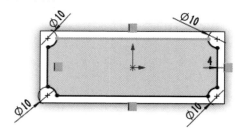

图 4-63 剪裁实体

第 4 章 实体附加特征

step 06 单击【特征】工具选项卡中的【拉伸切除】按钮，创建拉伸切除特征，参数设置如图 4-64 所示。

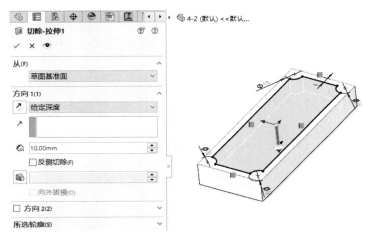

图 4-64 创建拉伸切除特征(1)

step 07 再次绘制圆形，如图 4-65 所示。

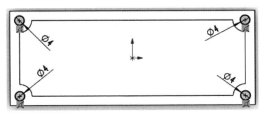

图 4-65 绘制圆形(2)

step 08 单击【特征】工具选项卡中的【拉伸切除】按钮，创建拉伸切除特征，参数设置如图 4-66 所示。

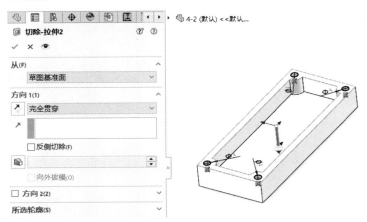

图 4-66 创建拉伸切除特征(2)

step 09 单击【草图】工具选项卡中的【直线】按钮，绘制直线，如图 4-67 所示。

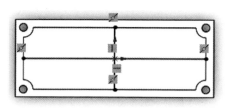

图 4-67 绘制直线

step 10 单击【特征】工具选项卡中的【筋】按钮，创建筋特征，参数设置如图 4-68 所示，创建结果如图 4-69 所示。

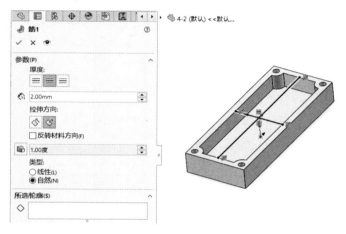

图 4-68 创建筋特征

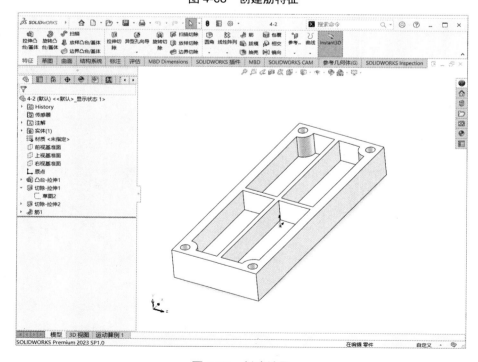

图 4-69 创建结果

至此，插盒模型创建完成，最终结果如图 4-70 所示。

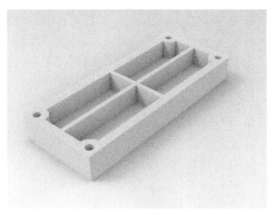

图 4-70　插盒模型

4.7　本 章 小 结

本章主要介绍了 SOLIDWORKS 中实体附加特征的创建方法，重点是圆角、倒角、筋、孔和抽壳这五类特征命令的使用。其中，筋特征的创建需要绘制截面草图，孔特征的创建需要确定位置参数，读者可以通过学习范例来熟悉创建这些特征的具体操作步骤。

第 5 章

零件形变特征

本章导读

零件形变特征能够在不依赖于原始草图或特征约束的情况下,改变复杂曲面和实体模型的局部或整体形状。零件形变特征包括弯曲特征、压凹特征、变形特征、拔模特征和圆顶特征等。

本章将主要介绍 SOLIDWORKS 中这五种零件形变特征的属性设置和创建步骤。

5.1 压凹特征

压凹特征是利用指定的厚度和间隙值生成的特征,广泛应用于封装、冲印、铸模及机器的压入配合等场景。生成压凹特征时需要根据所选实体类型,指定目标实体和工具实体之间的间隙数值,并为压凹特征设定厚度数值。压凹特征可以对目标实体进行变形或切除某个部分。

压凹特征根据工具实体的形状,在目标实体中生成袋套或突起,从而在最终实体中增加额外的面、边线和顶点。生成压凹特征的注意事项如下。

(1) 目标实体和工具实体至少有一个必须为实体。

(2) 如果要生成压凹特征,目标实体必须与工具实体接触,或间隙值必须足够小,以允许工具实体的突起穿透目标实体。

(3) 如果要生成切除特征,目标实体和工具实体不必相互接触,且间隙值必须足够大,以确保可以生成与目标实体相交的切除形状。

(4) 如果需要使用曲面作为工具实体来压凹(或者切除)实体,曲面必须与实体完全相交。

(5) 唯一不允许的压凹组合是:曲面目标实体和曲面工具实体。

5.1.1 压凹特征的属性设置

选择【插入】|【特征】|【压凹】菜单命令,系统弹出【压凹】属性管理器,如图 5-1 所示。

1. 【选择】卷展栏

- 【目标实体】:选择要压凹的实体或曲面实体。
- 【工具实体区域】:选择一个或多个实体(或者曲面实体)。
- 【保留选择】、【移除选择】:根据需要选择保留或移除模型边界。
- 【切除】:选中此复选框,则移除目标实体的交叉区域,无论是实体还是曲面,即使没有厚度也会存在间隙。

图 5-1 【压凹】属性管理器

2. 【参数】卷展栏

- 【厚度】(仅限实体):设置压凹特征的厚度。
- 【间隙】:设置目标实体和工具实体之间的间隙。如果需要,单击【反向】按钮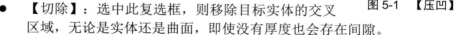。

5.1.2 生成压凹特征的操作步骤

生成压凹特征的操作步骤如下。

选择【插入】|【特征】|【压凹】菜单命令,系统弹出【压凹】属性管理器。在【选择】卷展栏中,单击【目标实体】选择框,在图形区域选择模型实体;单击【工具实体区域】选择框,选择模型中拉伸特征的下表面;选中【切除】复选框;在【参数】卷展

栏中，设置【间隙】为 2 mm，如图 5-2 所示。在图形区域显示预览，单击【确定】按钮 ✓，生成压凹特征，如图 5-3 所示。

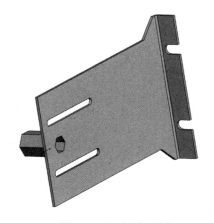

图 5-2 压凹特征的属性设置　　　　图 5-3 生成压凹特征

5.2 弯 曲 特 征

弯曲特征以直观的方式对复杂的模型进行变形。弯曲特征包括 4 种类型：折弯、扭曲、锥削和伸展。

5.2.1 折弯特征的属性设置

围绕三重轴中的红色 x 轴(即折弯轴)，可以对一个或者多个实体进行折弯。并可以重新定位三重轴的位置和剪裁基准面，设置折弯的角度、位置和界限，从而改变折弯的形状。

选择【插入】|【特征】|【弯曲】菜单命令，系统弹出【弯曲】属性管理器。在【弯曲输入】卷展栏中，选中【折弯】单选按钮，如图 5-4 所示。

1. 【弯曲输入】卷展栏

- 【粗硬边线】：选中该复选框，将生成如圆锥面、圆柱面及平面等的分析曲面，这些面通常用于形成剪裁基准面与实体相交的分割面。如果取消选中此复选框，则结果将基于样条曲线，使得曲面和平面更加光滑，同时原有面保持不变。
- 【角度】：设置折弯角度，需要配合折弯半径。
- 【半径】：设置折弯半径。

2. 【剪裁基准面 1】卷展栏

- 【选择参考实体】：将剪裁基准面 1 的原点锁定

图 5-4 选中【折弯】单选按钮后的【弯曲】属性管理器

到所选模型上的点。
- 【剪裁距离】：设置从实体的外部界限沿三重轴的剪裁基准面轴(蓝色 z 轴)到剪裁基准面的距离。

3. 【剪裁基准面 2】卷展栏

【剪裁基准面 2】卷展栏的属性设置与【剪裁基准面 1】卷展栏基本相同，在此不再赘述。

4. 【三重轴】卷展栏

该卷展栏中的参数用于设置三重轴的位置和方向。
- 【选择坐标系特征】：将三重轴的位置和方向锁定到坐标系上。

> 注意 必须先添加坐标系特征到模型上，才能使用此选项。

- 【X 旋转原点】、【Y 旋转原点】、【Z 旋转原点】：沿指定轴移动三重轴位置(相对于三重轴的默认位置)。
- 【X 旋转角度】、【Y 旋转角度】、【Z 旋转角度】：围绕指定轴旋转三重轴(相对于三重轴自身)，这些角度表示围绕零部件坐标系的旋转角度，且按照 z、y、x 的顺序进行旋转。

5. 【弯曲选项】卷展栏

【弯曲精度】：控制曲面品质，提高品质有助于增加弯曲特征的成功率。

5.2.2 扭曲、锥削和伸展特征的属性设置

下面分别介绍扭曲、锥削和伸展特征的属性设置方法。

1. 扭曲

扭曲特征通过确定三重轴和剪裁基准面的位置，以及设置扭曲的角度、位置和界限，使模型围绕三重轴的蓝色 Z 轴扭曲。

选择【插入】|【特征】|【弯曲】菜单命令，系统弹出【弯曲】属性管理器。在【弯曲输入】卷展栏中，选中【扭曲】单选按钮，如图 5-5 所示。这里主要介绍【角度】参数设置，其他卷展栏的参数设置与折弯特征类似，这里不再赘述。

【角度】：设置扭曲的角度。

2. 锥削

锥削特征通过确定三重轴和剪裁基准面的位置，以及设置锥削的角度、位置和界限，使模型按照三重轴的蓝色 Z 轴方向进行锥削。

图 5-5　选中【扭曲】单选按钮后的【弯曲】属性管理器

选择【插入】|【特征】|【弯曲】菜单命令，系统弹出【弯曲】属性管理器。在【弯曲输入】卷展栏中，选中【锥削】单选按钮，如图 5-6 所示。这里主要介绍【锥削因子】参数设置，其他卷展栏的参数设置不再赘述。

【锥削因子】：设置锥削量。调整锥削因子时，剪裁基准面不移动。

3. 伸展

伸展特征通过指定距离或拖动剪裁基准面的边线，使模型按照三重轴的蓝色 Z 轴方向进行伸展。

选择【插入】|【特征】|【弯曲】菜单命令，系统弹出【弯曲】属性管理器。在【弯曲输入】卷展栏中，选中【伸展】单选按钮，如图 5-7 所示。这里主要介绍【伸展距离】参数设置，其他卷展栏的参数设置不再赘述。

【伸展距离】：设置伸展量。

图 5-6　选中【锥削】单选按钮后的【弯曲】属性管理器

图 5-7　选中【伸展】单选按钮后的【弯曲】属性管理器

5.2.3　生成弯曲特征的操作步骤

下面分别介绍生成 4 种弯曲特征的操作步骤。

1. 折弯

选择【插入】|【特征】|【弯曲】菜单命令，系统弹出【弯曲】属性管理器。在【弯曲输入】卷展栏中，选中【折弯】单选按钮；单击【弯曲的实体】选择框，在图形区域选择所有拉伸特征；设置【角度】为 90 度，【半径】为 132.86 mm；单击【确定】按钮，生成折弯弯曲特征，如图 5-8 所示。

2. 扭曲

选择【插入】|【特征】|【弯曲】菜单命令，系统弹出【弯曲】属性管理器。在【弯曲

输入】卷展栏中,选中【扭曲】单选按钮;单击【弯曲的实体】选择框,在图形区域选择所有拉伸特征;设置【角度】为 90 度;单击【确定】按钮,生成扭曲弯曲特征,如图 5-9 所示。

3. 锥削

选择【插入】|【特征】|【弯曲】菜单命令,系统弹出【弯曲】属性管理器。在【弯曲输入】卷展栏中,选中【锥削】单选按钮;单击【弯曲的实体】选择框,在图形区域选择所有拉伸特征;设置【锥削因子】为 1.5;单击【确定】按钮,生成锥削弯曲特征,如图 5-10 所示。

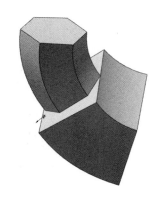 

图 5-8　生成折弯弯曲特征　　　　图 5-9　生成扭曲弯曲特征

4. 伸展

选择【插入】|【特征】|【弯曲】菜单命令,系统弹出【弯曲】属性管理器。在【弯曲输入】卷展栏中,选中【伸展】单选按钮;单击【弯曲的实体】选择框,在图形区域选择所有拉伸特征;设置【伸展距离】为 100 mm;单击【确定】按钮,生成伸展弯曲特征,如图 5-11 所示。

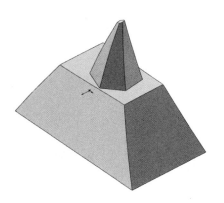 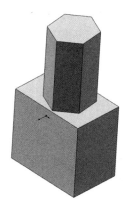

图 5-10　生成锥削弯曲特征　　　　图 5-11　生成伸展弯曲特征

5.3 变 形 特 征

变形特征用于改变复杂曲面和实体模型的局部或者整体形状，无须考虑用于生成模型的草图或者特征约束。变形特征提供了一种简单的方法来虚拟地改变模型，在生成设计概念或者对复杂模型进行几何修改时很有帮助，因为使用传统的草图、特征或者历史记录修改需要花费很长的时间。变形特征包括3种类型：点、曲线到曲线和曲面推进。

5.3.1 点变形特征的属性设置

点变形是改变复杂形状的最简单的方法。用户选择模型面、曲面、边线、顶点上的点，或者选择空间中的点，然后设置用于控制变形的距离和球形半径数值。

选择【插入】|【特征】|【变形】菜单命令，系统弹出【变形】属性管理器。在【变形类型】卷展栏中，选中【点】单选按钮，如图 5-12 所示。

1. 【变形点】卷展栏

- 【变形点】：设置变形的中心，可以选择平面、边线、顶点上的点或者空间中的点。
- 【变形方向】：指定变形的方向，可以选择线性边线、草图直线、平面、基准面或者通过两个点定义的方向。
- 【变形距离】：指定变形的距离(即点位移)。
- 【显示预览】：使用线框视图(在取消选中【显示预览】复选框时)或者上色视图(在选中【显示预览】复选框时)预览结果。如果需要提高使用大型复杂模型的性能，在完成所有选择之后再启用预览功能。

2. 【变形区域】卷展栏

- 【变形半径】：设置通过变形点的球状半径的数值，变形区域的选择不会影响变形半径的数值。
- 【变形区域】：选中该复选框，可以激活【固定曲线/边线/面】和【要变形的其他面】选择框，如图 5-13 所示。
- 【要变形的实体】：在使用空间中的点时，允许选择一个或多个实体。

3. 【形状选项】卷展栏

- 【变形轴】(在取消选中【变形区域】复选框时可用)：通过生成平行于一条线性边线或者草图直线、垂直于一个平面或者基准面、沿着两个点或者顶点的折弯轴以控制变形形状。此选项使用【变形半径】数值生成类似于折弯的变形。
- 【刚度】按钮：控制变形过程中变形形状的刚性。可以将刚度层次与【变形轴】等选项结合起来使用。刚度有 3 种层次，即【刚度－最小】、【刚度－中等】、【刚度－最大】。
- 【形状精度】：控制曲面品质。提高品质有助于增加变形特征的成功率。

图 5-12　选中【点】单选按钮后的【变形】属性管理器　　　图 5-13　选中【变形区域】复选框后

5.3.2　曲线到曲线变形特征的属性设置

曲线到曲线变形是改变复杂形状的一种更为精确的方法。通过将几何体从初始曲线(可以是曲线、边线、剖面曲线以及草图曲线组等)映射到目标曲线组以完成形状的改变。

选择【插入】|【特征】|【变形】菜单命令，系统弹出【变形】属性管理器。在【变形类型】卷展栏中，选中【曲线到曲线】单选按钮，如图 5-14 所示。

1. 【变形曲线】卷展栏

- 【初始曲线】：设置变形特征的初始曲线。选择一条或者多条相连的曲线(或者边线)作为一组，可以是单一曲线、相邻边线或者曲线组。
- 【目标曲线】：设置变形特征的目标曲线。选择一条或者多条相连的曲线(或者边线)作为一组，可以是单一曲线、相邻边线或者曲线组。
- 【组[n]】(n 为组的标号)：允许添加、删除以及循环选择组进行修改。曲线可以是模型的一部分(如边线、剖面曲线等)或者独立的草图。
- 【显示预览】：使用线框视图或者上色视图预览结果。如果要提高使用大型复杂模型的性能，在完成所有选择之后再启用预览功能。

2. 【变形区域】卷展栏

- 【固定的边线】：选中该复选框，可以防止所选曲线、边线或者面被移动。在图形区域选择要变形的固定边线和额外面，如果取消选中该复选框，则只能选择实体。
- 【统一】：选中该复选框，可以在变形操作过程中保持原始形状的特性，有助于还原曲线到曲线的变形操作，生成尖锐的形状。

第 5 章 零件形变特征

- 【固定曲线/边线/面】：在图形区域选择要保持固定的曲线、边线或者面。
- 【要变形的其他面】：选择要变形的特定面，如果未选择任何面，则整个实体将会受影响。
- 【要变形的实体】：如果【初始曲线】不是实体面或曲面中草图曲线的一部分，或者要变形多个实体，则在此选择框中指定要变形的实体。

3. 【形状选项】卷展栏(见图 5-15)

- 【刚度】按钮：控制变形过程中变形形状的刚性。
- 【形状精度】：控制曲面品质。提高品质有助于增加变形特征的成功率。
- 【重量】(在选中【固定的边线】复选框和取消选中【统一】复选框时可用)：控制【固定】和【移动】两个重要参数的影响系数。
- 【匹配】：允许应用下面的条件选项，将变形曲面或者面匹配到目标曲面或者面边线。

图 5-14　选中【曲线到曲线】单选按钮后的属性设置

图 5-15　【形状选项】卷展栏

5.3.3　曲面推进变形特征的属性设置

曲面推进变形通过使用工具实体的曲面，推进目标实体的曲面以改变其形状。在变形过程中，目标实体曲面会近似匹配工具实体曲面，但在变形前后每个工具实体曲面与目标实体曲面之间保持一对一的对应关系。可以选择自定义工具实体(如多边形或者球面等)，也可以使用自己的工具实体。在图形区域使用三重轴标注可以调整工具实体的大小，拖动三重轴或者在特征管理器设计树中进行设置可以控制工具实体的移动。

选择【插入】|【特征】|【变形】菜单命令，系统弹出【变形】属性管理器。在【变形

类型】卷展栏中，选中【曲面推进】单选按钮，如图 5-16 所示。

1. 【推进方向】卷展栏

- 【变形方向】：设置推进变形的方向，可以选择一条草图直线或者直线边线、一个平面或者基准面、两个点或者顶点。
- 【显示预览】：使用线框视图或者上色视图预览结果，如果需要提高使用大型复杂模型的性能，在完成所有选择之后再启用预览功能。

2. 【变形区域】卷展栏

- 【要变形的其他面】：选择要变形的特定面，仅对所选面进行变形；如果未选择任何面，则整个实体将会受影响。
- 【要变形的实体】：即目标实体，选择要被工具实体变形的实体。无论工具实体在何处与目标实体相交，或者在何处产生相对位移(当工具实体不与目标实体相交时)，整个实体都会受影响。
- 【要推进的工具实体】：选择工具实体。使用图形区域的标注设置工具实体的大小。如果要使用已生成的工具实体，则在其下拉列表中选择【选择实体】选项，然后在图形区域选择工具实体。【要推进的工具实体】的下拉列表选项如图 5-17 所示。
- 【变形误差】：为工具实体与目标面或者实体的相交处指定圆角半径数值。

图 5-16 选中【曲面推进】单选按钮后的【变形】属性管理器　　图 5-17 【要推进的工具实体】的下拉列表选项

3. 【工具实体位置】卷展栏

通过修改以下数值重新定位工具实体。此方法比使用三重轴标注更精确。
- ΔX、ΔY、ΔZ：沿 X、Y、Z 轴移动工具实体的距离。
- 【X 旋转角度】、【Y 旋转角度】、【Z 旋转角度】：围绕 X、Y、Z 轴以及旋转原点旋转工具实体的旋转角度。
- 【X 旋转原点】、【Y 旋转原点】、【Z 旋转原点】：定位由图形区域中的三重轴表示的旋转中心。

5.3.4 生成变形特征的操作步骤

生成变形特征的操作步骤如下。

(1) 选择【插入】|【特征】|【变形】菜单命令，系统弹出【变形】属性管理器。在【变形类型】卷展栏中，选中【点】单选按钮；在【变形点】卷展栏中，单击【变形点】选择框，在图形区域选择模型的一个角端点；设置【变形距离】为 50 mm；在【变形区域】卷展栏中，设置【变形半径】为 100 mm；在【形状选项】卷展栏中，单击【刚度－最小】按钮，如图 5-18 所示。单击【确定】按钮，生成最小刚度变形特征，如图 5-19 所示。

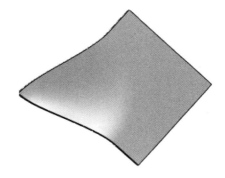

图 5-18 最小刚度变形特征的属性设置　　图 5-19 生成最小刚度变形特征

(2) 在【形状选项】卷展栏中，单击【刚度-中等】按钮，单击【确定】按钮，生成中等刚度变形特征，如图 5-20 所示。

(3) 在【形状选项】卷展栏中，单击【刚度-最大】按钮，单击【确定】按钮，生成最大刚度变形特征，如图 5-21 所示。

 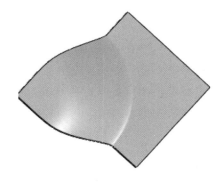

图 5-20 生成中等刚度变形特征　　图 5-21 生成最大刚度变形特征

5.4 拔模特征

拔模特征是在指定的角度下切削模型中所选的面，使型腔零件更容易脱出模具。可以在现有的零件中插入拔模，或者在生成拉伸特征时同时应用拔模，也可以将拔模应用到实体或者曲面模型中。拔模特征主要包括中性面拔模、分型线拔模、阶梯拔模和 DraftXpert 模式拔模。

5.4.1 中性面拔模特征的属性设置

选择【插入】|【特征】|【拔模】菜单命令，系统弹出【拔模 1】属性管理器。在【拔模类型】卷展栏中，选中【中性面】单选按钮，如图 5-22 所示。

(1)【拔模角度】卷展栏。

【拔模角度】：设置垂直于中性面进行测量的角度。

(2)【中性面】卷展栏。

【中性面】：选择一个面或者基准面。如果有必要，单击【反向】按钮向相反的方向倾斜拔模。

(3)【拔模面】卷展栏。

● 【拔模面】：在图形区域选择要拔模的面。

● 【拔模沿面延伸】：可以将拔模延伸到额外的面。

图 5-22 选中【中性面】单选按钮后的【拔模 1】属性管理器

5.4.2 分型线拔模特征的属性设置

选中【分型线】单选按钮，可以对分型线周围的曲面进行拔模。如果要在分型线上进行拔模，可以先插入一条分割线以分离要拔模的面，或者使用现有的模型边线，然后再指定拔模方向。此外，还可以使用拔模分析工具检查模型上的拔模角度。拔模分析工具会根据指定的角度和拔模方向，生成模型的颜色编码渲染。

> 注意　在使用分型线拔模时，可以选择是否应用阶梯拔模功能。

选择【插入】|【特征】|【拔模】菜单命令，系统弹出【拔模 1】属性管理器。在【拔模类型】卷展栏中，选中【分型线】单选按钮，如图 5-23 所示。

(1)【允许减少角度】参数。

该参数只可用于分型线拔模。当由最大角度所生成的角度总和与拔模角度为 90°或者以上时，允许生成拔模。

> **注意** 当与被拔模的边线和面相邻的一个或者多个边或者面的法线与拔模方向几乎垂直时，可以选中【允许减少角度】复选框。当选中该复选框时，拔模面有些部分的拔模角度可能小于指定的拔模角度。

(2)【拔模方向】卷展栏。

【拔模方向】：在图形区域选择一条边线或者一个面来指示拔模的方向。如果有必要，单击【反向】按钮可以改变拔模的方向。

(3)【分型线】卷展栏。

- 【分型线】：在图形区域选择分型线。如果要为分型线的每条线段指定不同的拔模方向，单击选择框中的边线名称，然后单击【其它面】按钮。
- 【拔模沿面延伸】：可以将拔模延伸到额外的面。

5.4.3 阶梯拔模特征的属性设置

阶梯拔模是分型线拔模的变体。它通过绕作为拔模方向参考的基准面旋转来生成一个面。

选择【插入】|【特征】|【拔模】菜单命令，系统弹出【拔模 1】属性管理器。在【拔模类型】卷展栏中，选中【阶梯拔模】单选按钮，如图 5-24 所示。阶梯拔模特征的属性设置与分型线拔模特征的属性设置基本相同，在此不再赘述。

5.4.4 DraftXpert 模式拔模特征的属性设置

在 DraftXpert 模式中，可以生成多个拔模特征、执行拔模分析、编辑拔模特征以及自动调用 FeatureXpert 来解决初始未包含在模型中的拔模特征。选择【插入】|【特征】|【拔模】菜单命令，系统弹出【拔模 1】属性管理器。在 DraftXpert 模式中，切换到【添加】选项卡，如图 5-25 所示。

图 5-23 选中【分型线】单选按钮后的【拔模 1】属性管理器

图 5-24 选中【阶梯拔模】单选按钮后的【拔模 1】属性管理器

(1)【要拔模的项目】卷展栏。
- 【拔模角度】：设置拔模角度(垂直于中性面进行测量)。
- 【中性面】：选择一个平面或者基准面。如果有必要，单击【反向】按钮，向相反的方向倾斜拔模。
- 【拔模面】：在图形区域选择要拔模的面。

(2)【拔模分析】卷展栏。
- 【自动涂刷】：执行模型的拔模分析。
- 颜色轮廓映射：通过颜色和数值显示模型中拔模的范围以及正拔模和负拔模的面数。

在 DraftXpert 模式中，切换到【更改】选项卡，如图 5-26 所示。

图 5-25 【添加】选项卡

图 5-26 【更改】选项卡

(1)【要更改的拔模】卷展栏。
- 【拔模面】：在图形区域选择包含要更改或者删除的拔模的面。
- 【中性面】：选择一个平面或者基准面。如果有必要，单击【反向】按钮，向相反的方向倾斜拔模。如果只更改【拔模角度】，则无须选择中性面。
- 【拔模角度】：设置拔模角度(垂直于中性面进行测量)。

(2)【现有拔模】卷展栏。

【分排列表方式】：按照【角度】、【中性面】或者【拔模方向】筛选所有拔模，可以根据需要更改或者删除拔模。

(3)【拔模分析】卷展栏。

【拔模分析】卷展栏的属性设置与【添加】选项卡中的基本相同,在此不再赘述。

5.4.5 生成拔模特征的操作步骤

生成拔模特征的操作步骤如下。

选择【插入】|【特征】|【拔模】菜单命令,系统弹出【拔模 1】属性管理器。在【拔模类型】卷展栏中,选中【中性面】单选按钮;在【拔模角度】卷展栏中,设置【拔模角度】为【3 度】;在【中性面】卷展栏中,单击【中性面】选择框,选择模型小圆柱体的上表面;在【拔模面】卷展栏中,单击【拔模面】选择框,选择模型小圆柱体的圆柱面,如图 5-27 所示。单击【确定】按钮,生成拔模特征,如图 5-28 所示。

图 5-27 拔模特征的属性设置

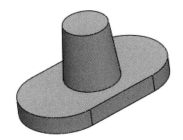

图 5-28 生成拔模特征

5.5 圆 顶 特 征

圆顶特征用于在同一模型上同时生成一个或者多个圆顶。

5.5.1 圆顶特征的属性设置

选择【插入】|【特征】|【圆顶】菜单命令,系统弹出【圆顶】属性管理器,如图 5-29 所示。

(1)【到圆顶的面】:选择一个或者多个平面或者非平面。

(2)【距离】:设置圆顶扩展的距离。

(3)【反向】:单击该按钮,可以生成凹陷圆顶

图 5-29 【圆顶】属性管理器

(默认为凸起)。

(4)【约束点或草图】：选择一个点或者草图，通过对其形状进行约束以控制圆顶。当使用草图作为约束时，【距离】数值框不可用。

(5)【方向】：从图形区域选择方向向量，以实现圆顶沿垂直于选定面的方向拉伸，可以使用线性边线或者由两个草图点确定的向量作为方向向量。

5.5.2 生成圆顶特征的操作步骤

生成圆顶特征的操作步骤如下。

选择【插入】|【特征】|【圆顶】菜单命令，系统弹出【圆顶】属性管理器。在【参数】卷展栏中，单击【到圆顶的面】选择框，在图形区域选择模型的上表面；设置【距离】为 10 mm，如图 5-30 所示。单击【确定】按钮，生成圆顶特征，如图 5-31 所示。

图 5-30　圆顶特征的属性设置　　　　图 5-31　生成圆顶特征

5.6　设 计 范 例

5.6.1　绘制圆规范例

本范例完成文件：范例文件/第 5 章/5-1.SLDPRT

范例操作

step 01　单击【草图】工具选项卡中的【草图绘制】按钮，选择前视基准面，在前视基准面上绘制矩形，如图 5-32 所示。

step 02　在下方绘制梯形，如图 5-33 所示。

step 03　单击【特征】工具选项卡中的【拉伸凸台/基体】按钮，创建拉伸特征，参数设置如图 5-34 所示。

step 04　单击【特征】工具选项卡中的【圆角】按钮，创建圆角特征，参数设置如图 5-35 所示。

第 5 章 零件形变特征

图 5-32 绘制矩形(1)

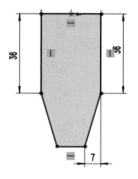
图 5-33 绘制梯形(1)

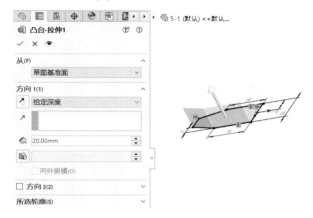
图 5-34 创建拉伸特征(1)

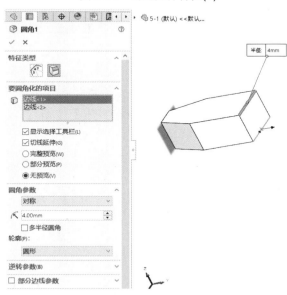
图 5-35 创建圆角特征

step 05 单击【草图】工具选项卡中的【边角矩形】按钮,绘制矩形,如图 5-36 所示。

step 06 单击【特征】工具选项卡中的【拉伸切除】按钮,创建拉伸切除特征,参数设置如图 5-37 所示。

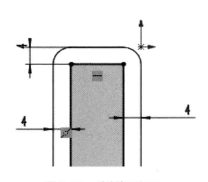
图 5-36 绘制矩形(2)

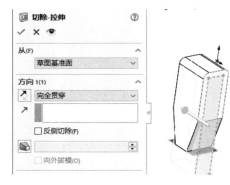
图 5-37 创建拉伸切除特征

step 07 单击【草图】工具选项卡中的【边角矩形】按钮,绘制矩形,如图 5-38 所示。

step 08 单击【草图】工具选项卡中的【直线】按钮,绘制梯形,如图 5-39 所示。

图 5-38 绘制矩形(3)

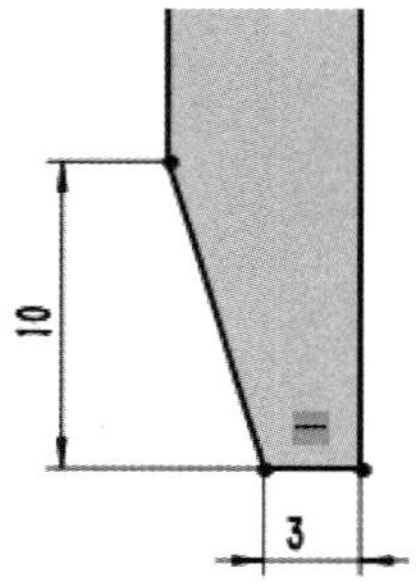

图 5-39 绘制梯形(2)

step 09 单击【草图】工具选项卡中的【旋转实体】按钮,旋转图形,如图 5-40 所示。

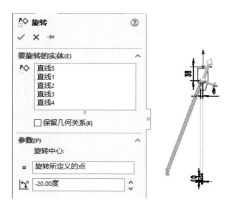
图 5-40 旋转图形

step 10 单击【特征】工具选项卡中的【拉伸凸台/基体】按钮，创建拉伸特征，参数设置如图 5-41 所示。

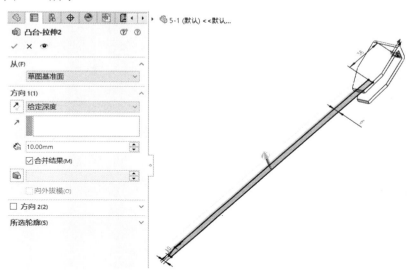

图 5-41　创建拉伸特征(2)

step 11 单击【草图】工具选项卡中的【圆】按钮，绘制圆形，如图 5-42 所示。

step 12 单击【特征】工具选项卡中的【拉伸凸台/基体】按钮，创建拉伸特征，参数设置如图 5-43 所示。

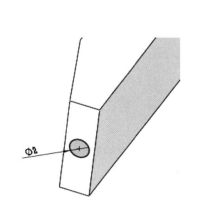
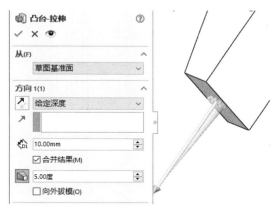

图 5-42　绘制圆形(1)　　　　图 5-43　创建拉伸特征(3)

step 13 单击【特征】工具选项卡中的【镜向】按钮，创建镜向(此处应为"镜像"，为与图一致，用"镜向"，下同)特征，参数设置如图 5-44 所示。

step 14 单击【草图】工具选项卡中的【圆】按钮，绘制直径为 1 的圆形，如图 5-45 所示。

step 15 单击【特征】工具选项卡中的【圆周阵列】按钮，创建圆周阵列特征，参数设置如图 5-46 所示。

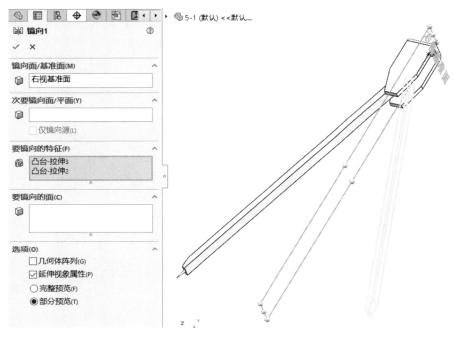

图 5-44 创建镜向特征

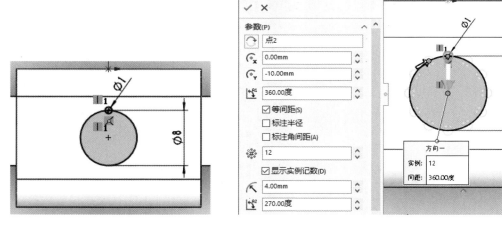

图 5-45 绘制圆形(2)　　　　图 5-46 创建圆周阵列特征

step 16 单击【特征】工具选项卡中的【拉伸凸台/基体】按钮，创建拉伸特征，参数设置如图 5-47 所示。

step 17 选择【插入】|【特征】|【圆顶】菜单命令，创建圆顶特征，参数设置如图 5-48 所示。

step 18 选择【插入】|【特征】|【圆顶】菜单命令，继续创建圆顶特征，参数设置如图 5-49 所示，创建结果如图 5-50 所示。

第 5 章 零件形变特征

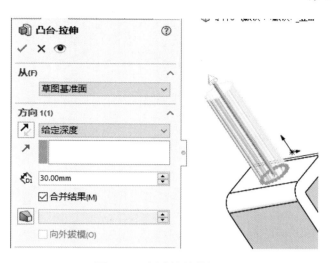

图 5-47 创建拉伸特征(4)

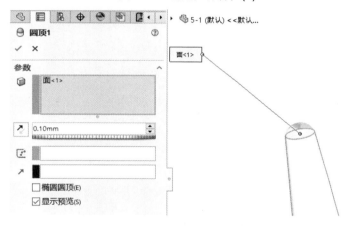

图 5-48 创建圆顶特征(1)

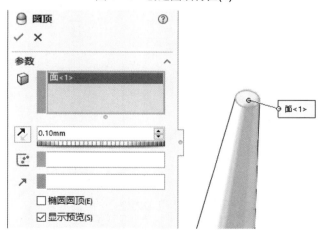

图 5-49 创建圆顶特征(2)

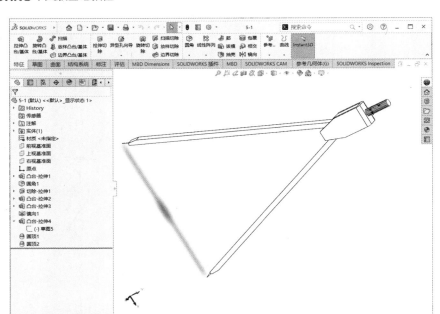

图 5-50　创建结果

至此，圆规模型创建完成，最终结果如图 5-51 所示。

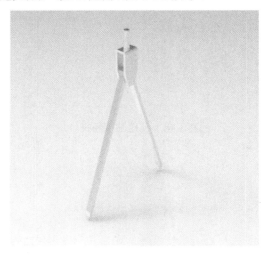

图 5-51　圆规模型

5.6.2　绘制轴瓦范例

本范例完成文件：范例文件/第 5 章/5-2.SLDPRT

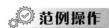

step 01　单击【草图】工具选项卡中的【草图绘制】按钮 ，选择前视基准面，在前

视基准面上绘制矩形,如图 5-52 所示。

step 02 继续绘制半圆形,完成草图,如图 5-53 所示。

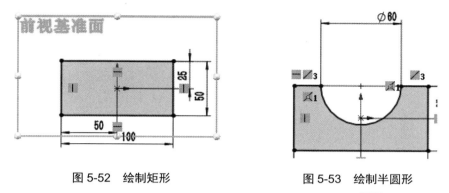

图 5-52 绘制矩形　　　　图 5-53 绘制半圆形

step 03 单击【特征】工具选项卡中的【拉伸凸台/基体】按钮，创建拉伸特征，参数设置如图 5-54 所示。

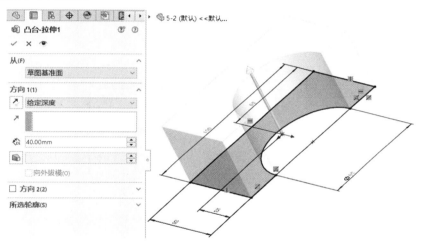

图 5-54 创建拉伸特征(1)

step 04 绘制两个圆形,如图 5-55 所示。

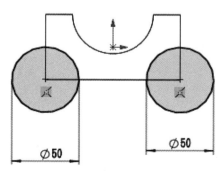

图 5-55 绘制圆形(1)

step 05 单击【特征】工具选项卡中的【拉伸切除】按钮，创建拉伸切除特征,参数设置如图 5-56 所示。

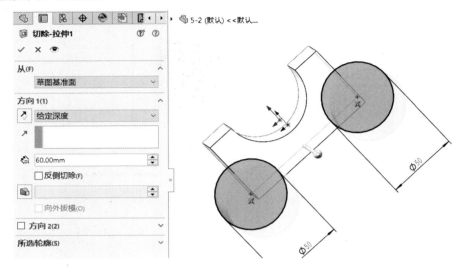

图 5-56　创建拉伸切除特征(1)

step 06　再次绘制两个圆形，如图 5-57 所示。

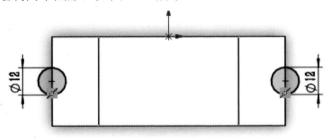

图 5-57　绘制圆形(2)

step 07　单击【特征】工具选项卡中的【拉伸切除】按钮 ，创建拉伸切除特征，参数设置如图 5-58 所示。

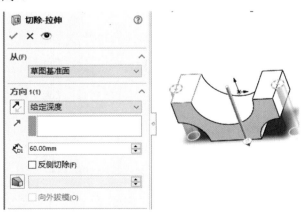

图 5-58　创建拉伸切除特征(2)

step 08 在上视基准面上绘制圆形,如图5-59所示。

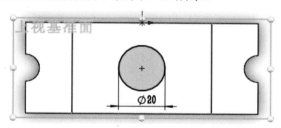

图5-59 绘制圆形(3)

step 09 单击【特征】工具选项卡中的【拉伸凸台/基体】按钮，创建拉伸特征，参数设置如图5-60所示。

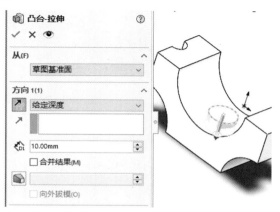

图5-60 创建拉伸特征(2)

step 10 选择【插入】|【特征】|【压凹】菜单命令，创建压凹特征，参数设置如图5-61所示，创建结果如图5-62所示。

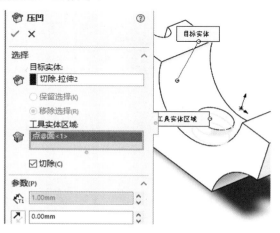

图5-61 创建压凹特征

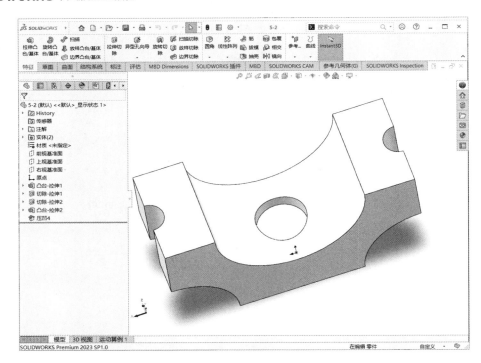

图 5-62 创建结果

至此,轴瓦模型创建完成,最终结果如图 5-63 所示。

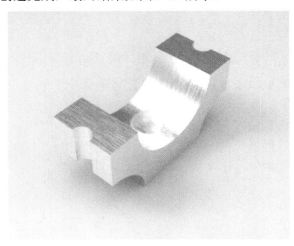

图 5-63 轴瓦模型

5.7 本 章 小 结

本章主要介绍了 SOLIDWORKS 中零件形变特征的相关命令,包括压凹、弯曲、变形、拔模和圆顶等。这些零件形变特征命令,对于创建特殊零件和复杂曲面非常有帮助,能够创建普通实体命令无法创建的特征。

第6章

特征编辑

本章导读

组合是将实体组合起来，从而获得新的实体特征的过程。阵列是利用特征设计中的驱动尺寸，更改增量并应用到阵列中，从而进行特征复制的过程。原始特征可以生成线性阵列、圆周阵列、曲线驱动的阵列、草图驱动的阵列和表格驱动的阵列等。镜向是将所选的草图、特征和零部件沿所选镜向轴或者面进行对称复制的过程。

本章将讲解 SOLIDWORKS 中组合、阵列和镜向特征的属性设置和创建步骤。

6.1 组　　合

本节将介绍对实体对象进行组合操作。通过执行该操作，可以将多个实体合并为一个新的实体。

6.1.1 组合实体

下面介绍组合实体的属性设置和操作步骤。

1. 组合实体的属性设置

选择【插入】|【特征】|【组合】菜单命令，打开【组合 1】属性管理器，其属性设置方法如下。

- 【添加】：对选择的实体进行组合操作，选中该单选按钮，单击【实体】选择框，在绘图区选择要组合的实体。
- 【删减】：选中该单选按钮，单击【主要实体】卷展栏中的【实体】选择框，在绘图区选择要保留的实体。单击【减除的实体】卷展栏中的【实体】选择框，在绘图区选择要删除的实体。
- 【共同】：移除实体之间重叠部分之外的所有材料。选中【共同】单选按钮，单击【实体】选择框，在绘图区选择有重叠部分的实体。

其他属性设置不再赘述。

2. 组合实体的操作步骤

选择【插入】|【特征】|【组合】菜单命令，打开【组合 1】属性管理器，如图 6-1 所示。要执行组合操作的实体如图 6-2 所示。

图 6-1　【组合 1】属性管理器

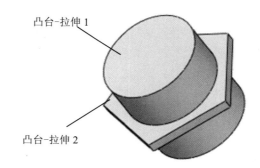

图 6-2　要操作的实体

(1)【添加】型组合操作。

选中【添加】单选按钮，在绘图区分别选择凸台-拉伸 1 和凸台-拉伸 2，单击【确定】按钮，属性设置如图 6-3 所示，生成的组合实体如图 6-4 所示。

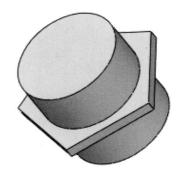

图 6-3　【添加】操作类型的属性设置　　　　图 6-4　生成的组合实体(1)

(2)【删减】型组合操作。

选中【删减】单选按钮,在绘图区选择凸台-拉伸 1 为主要实体,选择凸台-拉伸 2 为减除的实体,如图 6-5 所示。单击【确定】按钮，生成的组合实体如图 6-6 所示。

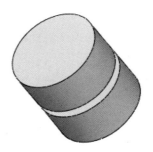

图 6-5　【删减】操作类型的属性设置　　　　图 6-6　生成的组合实体(2)

(3)【共同】型组合操作。

选中【共同】单选按钮,在绘图区选择凸台-拉伸 1 和凸台-拉伸 2,如图 6-7 所示。单击【确定】按钮，生成的组合实体如图 6-8 所示。

图 6-7　【共同】操作类型的属性设置　　　　图 6-8　生成的组合实体(3)

6.1.2 分割实体

下面介绍分割实体的属性设置和操作步骤。

1. 分割实体的属性设置

选择【插入】|【特征】|【分割】菜单命令，打开【分割】属性管理器，如图 6-9 所示。其属性设置方法如下。

(1)【剪裁工具】卷展栏。

【剪裁曲面】：在绘图区选择剪裁基准面、曲面或草图。

(2)【目标实体】卷展栏。

- 【目标实体】：选择目标实体。
- 【切割实体】：单击该按钮后，在绘图区选择要切除的部分。

(3)【所产生实体】卷展栏。

- 【消耗切除实体】：选中该复选框，将删除切除的实体。
- 【延伸视象属性】：选中该复选框，将属性复制到新的零件文件中。

2. 分割实体的操作步骤

(1) 选择【插入】|【特征】|【分割】菜单命令，打开【分割】属性管理器，属性设置如图 6-10 所示。选择【右视基准面】为剪裁曲面。

图 6-9 【分割】属性管理器

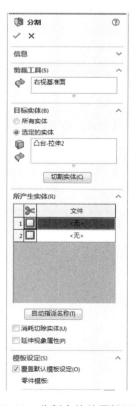

图 6-10 分割实体的属性设置

(2) 单击【切割实体】按钮，在绘图区选择零件被分割后的两部分实体。

(3) 单击【自动指派名称】按钮，系统自动为实体命名。

(4) 单击【确定】按钮，即可分割实体特征，结果如图 6-11 所示。

图 6-11 分割的实体

6.1.3 移动/复制实体

下面介绍移动/复制实体的属性设置和操作步骤。

1. 移动/复制实体的属性设置

选择【插入】|【特征】|【移动/复制】菜单命令，将打开【移动/复制实体】属性管理器，如图 6-12 所示。其属性设置方法如下。

(1)【要移动/复制的实体和曲面或图形实体】：单击该选择框，在绘图区选择要移动的对象。

(2)【要配合的实体】：在绘图区选择要配合的实体，配合方法参数主要包括以下几种。

- 约束类型：包括【重合】、【平行】、【垂直】、【相切】、【同心】。
- 配合对齐：包括【同向对齐】和【异向对齐】。

其他选项不再赘述。

2. 移动/复制实体的操作步骤

移动/复制实体的操作步骤类似于装配体的配合操作，读者可参阅第 10 章装配体设计。

图 6-12 【移动/复制实体】
属性管理器

6.1.4 删除实体

下面介绍删除实体的属性设置和操作步骤。

1. 删除实体属性设置

选择【插入】|【特征】|【删除/保留实体】菜单命令，打开【删除/保留实体】属性管理器，如图 6-13 所示。其属性设置不再赘述。

2. 删除实体的操作步骤

选择【插入】|【特征】|【删除/保留实体】菜单命令，打开【删除/保留实体】属性管理器。单击【要删除/保留的实体/曲面实体】选择框，在绘图区选择要删除的对象，单击【确定】按钮，即可删除实体特征。

图 6-13 【删除/保留实体】
属性管理器

6.2 阵　　列

阵列是利用特征设计中的驱动尺寸，更改增量并应用到阵列中，从而进行特征复制的过程。原始特征可以生成线性阵列、圆周阵列、曲线驱动的阵列、草图驱动的阵列和表格驱动的阵列等。

6.2.1 草图线性阵列

下面介绍草图线性阵列的属性设置和创建步骤。

1. 草图线性阵列的属性设置

对于基准面、零件或者装配体中的草图实体，使用【线性草图阵列】命令可以生成草图线性阵列。单击【草图】工具选项卡中的【线性草图阵列】按钮，或选择【工具】|【草图工具】|【线性阵列】菜单命令，系统弹出【线性阵列】属性管理器，如图 6-14 所示。

(1)【方向 1】、【方向 2】卷展栏。

【方向 1】卷展栏用于设置沿 X 轴线性阵列的特征参数；【方向 2】卷展栏用于设置沿 Y 轴线性阵列的特征参数。

图 6-14 【线性阵列】属性管理器

- 【反向】：单击该按钮，改变线性阵列的排列方向。
- 【间距】：设置 X 轴、Y 轴上相邻两个线性阵列特征之间的距离。
- 【标注 x 间距】：选中该复选框，在形成线性阵列后，会在草图上自动标注特征尺寸(如线性阵列特征之间的距离)。
- 【实例数】：设置经过线性阵列，生成的草图的总个数。
- 【角度】：设置线性阵列的方向与 X 轴、Y 轴之间的夹角。

(2)【要阵列的实体】卷展栏。

【要阵列的实体】：选择阵列对象。

(3)【可跳过的实例】卷展栏。

【要跳过的单元】：生成线性阵列时，可以在图形区域选择要跳过的阵列实例。

其他属性设置不再赘述。

2. 生成草图线性阵列的操作步骤

选择要进行线性阵列的草图。选择【工具】|【草图工具】|【线性阵列】菜单命令，系统弹出【线性阵列】属性管理器，根据需要，设置各卷展栏的参数，如图 6-15 所示。单击【确定】按钮，生成草图线性阵列，如图 6-16 所示。

第 6 章 特征编辑

图 6-15 草图线性阵列的属性设置

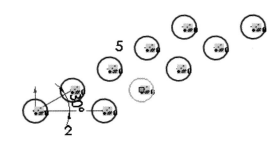

图 6-16 生成草图线性阵列

6.2.2 草图圆周阵列

下面介绍草图圆周阵列的属性设置和创建步骤。

1. 草图圆周阵列的属性设置

对于基准面、零件或者装配体上的草图实体，使用【圆周草图阵列】菜单命令可以生成草图圆周阵列。单击【草图】工具选项卡中的【圆周草图阵列】按钮，或选择【工具】|【草图工具】|【圆周阵列】菜单命令，系统弹出【圆周阵列】属性管理器，如图 6-17 所示。

(1) 【参数】卷展栏。

- 【反向】：单击该按钮，改变草图圆周阵列围绕原点旋转的方向。
- 【中心点 X】：设置草图圆周阵列旋转中心的横坐标。
- 【中心点 Y】：设置草图圆周阵列旋转中心的纵坐标。
- 【圆弧角度】：设置圆周阵列旋转中心与要阵列的草图重心之间的夹角。

图 6-17 【圆周阵列】属性管理器

- 【等间距】：选中该复选框可以确保圆周阵列中草图之间的夹角相等。
- 【注标半径】、【标注角间距】：选中该复选框，在形成圆周阵列后，会在草图上自动标注出特征尺寸。
- 【实例数】❋：设置经过圆周阵列，生成的草图的总个数。
- 【半径】↖：设置圆周阵列的旋转半径。

(2) 【要阵列的实体】卷展栏。

【要阵列的实体】：选择阵列对象。

(3) 【可跳过的实例】卷展栏。

【要跳过的单元】：生成圆周阵列时，可以在图形区域选择要跳过的阵列实例。

其他属性设置不再赘述。

2. 生成草图圆周阵列的操作步骤

选择要进行圆周阵列的草图。选择【工具】|【草图工具】|【圆周阵列】菜单命令，系统弹出【圆周阵列】属性管理器，根据需要，设置各卷展栏的参数，如图6-18所示。单击【确定】按钮✓，生成草图圆周阵列，如图6-19所示。

图6-18　草图圆周阵列的属性设置

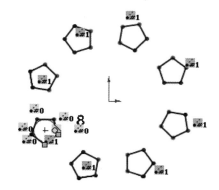

图6-19　生成草图圆周阵列

6.2.3　特征线性阵列

特征阵列与草图阵列相似，都是复制一系列相同的要素。不同之处在于草图阵列复制的是草图，特征阵列复制的是结构特征；草图阵列得到的是一个草图，而特征阵列得到的是一个复杂的零件。

特征阵列包括线性阵列、圆周阵列、表格驱动的阵列、草图驱动的阵列和曲线驱动的阵列等。特征的线性阵列是在一个或者几个方向上生成多个指定的源特征的过程。

1. 特征线性阵列的属性设置

单击【特征】工具选项卡中的【线性阵列】按钮 ，或选择【插入】|【阵列/镜向】|【线性阵列】菜单命令，系统弹出【线性阵列】属性管理器，如图 6-20 所示。

(1)【方向 1】、【方向 2】卷展栏：用于分别指定两个线性阵列的方向。

- 【阵列方向】：设置阵列的排列方向。
- 【反向】：单击该按钮，改变阵列的排列方向。
- 【间距】：设置阵列实例之间的间距。
- 【实例数】：设置经过线性阵列，生成的阵列实例的数量。

(2)【特征和面】卷展栏。

可以使用所选择的特征作为源特征，以生成线性阵列，也可以使用构成源特征的面生成阵列。在图形区域选择源特征的所有面，这对于只输入构成特征的面而不是特征本身的模型很有用。设置【特征和面】卷展栏时，阵列必须保持在同一面或者边界内，不能跨越边界。

(3)【实体】卷展栏。

选中【实体】复选框，可以使用在多实体零件中选择的实体生成线性阵列。

(4)【可跳过的实例】卷展栏。

生成线性阵列时，可以在图形区域选择要跳过的阵列实例。

(5)【选项】卷展栏。

- 【随形变化】：允许重复时更改阵列。
- 【几何体阵列】：只使用特征的几何体(如面、边线等)生成线性阵列，而不生成特征的每个实例。选中此复选框可以加速阵列的生成及重建，对于与模型上其他面共用一个面的特征，不能启用该功能。
- 【延伸视象属性】：选中该复选框，将特征的颜色、纹理和装饰螺纹数据延伸到所有阵列实例。

图 6-20 【线性阵列】属性管理器

2. 生成特征线性阵列的操作步骤

选择要进行阵列的特征。单击【特征】工具选项卡中的【线性阵列】按钮，或选择【插入】|【阵列/镜向】|【线性阵列】菜单命令，系统弹出【线性阵列】属性管理器，设置各卷展栏的参数，如图 6-21 所示。单击【确定】按钮，生成特征线性阵列，如图 6-22 所示。

 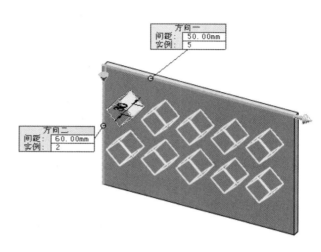

图 6-21 特征线性阵列的属性设置　　　　图 6-22 生成特征线性阵列

6.2.4 特征圆周阵列

特征的圆周阵列是将源特征围绕指定的轴线重复复制多个的过程。

1. 特征圆周阵列的属性设置

单击【特征】工具选项卡中的【圆周阵列】按钮，或选择【插入】|【阵列/镜向】|【圆周阵列】菜单命令，系统弹出【阵列(圆周)1】属性管理器，如图 6-23 所示。

- 【阵列轴】：在绘图区选择轴、模型边线或者角度尺寸，作为生成圆周阵列的旋转中心轴。
- 【反向】：单击该按钮，改变圆周阵列的旋转方向。
- 【角度】：设置每个实例之间的角度。
- 【实例数】：设置经过圆周阵列，生成的源特征的总实例数。
- 【等间距】：选中该单选按钮，将自动设置总角度为 360°。

其他属性设置不再赘述。

2. 生成特征圆周阵列的操作步骤

选择要进行阵列的特征。单击【特征】工具选项卡中的【圆周阵列】按钮，或选择【插入】|【阵列/镜向】|【圆周阵列】菜单命令，弹出【阵列(圆周)1】属性管理器，设置各卷展栏的参数，如图 6-24 所示。单击【确定】按钮，生成特征圆周阵列，如图 6-25 所示。

第 6 章 特征编辑

图 6-23 【阵列(圆周)1】属性管理器　　　图 6-24 【阵列(圆周)1】属性管理器

图 6-25 生成特征圆周阵列

6.2.5 表格驱动的阵列

可以使用 x、y 坐标来对指定的源特征进行"表格驱动的阵列"。虽然使用 x、y 坐标进行孔阵列是"表格驱动的阵列"的常见应用，但"表格驱动的阵列"也可以用于其他源特征(如凸台等)。

1. 表格驱动的阵列属性设置

单击【特征】工具选项卡中的【表格驱动的阵列】按钮，或选择【插入】|【阵列/镜向】|【表格驱动的阵列】菜单命令，弹出【由表格驱动的阵列】对话框，如图 6-26 所示。

(1)【读取文件】：输入含 x、y 坐标的阵列表文件或者文字文件。单击【浏览】按钮，选择阵列表(*.sldptab)文件或者文字(*.txt)文件以输入现有的 x、y 坐标。

(2)【参考点】：指定在放置阵列实例时 x、y 坐标所对应的点，参考点在阵列表中显示为点 O。

(3)【坐标系】：设置用来生成表格阵列的坐标系，可以是原点或从特征管理器设计树中选择的坐标系。

(4)【要复制的实体】：根据多实体零件生成阵列，可以选择多个实体。

(5)【要复制的特征】：根据特征生成阵列，可以选择多个特征。

(6)【要复制的面】：根据构成特征的面生成阵列，可以选择图形区域中的所有面，这对于只输入构成特征的面而不是特征本身的模型很有用。

(7)【几何体阵列】：只使用特征的几何体(如面和边线等)生成阵列。选中此复选框可以加速阵列的生成及重建，对于具有与零件其他部分合并的特征，不能启用该功能，该复选框在选择了【要复制的实体】时不可用。

(8)【延伸视象属性】：选中该复选框，将特征的颜色、纹理和装饰螺纹数据延伸到所有阵列实例。可以使用 x、y 坐标来确定每个阵列实例的位置，双击数值框即可为表格驱动的阵列的每个实例输入 x、y 坐标值。

2. 生成表格驱动的阵列的操作步骤

生成坐标系 1。此坐标系的原点将作为表格阵列的原点，X 轴和 Y 轴将定义生成阵列的基准面，如图 6-27 所示。

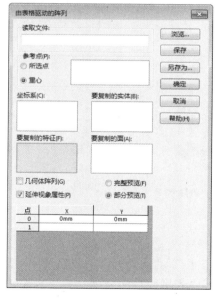

图 6-26 【由表格驱动的阵列】对话框

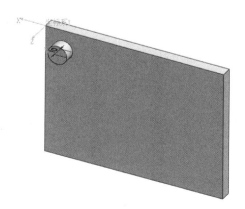

图 6-27 生成坐标系 1

注意 在生成表格驱动的阵列前，必须要先生成一个坐标系，并且要求要阵列的特征相对于该坐标系有确定的空间位置关系。

选择要进行阵列的特征。选择【插入】|【阵列/镜向】|【表格驱动的阵列】菜单命令，弹出【由表格驱动的阵列】对话框，参数设置如图 6-28 所示。单击【确定】按钮，生成表格驱动的阵列，如图 6-29 所示。

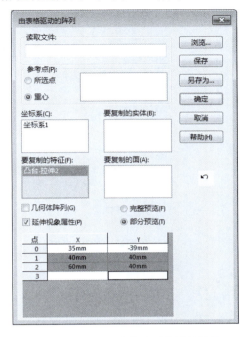

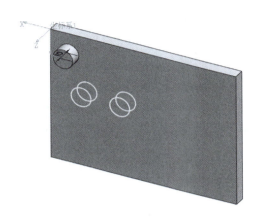

图 6-28　表格驱动的阵列的属性设置　　　　图 6-29　生成表格驱动的阵列

6.2.6　草图驱动的阵列

草图驱动的阵列是一种通过草图中的特征点来复制源特征的阵列方式。

1. 草图驱动的阵列的属性设置

单击【特征】工具选项卡中的【草图驱动的阵列】按钮，或选择【插入】|【阵列/镜向】|【草图驱动的阵列】菜单命令，系统弹出【由草图驱动的阵列】属性管理器，如图 6-30 所示。

(1) 【参考草图】：在特征管理器设计树中选择草图作为阵列的参考。

(2) 【参考点】。

● 【重心】：选中该单选按钮，将使用源特征的重心作为参考点。

● 【所选点】：选中该单选按钮，将使用用户在图形区域选择的点作为参考点。

其他属性设置不再赘述。

2. 生成草图驱动的阵列的操作步骤

绘制平面草图，草图中的点将成为源特征复制的目标点。选择要进行阵列的特征。选择【插入】|【阵列/镜向】|【草图驱动的阵列】菜单命令，系统弹出【由草图驱动的阵列】属性管理器，设置各卷展栏的参数，如图 6-31 所示。单击【确定】按钮，生成草图驱动的阵列，如图 6-32 所示。

图 6-30　【由草图驱动的阵列】属性管理器　　　　图 6-31　草图驱动的阵列的属性设置

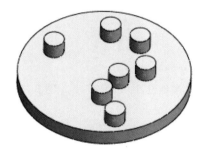

图 6-32　生成草图驱动的阵列

6.2.7　曲线驱动的阵列

曲线驱动的阵列是一种沿着草图中的平面曲线或者 3D 曲线复制源特征的阵列方式。

1. 曲线驱动的阵列的属性设置

单击【特征】工具选项卡中的【曲线驱动的阵列】按钮，或选择【插入】|【阵列/镜向】|【曲线驱动的阵列】菜单命令，系统弹出【曲线驱动的阵列】属性管理器，如图 6-33 所示。

(1)【阵列方向】：选择曲线、边线、草图实体或者在特征管理器设计树中选择草图作为阵列的路径。

(2)【反向】：单击该按钮，改变阵列的方向。

(3)【实例数】：设置阵列中源特征的总实例数。

(4)【等间距】：选中该复选框，可以确保每个阵列实例之间的距离相等。

(5)【间距】：设置沿曲线阵列实例之间的距离。

(6)【曲线方法】：使用所选择的曲线定义阵列的方向。
- 【转换曲线】：选中该单选按钮，为每个实例保留从所选曲线原点到源特征的水平(Delta X)和垂直(Delta Y)距离。
- 【等距曲线】：选中该单选按钮，为每个实例保留从所选曲线原点到源特征的垂直距离。

(7)【对齐方法】
- 【与曲线相切】：选中该单选按钮，使每个实例与曲线相切对齐。
- 【对齐到源】：选中该单选按钮，使每个实例与源特征的原始对齐方式匹配。

(8)【面法线】(仅用于 3D 曲线)：选择 3D 曲线所处的面，以生成曲线驱动的阵列。其他属性设置不再赘述。

2. 生成曲线驱动的阵列的操作步骤

绘制曲线草图。选择要进行阵列的特征。选择【插入】|【阵列/镜向】|【曲线驱动的阵列】菜单命令，系统弹出【曲线驱动的阵列】属性管理器，设置各卷展栏的参数，如图 6-34 所示。单击【确定】按钮，生成曲线驱动的阵列，如图 6-35 所示。

图 6-33 【曲线驱动的阵列】属性管理器

图 6-34 曲线驱动的阵列的属性设置

6.2.8 填充阵列

填充阵列是一种在限定的实体平面或者草图区域复制源特征的阵列方式。

1. 填充阵列的属性设置

单击【特征】工具选项卡中的【填充阵列】按钮 ⬛，或选择【插入】|【阵列/镜向】|【填充阵列】菜单命令，系统弹出【填充阵列】属性管理器，如图 6-36 所示。

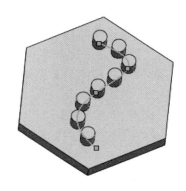

图 6-35 生成曲线驱动的阵列

(1)【填充边界】卷展栏。

【选择面或共平面上的草图、平面曲线】◯：定义阵列填充的区域。

(2)【阵列布局】卷展栏：定义填充边界内实例的布局阵列，可以自定义形状进行阵列或者对特征进行阵列，阵列实例以源特征为中心呈同轴心分布。

① 【穿孔】布局 ⬛：生成钣金穿孔式阵列网格。

【实例间距】：设置实例中心之间的距离。

【交错断续角度】：设置各实例行之间的交错断续角度，起始点位于阵列方向所使用的向量上。

【边距】：设置填充边界与最外缘实例之间的距离，可以设置为零。

【阵列方向】：设置阵列方向。未指定时，系统将自动选择一个合适的方向作为参考。

② 【圆周】布局 ⬛：生成圆周形阵列，其参数如图 6-37 所示。

【环间距】：设置实例环之间的距离。

【目标间距】：选中该单选按钮，将使用每个环内实例间的距离以填充区域。由于每个环的实际间距可能有所不同，因此各实例之间的间距会进行均匀调整。

【每环的实例】：选中该单选按钮，将使用实例数(每环)填充区域。

【实例间距】(在选中【目标间距】单选按钮时可用)：设置每个环内实例中心之间的距离。

图 6-36 【填充阵列】属性管理器

【边距】：设置填充边界与最外缘实例之间的距离，可以设置为零。

【阵列方向】：设置阵列方向。未指定时，系统将选择一个合适的方向作为参考。

【实例记数】：设置每个圆周阵列的实例数。

③ 【方形】布局：生成方形阵列，其参数如图 6-38 所示。

【环间距】：设置实例环之间的距离。

【目标间距】：选中该单选按钮，将使用每个环内实例间的距离以填充区域。由于每个环的实际间距可能有所不同，因此各实例之间的间距会进行均匀调整。

【每边的实例】：选中该单选按钮，将使用实例数(每个方形的每边)填充区域。

【实例间距】(在选中【目标间距】单选按钮时可用)：设置每个环内实例中心之间的距离。

【边距】：设置填充边界与最外缘实例之间的边距，可以设置为零。

【阵列方向】：设置阵列方向。未指定时，系统将选择一个合适的方向作为参考。

【实例记数】：设置每个方形阵列各边的实例数。

图 6-37　【圆周】布局的参数　　图 6-38　【方形】布局的参数

④ 【多边形】布局：生成多边形阵列，其参数如图 6-39 所示。

【环间距】：设置实例环之间的距离。

【多边形边】：设置阵列的边数。

【目标间距】：选中该单选按钮，将使用每个环内实例间的距离以填充区域。由于每个环的实际间距可能有所不同，因此各实例之间的间距会进行均匀调整。

【每边的实例】：选中该单选按钮，将使用实例数(每个多边形的各边)填充区域。

【实例间距】(在选中【目标间距】单选按钮时可用)：设置每个环内实例中心之间的距离。

【边距】：设置填充边界与最外缘实例之间的距离，可以设置为零。

【阵列方向】：设置阵列方向。未指定时，系统将选择一个合适的方向作为参考。

【实例记数】：设置每个多边形阵列每边的实例数。

(3) 【特征和面】卷展栏、【实体】卷展栏、【可跳过的实例】卷展栏和【选项】卷展栏与前面的阵列设置相同，这里不再赘述。

2. 生成填充阵列的操作步骤

绘制平面草图。选择【插入】|【阵列/镜向】|【填充阵列】菜单命令，系统弹出【填

充阵列】属性管理器，设置各卷展栏的参数，如图6-40所示。单击【确定】按钮 ✓，生成填充阵列，如图6-41所示。

图6-39 【多边形】布局的参数   图6-40 填充阵列的属性设置

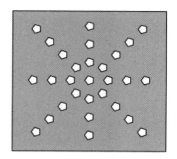

图6-41 生成填充阵列

6.3 镜　　向

镜向是将所选的草图、特征或零部件沿所选镜向轴或者面进行对称复制的过程，主要包括镜向草图、镜向特征和镜向零部件。本节主要介绍镜向草图和镜向特征的操作方法。

6.3.1 镜向现有草图实体

镜向草图是以草图实体为目标进行镜向复制的操作。

1. 镜向草图实体的属性设置

单击【草图】工具选项卡中的【镜向实体】按钮，或选择【工具】|【草图工具】|【镜向】菜单命令，系统弹出【镜向】属性管理器，如图6-42所示。
- 【要镜向的实体】：选择草图实体。
- 【镜向轴】：选择边线或者直线。

2. 镜向草图实体的操作步骤

单击【草图】工具选项卡中的【镜向实体】按钮，或选择【工具】|【草图工具】|【镜向】菜单命令，系统弹出【镜向】属性管理器，参数设置如图6-43所示。单击【确定】按钮，镜向现有草图实体，如图6-44所示。

图 6-42 【镜向】属性管理器

图 6-43 镜向草图实体的属性设置

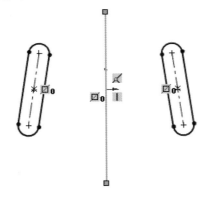
图 6-44 镜向现有草图实体

6.3.2 在绘制时镜向草图实体

在绘制时镜向草图实体的操作方法如下。
(1) 在激活的草图中选择直线或者模型边线。
(2) 选择【工具】|【草图工具】|【动态镜向】菜单命令，此时直线或者边线的两端出现对称符号，如图6-45所示。
(3) 接下来绘制的实体会被镜向，如图6-46所示。

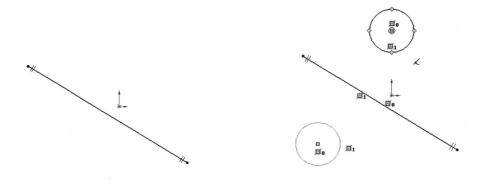

图 6-45 出现对称符号　　　　　图 6-46 绘制的实体被镜向

(4) 如果要关闭镜向，则再次选择【工具】|【草图工具】|【动态镜向】菜单命令。
镜向草图实体的注意事项如下。
- 镜向操作可以只包括新生成的实体，也可以包括原始实体及镜向实体。
- 可镜向部分或所有草图实体。
- 可沿任何类型直线(不仅仅是构造性直线)镜向。
- 可沿零件、装配体或工程图中的边线镜向。

6.3.3 镜向特征

镜向特征是将选定的特征沿面或者镜向轴进行对称复制的过程。

1. 镜向特征的属性设置

选择【插入】|【阵列/镜向】|【镜向】菜单命令，系统弹出【镜向】属性管理器，如图 6-47 所示。
- 【镜向面/基准面】卷展栏：在图形区域选择一个面或基准面作为镜向面。
- 【要镜向的特征】卷展栏：选择模型中一个或者多个特征，也可以在特征管理器设计树中选择要镜向的特征。
- 【要镜向的面】卷展栏：在图形区域选择构成要镜向的特征的面，此卷展栏参数对于在输入过程中仅包括特征的面且不包括特征本身的零件很有用。

2. 镜向特征的操作步骤

选择要进行镜向的特征。选择【插入】|【阵列/镜向】|【镜向】菜单命令，系统弹出【镜向】属性管理器，设置各卷展栏的参数，如图 6-48 所示。单击【确定】按钮，生成镜向特征，如图 6-49 所示。

镜向特征的注意事项如下。
- 在单一模型或多实体零件中，选择一个实体生成镜向实体。
- 通过选择几何体阵列，并使用特征范围来选择包含特定特征的实体，进而将特征应用到一个或多个实体零件中。

第 6 章 特征编辑

图 6-47 【镜向】属性管理器　　　　图 6-48 镜向特征的属性设置

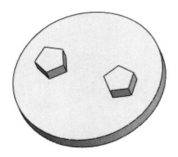

图 6-49 生成镜向特征

6.4 设 计 范 例

6.4.1 绘制波纹轮范例

本范例完成文件：范例文件/第 6 章/6-1.SLDPRT

范例操作

step 01 单击【草图】工具选项卡中的【草图绘制】按钮，选择前视基准面，进行草图绘制，在前视基准面上绘制圆形，如图 6-50 所示。

step 02 单击【特征】工具选项卡中的【拉伸凸台/基体】按钮，创建拉伸特征，参数设置如图 6-51 所示。

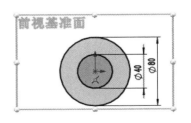

图 6-50 绘制圆形(1)

147

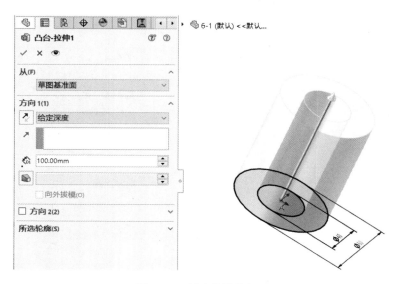

图 6-51 创建拉伸特征(1)

step 03 继续绘制圆形,如图 6-52 所示。

step 04 单击【特征】工具选项卡中的【拉伸凸台/基体】按钮，创建拉伸特征,参数设置如图 6-53 所示。

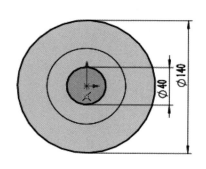

图 6-52 绘制圆形(2)　　　　　图 6-53 创建拉伸特征(2)

step 05 单击【特征】工具选项卡中的【倒角】按钮，创建倒角特征,参数设置如图 6-54 所示。

step 06 再次绘制圆形,如图 6-55 所示。

step 07 单击【特征】工具选项卡中的【拉伸凸台/基体】按钮，创建拉伸特征,参数设置如图 6-56 所示。

step 08 单击【草图】工具选项卡中的【样条曲线】按钮，在上视基准面上绘制样条曲线,如图 6-57 所示。

step 09 单击【特征】工具选项卡中的【拉伸切除】按钮，创建拉伸切除特征,参数设置如图 6-58 所示。

第 6 章 特征编辑

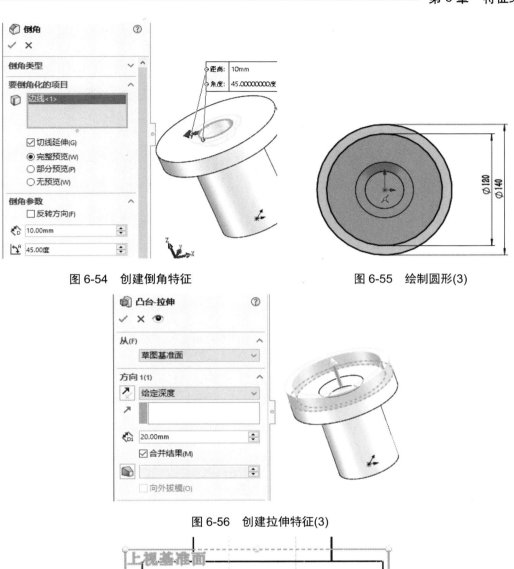

图 6-54 创建倒角特征

图 6-55 绘制圆形(3)

图 6-56 创建拉伸特征(3)

图 6-57 绘制样条曲线

step 10 单击【特征】工具选项卡中的【圆周阵列】按钮，创建圆周阵列特征，参数设置如图 6-59 所示，创建结果如图 6-60 所示。

至此，波纹轮模型创建完成，最终结果如图 6-61 所示。

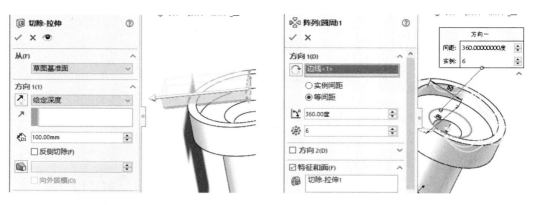

图 6-58　创建拉伸切除特征　　　　　　图 6-59　创建圆周阵列特征

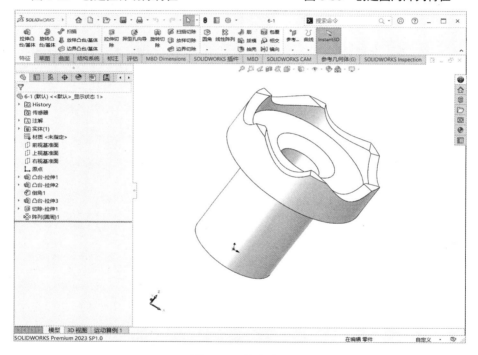

图 6-60　创建结果

图 6-61　波纹轮模型

6.4.2 绘制紧固螺栓范例

本范例完成文件：范例文件/第 6 章/6-2.SLDPRT

范例操作

step 01 单击【草图】工具选项卡中的【草图绘制】按钮，选择上视基准面，在上视基准面上绘制圆形，如图 6-62 所示。

step 02 创建拉伸特征，参数设置如图 6-63 所示。

step 03 在前视基准面上绘制圆形，如图 6-64 所示。

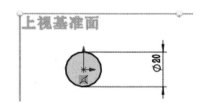

图 6-62　绘制圆形(1)

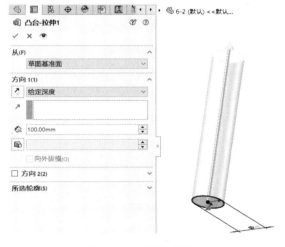

图 6-63　创建拉伸特征(1)

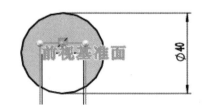

图 6-64　绘制圆形(2)

step 04 创建拉伸特征，参数设置如图 6-65 所示。

step 05 单击【特征】工具选项卡中的【圆角】按钮，创建圆角特征，参数设置如图 6-66 所示。

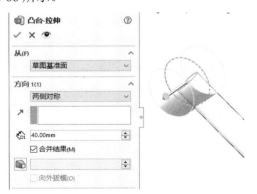

图 6-65　创建拉伸特征(2)

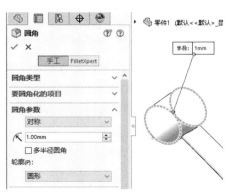

图 6-66　创建圆角特征

step 06 单击【草图】工具选项卡中的【圆】按钮⊙，在前视基准面上绘制圆形，如图 6-67 所示。

step 07 单击【草图】工具选项卡中的【直线】按钮✓，在前视基准面上绘制直线，如图 6-68 所示。

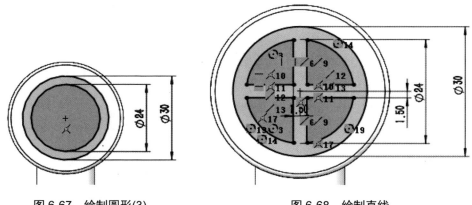

图 6-67　绘制圆形(3)　　　　　　　图 6-68　绘制直线

step 08 单击【特征】工具选项卡中的【拉伸切除】按钮，创建拉伸切除特征，参数设置如图 6-69 所示。

step 09 单击【草图】工具选项卡中的【圆】按钮⊙，在上视基准面上绘制圆形，如图 6-70 所示。

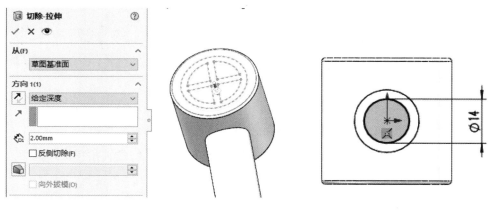

图 6-69　创建拉伸切除特征　　　　　图 6-70　绘制圆形(4)

step 10 单击【特征】工具选项卡中的【拉伸凸台/基体】按钮，创建拉伸特征，参数设置如图 6-71 所示。

step 11 单击【特征】工具选项卡中的【螺旋线/涡状线】按钮，绘制螺旋线，如图 6-72 所示。

step 12 单击【草图】工具选项卡中的【圆】按钮⊙，绘制圆形，如图 6-73 所示。

step 13 单击【特征】工具选项卡中的【扫描】按钮，创建扫描特征形成螺纹，参数设置和位置如图 6-74 所示，创建结果如图 6-75 所示。

至此，紧固螺栓模型创建完成，最终结果如图 6-76 所示。

第 6 章 特征编辑

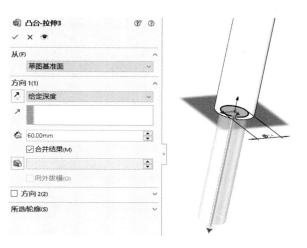

图 6-71 创建拉伸特征(3)

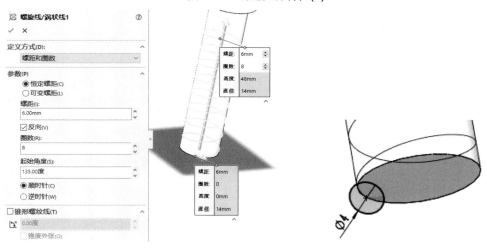

图 6-72 绘制螺旋线　　　　　　　　　　　图 6-73 绘制圆形(5)

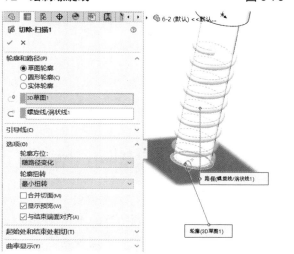

图 6-74 创建扫描特征

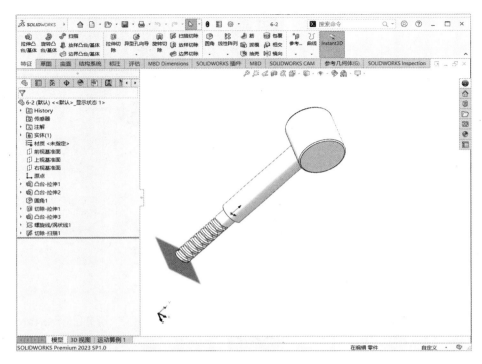

图 6-75 创建结果

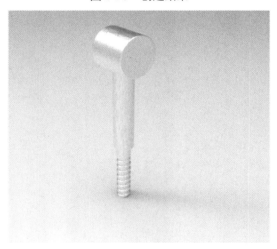

图 6-76 紧固螺栓模型

6.5 本章小结

本章讲解了 SOLIDWORKS 中对实体进行组合编辑及对相应对象进行阵列和镜向的方法。其中阵列和镜向都是按照一定规则复制源特征的操作。镜向操作是将源特征沿镜向轴或者面进行一对一复制的过程。阵列操作是按照一定规则进行一对多复制的过程。阵列和镜向的操作对象可以是草图、特征或零部件等。

第 7 章

曲线和曲面的设计与编辑

本章导读

　　SOLIDWORKS 提供了曲线和曲面的设计功能。曲线和曲面是复杂和不规则实体模型的主要组成部分。尤其在工业设计中，生成、编辑曲线和曲面的命令的应用更为广泛，它们可以使不规则实体的绘制更加灵活、快捷。在 SOLIDWORKS 中，既可以生成曲面，也可以对生成的曲面进行编辑。编辑曲面的命令可以通过菜单命令进行选择，也可以通过工具栏进行调用。

　　本章主要介绍曲线和曲面的各种创建方法和编辑命令。生成曲线的主要命令有投影曲线、组合曲线、螺旋线/涡状线、分割线、通过参考点的曲线和通过 XYZ 点的曲线等。生成曲面的主要命令有拉伸曲面、旋转曲面、扫描曲面、放样曲面、等距曲面和延展曲面。曲面编辑的主要命令有圆角曲面、填充曲面、延伸曲面、剪裁、替换和删除曲面。

7.1 曲线设计

曲线是组成不规则实体模型的最基本的要素，SOLIDWORKS 提供了绘制曲线的工具按钮和菜单命令。

7.1.1 投影曲线

投影曲线可以通过两种方式生成：一种是将绘制的曲线投影到模型面上形成一条三维曲线，这种方法称为"草图到面"的投影；另一种是"草图到草图"的投影，需要在两个相交的基准面上分别绘制草图，然后系统会将每个草图沿所在平面的垂直方向投影以得到相应的曲面，这两个曲面在空间中相交，形成一条三维曲线。

单击【曲线】工具选项卡中的【投影曲线】按钮，或选择【插入】|【曲线】|【投影曲线】菜单命令，系统弹出【投影曲线】属性管理器，如图 7-1 所示。在【选择】卷展栏中，可以选择两种投影类型，即【面上草图】和【草图上草图】。

(1)【要投影的草图】：在绘图区或者特征管理器设计树中，选择曲线草图。

(2)【投影方向】：选择投影的方向。

(3)【投影面】：在实体模型上选择一个面，作为草图投影的目标面。

(4)【反转投影】：选中该复选框，将反转投影方向。

(5)【双向】：选中该复选框，将向两个方向投影。

图 7-1 【投影曲线】属性管理器

7.1.2 组合曲线

组合曲线是通过将多条曲线、草图几何体和模型边线组合为一条单一曲线而生成的。组合曲线可以作为生成放样特征或者扫描特征的引导线或者轮廓线。

单击【曲线】工具选项卡中的【组合曲线】按钮，或选择【插入】|【曲线】|【组合曲线】菜单命令，系统弹出【组合曲线】属性管理器，如图 7-2 所示。

【要连接的实体】：在绘图区选择要组合的项目 (如草图、边线或者曲线等)。

图 7-2 【组合曲线】属性管理器

> 提示 组合曲线是一条连续的曲线，它可以是开环的，也可以是闭环的。在选择用于生成组合曲线的对象时，它们必须是连续的，中间不能有间断。

7.1.3 分割线

分割线是通过将实体投影到曲面或者平面上而生成的。这一过程将所选的面分割为多个分离的面，可以选择其中一个分离面进行操作。此外，分割线也可以通过将草图投影到曲面实体上生成，投影的实体可以是草图、模型实体、曲面、面、基准面或者曲面样条曲线。

单击【曲线】工具选项卡中的【分割线】按钮⊜，或选择【插入】|【曲线】|【分割线】菜单命令，系统弹出【分割线】属性管理器，如图 7-3 所示。

图 7-3　选中【轮廓】单选按钮后的【分割线】属性管理器

1. 【轮廓】分割类型

选中【轮廓】单选按钮，轮廓属性是在圆柱形零件上生成分割线。

- 【拔模方向】◇：在绘图区或者特征管理器设计树中选择用于模型轮廓投影的基准面。
- 【要分割的面】⊜：选择一个或者多个要分割的面。
- 【反向】：设置拔模方向。选中该复选框，则以反方向拔模。
- 【角度】：设置拔模角度，这通常与制造工艺相关。

☞ 注意　生成【轮廓】类型的分割线时，要分割的面必须是曲面，不能是平面。

2. 【投影】分割类型

选中【投影】单选按钮，投影属性是将草图线投影到表面上生成分割线，如图 7-4 所示。

- 【要投影的草图】：在绘图区或者特征管理器设计树中选择要投影的草图。
- 【单向】：选中该复选框，将在单方向上进行分割以生成分割线。

其他选项不再赘述。

3. 【交叉点】分割类型

选中【交叉点】单选按钮，交叉点属性是以交叉实体、曲面、面、基准面或者曲面样条曲线来分割目标对象，如图 7-5 所示。

- 【分割所有】：分割线穿越曲面上所有可能的区域，即分割所有可以分割的曲面。
- 【自然】：按照曲面的形状进行分割。
- 【线性】：按照线性方向进行分割。

其他选项不再赘述。

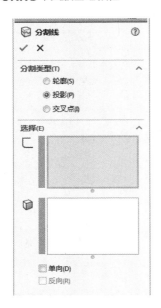

图 7-4 选中【投影】单选按钮后的
【分割线】属性管理器

图 7-5 选中【交叉点】单选按钮后的
【分割线】属性管理器

7.1.4 通过 XYZ 点的曲线

可以通过用户定义的点生成样条曲线，以这种方式生成的曲线被称为通过 XYZ 点的曲线。在 SOLIDWORKS 中，用户既可以自定义样条曲线通过的点，也可以使用点坐标文件来生成样条曲线。

单击【曲线】工具选项卡中的【通过 XYZ 点的曲线】按钮 [.]，或选择【插入】|【曲线】|【通过 XYZ 点的曲线】菜单命令，弹出【曲线文件】对话框，如图 7-6 所示。

图 7-6 【曲线文件】对话框

（1）【点】、X、Y、Z：【点】列单元格的值代表生成曲线的点的顺序；X、Y、Z 列单元格的值对应点的坐标值。双击激活单元格，然后输入数值即可。

（2）【浏览】：单击【浏览】按钮，弹出【打开】对话框，可以输入存在的坐标文件，根据坐标文件，直接生成曲线。

（3）【保存】：单击该按钮，弹出【另存为】对话框，选择想要保存的位置，然后在【文件名】文本框中输入文件名称。如果没有指定扩展名，SOLIDWORKS 应用程序会自动添加*.sldcrv 扩展名。

（4）【插入】：用于插入新行。如果要在某一行之上插入新行，单击该行，然后单击【插入】按钮即可。

> 提示　在输入存在的坐标文件时，不仅可以是*.sldcrv 格式的文件，也可以是*.txt 格式的文件。使用 Excel 等应用程序生成坐标文件时，文件中必须只包含坐标数据，而不能含有 x、y、z 的标号及其他无关数据。

7.1.5 通过参考点的曲线

通过参考点的曲线是利用一个或者多个平面上的点生成的曲线。

单击【曲线】工具选项卡中的【通过参考点的曲线】按钮,或选择【插入】|【曲线】|【通过参考点的曲线】菜单命令,系统弹出【通过参考点的曲线】属性管理器,如图 7-7 所示。

图 7-7 【通过参考点的曲线】属性管理器

(1)【通过点】: 选择一个或者多个平面上的点。
(2)【闭环曲线】: 定义生成的曲线是否闭合。选中该复选框,则生成的曲线自动闭合。

> **提示** 在生成通过参考点的曲线时,选择的参考点既可以是草图中的点,也可以是模型实体中的点。

7.1.6 螺旋线和涡状线

螺旋线和涡状线可以作为生成扫描特征的路径或者引导线,也可以作为生成放样特征的引导线,通常用来生成螺纹、弹簧和发条等零件,也可以在工业设计中作为装饰使用。

单击【曲线】工具选项卡中的【螺旋线/涡状线】按钮,或选择【插入】|【曲线】|【螺旋线/涡状线】菜单命令,系统弹出【螺旋线/涡状线】属性管理器,如图 7-8 所示。

1. 【定义方式】卷展栏

用来定义生成螺旋线和涡状线的方式,可以根据需要进行选择,其选项如图 7-9 所示。

- 【螺距和圈数】: 通过指定螺距和圈数生成螺旋线。
- 【高度和圈数】: 通过指定高度和圈数生成螺旋线。
- 【高度和螺距】: 通过指定高度和螺距生成螺旋线。
- 【涡状线】: 通过指定螺距和圈数生成涡状线。

2. 【参数】卷展栏

- 【恒定螺距】(在选择【螺距和圈数】和【高度和螺距】选项时可用): 以恒定螺距生成螺旋线。
- 【可变螺距】(在选择【螺距和圈数】和【高度和螺距】选项时可用): 以可变螺距生成螺旋线。
- 【区域参数】(在选中【可变螺距】单选按钮后可用): 通过指定圈数、高度、直径以及螺距生成可变螺距螺旋线,如图 7-10 所示。
  - ◆ 【螺距】(在选择【高度和圈数】选项时不可用): 设置螺距线及涡状线的螺距。
  - ◆ 【圈数】(在选择【高度和螺距】选项时不可用): 设置螺旋线及涡状线的旋转圈数。
  - ◆ 【高度】(在选择【高度和圈数】和【高度和螺距】时可用): 设置生成螺旋线的高度。

◆ 【直径】：设置螺旋线的截面直径。

图 7-8 【螺旋线/涡状线】属性管理器　　图 7-9 【定义方式】卷展栏　　图 7-10 【区域参数】设置

- 【反向】：反转螺旋线及涡状线的旋转方向。选中该复选框，螺旋线将从原点处向后延伸，或者生成一条向内旋转的涡状线。
- 【起始角度】：设置螺旋线或涡状线在初始位置的旋转角度。
- 【顺时针】：选中该单选按钮，将设置生成的螺旋线及涡状线的旋转方向为顺时针。
- 【逆时针】：选中该单选按钮，将设置生成的螺旋线及涡状线的旋转方向为逆时针。

3．【锥形螺纹线】卷展栏

【锥形螺纹线】卷展栏在【定义方式】卷展栏中选择【涡状线】选项时不可用。
- 【锥形角度】：设置生成锥形螺纹线的角度。
- 【锥度外张】：设置生成的螺纹线是否锥度外张。

7.2 曲面设计

曲面是一种可以用来生成实体特征的几何体(如圆角曲面等)。一个零件中可以有多个曲面实体。

(1) 在 SOLIDWORKS 中，生成曲面的方式如下。
- 由草图或者基准面上的一组闭环边线生成平面。
- 由草图通过拉伸、旋转、扫描或者放样生成曲面。
- 由现有面或者曲面生成等距曲面。
- 从其他程序导入曲面文件，支持的格式包括 CATIA、ACIS、Pro/ENGINEER、Unigraphics、SolidEdge、Autodesk Inventor 等。
- 由多个曲面组合成新的曲面。

(2) 在 SOLIDWORKS 中，使用曲面的方式如下。
- 选择曲面边线和顶点作为扫描的引导线和路径。
- 通过加厚曲面生成实体或者切除特征。
- 使用【成形到一面】或者【到离指定面指定的距离】作为终止条件，拉伸实体或者切除实体。
- 通过加厚已经缝合成实体的曲面生成实体特征。
- 用曲面作为替换面。

7.2.1 拉伸曲面

拉伸曲面是将一条曲线拉伸为曲面。

单击【曲面】工具选项卡中的【拉伸曲面】按钮，或选择【插入】|【曲面】|【拉伸曲面】菜单命令，系统弹出【曲面-拉伸】属性管理器，如图 7-11 所示。

1. 【从】卷展栏

在【从】卷展栏中，选择不同的开始条件，不同的开始条件对应不同的属性设置。
- 【草图基准面】：将草图基准面作为拉伸曲面的起点。
- 【曲面/面/基准面】：选择一个面作为拉伸曲面的起点，如图 7-12 所示。

图 7-11 【曲面-拉伸】属性管理器

- 【顶点】：选择一个顶点作为拉伸曲面的起点，如图 7-13 所示。
- 【等距】：从与当前草图基准面等距的基准面上开始拉伸曲面，在数值框中可以输入等距数值，如图 7-14 所示。

图 7-12 【曲面/面/基准面】选项　　图 7-13 【顶点】选项　　图 7-14 【等距】选项

2. 【方向 1】、【方向 2】卷展栏

- 【终止条件】下拉列表：设置拉伸曲面的终止条件，如图 7-15 所示。
- 【反向】：改变拉伸曲面的方向。
- 【拉伸方向】：在绘图区选择方向向量作为拉伸方向。
- 【深度】：设置拉伸曲面的深度。

图 7-15 【终止条件】选项

- 【拔模开/关】：设置拔模角度，主要用于考虑制造工艺的需求。
- 【向外拔模】：选中该复选框，将向外拔模。

- 【封底】：选中该复选框，将拉伸曲面底面封闭。

其他属性设置不再赘述。

3．【所选轮廓】卷展栏

在绘图区选择草图轮廓和模型边线，使用部分草图生成曲面拉伸特征。

7.2.2 旋转曲面

从交叉或者非交叉的草图中选择不同的轮廓，并用所选轮廓生成旋转曲面。

单击【曲面】工具选项卡中的【旋转曲面】按钮 ，或选择【插入】|【曲面】|【旋转曲面】菜单命令，系统弹出【曲面-旋转】属性管理器，如图7-16所示。

(1)【旋转轴】：设置曲面旋转所围绕的轴，可以选择中心线、直线，也可以选择模型边线。

(2)【反向】：单击该按钮，改变旋转曲面的旋转方向。

(3)【旋转类型】：设置生成旋转曲面的类型，其选项如下。

图7-16 【曲面-旋转】属性管理器

- 【给定深度】：以单一方向旋转生成旋转曲面。
- 【成形到顶点】：从草图基准面生成旋转到指定顶点。
- 【成形到面】：从草图基准面生成旋转到指定曲面。
- 【到离指定面指定的距离】：从草图基准面生成旋转到指定曲面的指定距离处。
- 【两侧对称】：从草图基准面以顺时针和逆时针方向生成旋转。

(4)【方向1角度】、【方向2角度】：设置旋转曲面的角度。系统默认的角度为360°，角度从所选草图基准面开始按顺时针方向计算。

7.2.3 扫描曲面

利用轮廓和路径生成的曲面被称为扫描曲面。扫描曲面和扫描特征类似，也可以通过引导线生成。

单击【曲面】工具选项卡中的【扫描曲面】按钮 ，或选择【插入】|【曲面】|【扫描曲面】菜单命令，系统弹出【曲面-扫描】属性管理器，如图7-17所示。

图7-17 【曲面-扫描】属性管理器

1. 【轮廓和路径】卷展栏

- 【轮廓】 ：设置生成扫描曲面的草图轮廓，在绘图区或者特征管理器设计树中选择草图轮廓，该轮廓可以是开环的，也可以是闭环的。
- 【路径】 ：选择生成扫描曲面的路径，在绘图区或者特征管理器设计树中选择路径。

2. 【引导线】卷展栏

- 【引导线】 ：选择引导线，以引导扫描曲面的生成。
- 【上移】 ：调整引导线的顺序，使指定的引导线上移。
- 【下移】 ：调整引导线的顺序，使指定的引导线下移。
- 【合并平滑的面】：优化扫描的性能，在引导线或者路径曲率不连续的点处分割扫描。
- 【显示截面】 ：显示扫描曲面的截面，单击 箭头可以滚动预览。

3. 【起始处和结束处相切】卷展栏

- 【起始处相切类型】(见图 7-18)：选择【无】选项将不应用相切；选择【路径相切】选项则路径垂直于开始点处而生成扫描。
- 【结束处相切类型】(见图 7-19)：选择【无】不应用相切；选择【路径相切】则路径垂直于结束点处而生成扫描。

图 7-18 【起始处相切类型】选项　　图 7-19 【结束处相切类型】选项

4. 【曲率显示】卷展栏

设置【网格预览】、【斑马条纹】、【曲率检查梳形图】的模型显示。

7.2.4 放样曲面

通过在曲线之间创建平滑过渡生成的曲面被称为放样曲面。放样曲面由放样的轮廓曲线组成，也可以根据需要使用引导线。

单击【曲面】工具选项卡中的【放样曲面】按钮 ，或选择【插入】|【曲面】|【放样曲面】菜单命令，系统弹出【曲面-放样】属性管理器，如图 7-20 和图 7-21 所示。

1. 【轮廓】卷展栏

- 【轮廓】 ：选择生成放样曲面的草图轮廓，可以在绘图区或者特征管理器设计树中选择草图轮廓。
- 【上移】 ：调整草图轮廓的顺序，使指定的草图轮廓上移。

- 【下移】⬇：调整草图轮廓的顺序，使指定的草图轮廓下移。

图 7-20　【曲面-放样】属性管理器(1)　　图 7-21　【曲面-放样】属性管理器(2)

2. 【起始/结束约束】卷展栏

【开始约束】和【结束约束】下拉列表有相同的选项。

- 【无】：不应用相切约束，即曲率为零。
- 【方向向量】：根据所选实体(如基准面、线性边线或轴)作为方向向量，应用相切约束。
- 【垂直于轮廓】：应用相切约束，使放样曲面在起始或结束时垂直于相应的轮廓。

3. 【引导线】卷展栏

- 【引导线】：选择引导线，以引导放样曲面的生成。
- 【上移】⬆：调整引导线的顺序，使指定的引导线上移。
- 【下移】⬇：调整引导线的顺序，使指定的引导线下移。
- 【引导线相切类型】：控制放样与引导线相遇处的相切。

4. 【中心线参数】卷展栏

- 【中心线】：使用中心线引导放样曲面的形状，中心线可以和引导线是同一条线。
- 【截面数】：在轮廓之间围绕中心线添加特定数量的截面，可以通过滑动滑杆来调整截面数。
- 【显示截面】：显示放样曲面的截面，单击箭头可以滚动预览。

5. 【草图工具】卷展栏

- 用于在从同一草图(特别是 3D 草图)中定义放样截面和引导线。
- 【拖动草图】：单击该按钮，进入草图拖动模式。
- 【撤销草图拖动】：单击该按钮，撤销之前的草图拖动操作，并将预览返回到拖动前的状态。

6. 【选项】卷展栏

- 【合并切面】：在生成放样曲面时，如果对应的线段相切，选中该复选框，则使在所生成的放样中的曲面保持相切。
- 【闭合放样】：沿放样方向生成闭合实体，选中此复选框，会自动连接最后一个和第一个草图。
- 【显示预览】：选中该复选框，显示放样曲面的上色预览；若取消选中此复选框，则只显示路径和引导线。
- 【微公差】：在非常小的几何绘图区之间设置公差，创建放样时启用。

7. 【曲率显示】卷展栏

设置【网格预览】、【斑马条纹】、【曲率检查梳形图】的模型显示。

7.2.5 等距曲面

在已经存在的曲面的基础上，按照指定的距离，生成的另一个曲面被称为等距曲面。原曲面既可以是模型的轮廓面，也可以是绘制的曲面。

单击【曲面】工具选项卡中的【等距曲面】按钮，或选择【插入】|【曲面】|【等距曲面】菜单命令，系统弹出【等距曲面】属性管理器，如图 7-22 所示。

图 7-22 【等距曲面】属性管理器

(1) 【要等距的曲面或面】：在绘图区选择要等距的曲面或者平面。
(2) 【等距距离】：输入等距距离数值。
(3) 【反转等距方向】：改变生成等距曲面的方向。

7.2.6 延展曲面

通过沿所选平面方向延展实体或者曲面的边线，而生成的曲面被称为延展曲面。

选择【插入】|【曲面】|【延展曲面】菜单命令，系统弹出【延展曲面】属性管理器，如图 7-23 所示。

图 7-23 【延展曲面】属性管理器

(1)【延展方向参考】：在绘图区选择一个面或者基准面。
(2)【反转延展方向】：单击该按钮，改变曲面延展的方向。
(3)【要延展的边线】：在绘图区选择一条边线或者一组连续边线。
(4)【沿切面延伸】：选中该复选框，使曲面沿模型中的相切面继续延展。
(5)【延展距离】：设置延展曲面的宽度。

7.3 曲面编辑

7.3.1 圆角曲面

使用圆角命令将曲面实体中相交的两个面之间的边线进行平滑过渡生成的圆角，被称为圆角曲面。

单击【曲面】工具栏选项卡的【圆角】按钮，或选择【插入】|【曲面】|【圆角】菜单命令，系统弹出【圆角】属性管理器，如图7-24所示。

圆角曲面命令的用法与圆角特征命令基本相同，在此不再赘述。

> 提示 在生成圆角曲面时，进行圆角处理的是曲面实体的边线，可以生成多半径圆角曲面。圆角曲面只能在曲面和曲面之间生成，不能在曲面和实体之间生成。

7.3.2 填充曲面

在现有模型边线、草图或者曲线定义的边界内，生成带任意边数的曲面修补，被称为填充曲面。填充曲面可以用来构造和填充模型中的缝隙曲面。

通常在以下几种情况中使用填充曲面：
- 纠正没有正确导入到SOLIDWORKS中的零件。
- 填充用于型芯和型腔造型的零件中的孔。
- 构建用于工业设计的曲面。
- 生成实体模型。
- 用于修补作为独立实体的特征或者合并这些特征。

图7-24　【圆角】属性管理器

单击【曲面】工具选项卡中的【填充曲面】按钮，或选择【插入】|【曲面】|【填充】菜单命令，系统弹出【填充曲面】属性管理器，如图7-25所示。

1. 【修补边界】卷展栏

- 【修补边界】：选择所应用的修补边线。对于曲面或者实体边线，可以使用2D和3D草图作为修补的边界；对于所有草图边界，只可以设置曲率控制类型为

【相触】。
- 【交替面】：该按钮只在实体模型上生成修补时可用，用于控制修补曲率的反转边界面。
- 【曲率控制】：在生成的修补上进行控制，可以在同一修补中应用不同的曲率控制，其选项如图7-26所示。
- 【应用到所有边线】：选中该复选框，可以将相同的曲率控制应用到所有边线中。
- 【优化曲面】：选中该复选框，将对曲面进行优化，其潜在优势包括加快重建时间以及增强与模型中的其他特征一起使用时的稳定性。
- 【显示预览】：选中该复选框，将以上色方式显示曲面填充的预览。

图 7-25　【填充曲面】属性管理器

图 7-26　【曲率控制】下拉列表选项

2．【约束曲线】卷展栏

【约束曲线】：在填充曲面时添加斜率控制，主要用于工业设计中，可以使用如草图点或者样条曲线等草图实体生成约束曲线。

3．【选项】卷展栏

- 【修复边界】：可以自动修复填充曲面的边界。
- 【合并结果】：如果边界至少有一个边线是开环薄边，那么选中此复选框，则可以用边线所属的曲面进行缝合。
- 【创建实体】：如果边界实体都是开环边线，可以选中此复选框生成实体。在默认情况下，此复选框以灰色显示。

- 【反向】：此复选框用于纠正填充曲面时不符合填充需求的方向。

4. 【曲率显示】卷展栏

设置【网格预览】、【斑马条纹】、【曲率检查梳形图】的模型显示。

7.3.3 延伸曲面

将现有曲面的边缘沿着切线方向进行延伸，形成的曲面被称为延伸曲面。

单击【曲面】工具选项卡中的【延伸曲面】按钮，或选择【插入】|【曲面】|【延伸曲面】菜单命令，系统弹出【延伸曲面】属性管理器，如图7-27所示。

1. 【拉伸的边线/面】卷展栏

【所选面/边线】：在绘图区选择要延伸的边线或者面。

图 7-27　【延伸曲面】属性管理器

2. 【终止条件】卷展栏

- 【距离】：选中该单选按钮，将按照设置的【距离】数值确定延伸曲面的距离。
- 【成形到某一面】：选中该单选按钮，将曲面延伸到指定的面。
- 【成形到某一点】：选中该单选按钮，将曲面延伸到指定的点。

3. 【延伸类型】卷展栏

- 【同一曲面】：以原有曲面的曲率沿曲面的几何体进行延伸。
- 【线性】：沿与原有曲面相切的指定边线进行延伸。

7.3.4 剪裁曲面

可以使用曲面、基准面或者草图作为剪裁工具剪裁相交曲面，也可以将曲面和其他曲面配合使用，相互作为剪裁工具。

单击【曲面】工具选项卡中的【剪裁曲面】按钮，或选择【插入】|【曲面】|【剪裁曲面】菜单命令，系统弹出【剪裁曲面】属性管理器，如图7-28所示。

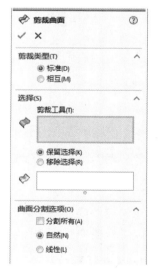

图 7-28　【剪裁曲面】属性管理器

1. 【剪裁类型】卷展栏

- 【标准】：使用曲面、草图实体、曲线或者基准面等剪裁曲面。
- 【相互】：使用曲面本身剪裁多个曲面。

2. 【选择】卷展栏

- 【剪裁工具】：在绘图区选择曲面、草图实体、曲线或者基准面作为剪裁其他曲面的工具。
- 【保留选择】：选中该单选按钮，将设置在剪裁曲面中选择的部分为要保留的部分。
- 【移除选择】：选中该单选按钮，将设置在剪裁曲面中选择的部分为要移除的部分。
- 【保留的部分】：在绘图区选择要保留的曲面。

3. 【曲面分割选项】卷展栏

- 【分割所有】：选中该复选框，将显示曲面中的所有分割。
- 【自然】：选中该单选按钮，将使边界边线随曲面形状自然变化。
- 【线性】：选中该单选按钮，将使边界边线随剪裁点的线性方向变化。

7.3.5 替换面

利用新曲面实体替换曲面或者实体中的面，这种操作被称为替换面。替换曲面实体不必与旧的面具有相同的边界。在替换面的过程中，原来实体中的相邻面自动延伸并剪裁以适应替换曲面实体。

1. 替换曲面实体的类型

- 任何类型的曲面特征，如拉伸曲面、放样曲面等。
- 缝合曲面实体或者复杂的输入曲面实体。

通常情况下，替换曲面实体比要替换的面大。当替换曲面实体比要替换的面小时，替换曲面实体会自动延伸以与相邻面相交。

2. 替换曲面实体的使用方式

- 以一个曲面实体替换另一个或者一组相连的面。
- 在单一操作中，用一个相同的曲面实体替换多组相连的面。
- 在实体或者曲面实体中替换面。

单击【曲面】工具选项卡中的【替换面】按钮，或选择【插入】|【面】|【替换】菜单命令，系统弹出【替换面1】属性管理器，如图7-29所示。

图7-29 【替换面1】属性管理器

- 【替换的目标面】：在绘图区选择曲面、草图实体、曲线或者基准面作为要替换的面。
- 【替换曲面】：选择替换曲面实体。

7.3.6 删除面

删除面是将存在的面删除并进行编辑。

单击【曲面】工具选项卡中的【删除面】按钮，或选择【插入】|【面】|【删除】

菜单命令，系统弹出【删除面】属性管理器，如图 7-30 所示。

1. 【选择】卷展栏

【要删除的面】：在绘图区选择要删除的面。

2. 【选项】卷展栏

- 【删除】：选中该单选按钮，从曲面实体删除面，或者从实体中删除一个或者多个面，以生成曲面。
- 【删除并修补】：选中该单选按钮，从曲面实体或者实体中删除一个面，并自动修补和剪裁实体。
- 【删除并填补】：选中该单选按钮，删除存在的面并生成一个新的单一面，用以填补由此产生的缝隙。

图 7-30　【删除面】属性管理器

7.4　设 计 范 例

7.4.1　绘制打蛋器范例

本范例完成文件：范例文件/第 7 章/7-1.SLDPRT

范例操作

step 01　单击【草图】工具选项卡中的【草图绘制】按钮，选择上视基准面，进行草图绘制，在上视基准面上绘制圆形，如图 7-31 所示。

step 02　单击【曲面】工具选项卡中的【拉伸曲面】按钮，创建拉伸曲面，设置【深度】为 100 mm，参数设置如图 7-32 所示。

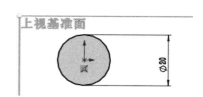

图 7-31　绘制圆形(1)

step 03　单击【草图】工具选项卡中的【样条曲线】按钮，在前视基准面上绘制样条曲线，如图 7-33 所示。

step 04　在上视基准面上绘制圆形，如图 7-34 所示。

step 05　单击【曲面】工具选项卡中的【扫描曲面】按钮，创建扫描曲面，参数设置如图 7-35 所示。

step 06　单击【特征】工具选项卡中的【圆周阵列】按钮，创建圆周阵列特征，设置【实例数】为 6，参数设置如图 7-36 所示。

step 07　单击【曲面】工具选项卡中的【填充曲面】按钮，创建填充曲面，参数设置如图 7-37 所示。

第 7 章 曲线和曲面的设计与编辑

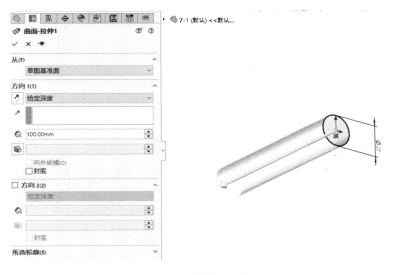

图 7-32　创建拉伸曲面

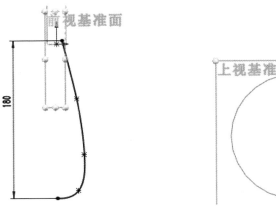

图 7-33　绘制样条曲线

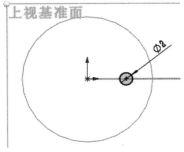

图 7-34　绘制圆形(2)

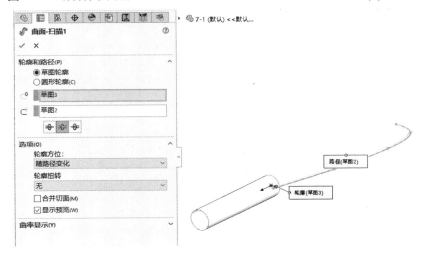

图 7-35　创建扫描曲面

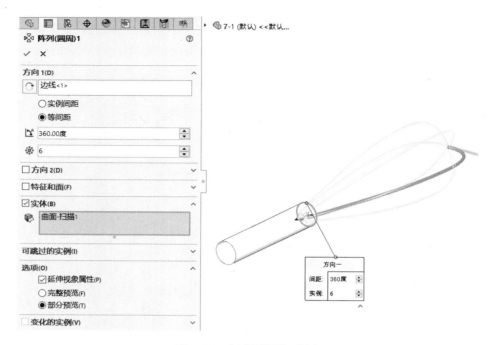

图 7-36　创建圆周阵列特征

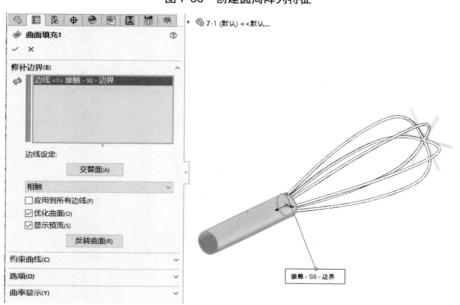

图 7-37　创建填充曲面

至此，打蛋器模型创建完成，最终结果如图 7-38 所示。

第 7 章 曲线和曲面的设计与编辑

图 7-38 打蛋器模型

7.4.2 绘制棘轮范例

本范例完成文件：范例文件/第 7 章/7-2.SLDPRT

范例操作

step 01　单击【草图】工具选项卡中的【草图绘制】按钮，选择上视基准面，在上视基准面上绘制圆形，如图 7-39 所示。

step 02　单击【草图】工具选项卡中的【剪裁实体】按钮，剪裁实体，如图 7-40 所示。

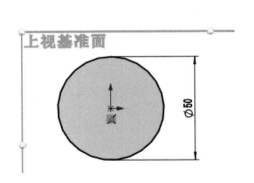

图 7-39 绘制圆形(1)

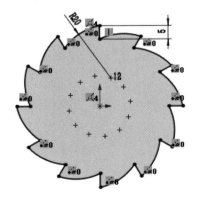

图 7-40 剪裁实体

step 03　单击【曲面】工具选项卡中的【拉伸曲面】按钮，创建拉伸曲面，参数设置如图 7-41 所示。

step 04　在上视基准面上绘制圆形，如图 7-42 所示。

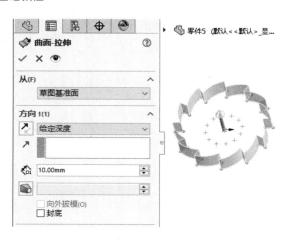

图 7-41 创建拉伸曲面(1)

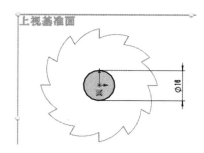

图 7-42 绘制圆形(2)

step 05 单击【曲面】工具选项卡中的【拉伸曲面】按钮，创建拉伸曲面，参数设置如图 7-43 所示。

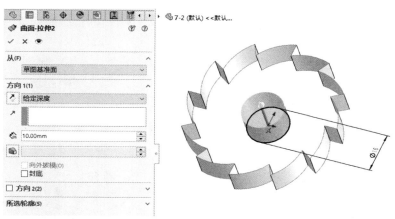

图 7-43 创建拉伸曲面(2)

step 06 单击【曲面】工具选项卡中的【直纹曲面】按钮，创建直纹曲面，参数设置如图 7-44 所示。

step 07 单击【曲面】工具选项卡中的【剪裁曲面】按钮，剪裁曲面，参数设置如图 7-45 所示。

第 7 章 曲线和曲面的设计与编辑

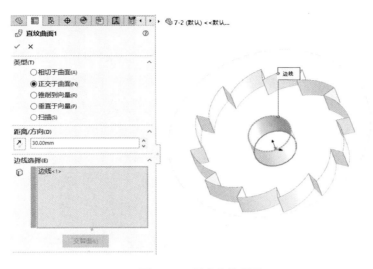

图 7-44 创建直纹曲面

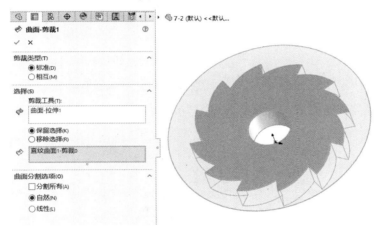

图 7-45 剪裁曲面

step 08 单击【曲面】工具选项卡中的【等距曲面】按钮，创建等距曲面，参数设置如图 7-46 所示，创建结果如图 7-47 所示。

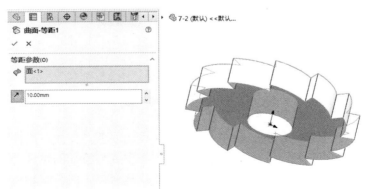

图 7-46 创建等距曲面

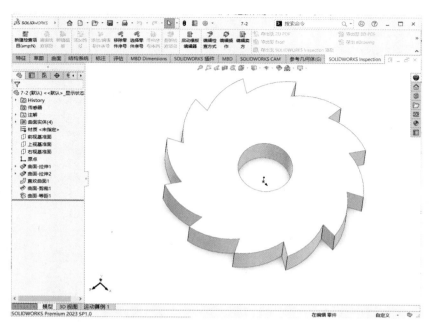

图 7-47　创建结果

提示　等距曲面既可以是模型的轮廓面，也可以是绘制的曲面。

至此，棘轮模型创建完成，最终结果如图 7-48 所示。

图 7-48　棘轮模型

7.5　本章小结

本章介绍了曲线、曲面的设计和编辑方法。曲线和曲面是构成三维曲面造型的基础要素。曲线的生成结合了二维线条及特征实体。曲面的生成与特征的生成非常类似，但特征模型是具有厚度的几何体，而曲面模型是没有厚度的几何体。曲面编辑可通过多种命令实现，包括圆角、填充、延伸、剪裁、替换和删除等。

第 8 章

焊件设计

本章导读

在 SOLIDWORKS 的焊件设计模块中，可以将多种焊接类型的焊缝零件添加到装配体中，生成的焊缝属于装配体特征，是与装配体关联的新装配体零部件。因此，学习焊件设计是对学习装配体设计的一个有效补充。

本章将具体介绍焊件设计的基本操作方法，其中包括焊件轮廓和结构构件设计、剪裁和延伸构件、添加焊缝、子焊件和工程图的相关内容，以及焊件的切割清单。

8.1 焊件轮廓和结构构件

创建焊件的第一步是生成焊件轮廓，这是后续生成焊件结构构件的基础。

在零件中生成第一个结构构件时，【焊件】图标将被添加到特征管理器设计树中。在配置管理器中生成两个默认配置，即一个父配置(默认"按加工")和一个派生配置(默认"按焊接")。

8.1.1 焊件轮廓

生成焊件轮廓就是将轮廓创建为库特征零件，再将其保存于一个指定的位置即可。具体创建方法如下。

(1) 打开一个新零件。

(2) 绘制轮廓草图。当用轮廓生成一个焊件结构构件时，草图的原点将作为默认的穿透点(穿透点可以基于生成结构构件所使用的草图线段，以定义轮廓上的位置)，也可以选择草图中的任何顶点或草图点作为交替穿透点。

(3) 选择所绘制的草图。

(4) 选择【文件】|【另存为】菜单命令，打开【另存为】对话框。

(5) 选择保存目录，在【保存类型】中选择*.sldlfp 选项，在【文件名】中输入文件名称，单击【保存】按钮。

8.1.2 结构构件的属性种类

结构构件包含以下属性。

(1) 结构构件均基于轮廓设计，例如角铁等。

(2) 轮廓根据标准、类型及大小等属性来识别。

(3) 结构构件可以包含多个片段，但所有片段只能使用一个轮廓。

(4) 分别具有不同轮廓的多个结构构件可以属于同一个焊接零件。

(5) 在一个结构构件中的任何特定点处，只有两个实体才可以交叉。

(6) 在特征管理器设计树中，结构构件以"结构构件1""结构构件2"等名称显示。

(7) 可以生成自定义轮廓，并将其添加到现有焊件轮廓库中。

(8) 焊件轮廓文件通常存放在软件的安装目录下。

(9) 结构构件允许相对于生成结构构件所使用的草图线段，指定轮廓的穿透点。

(10) 可以在特征管理器设计树中选择结构构件，并生成用于工程图的切割清单。

8.1.3 结构构件的属性设置

单击【焊件】工具选项卡中的【结构构件】按钮，或选择【插入】|【焊件】|【结构构件】菜单命令，系统弹出【结构构件】属性管理器，如图8-1所示。

1. 【选择】卷展栏

- 【标准】：选择先前定义的 iso、ansi inch 或者自定义标准。
- 【类型(type)】：选择轮廓的类型。
- 【大小】：选择轮廓的大小。
- 【组】：在图形区域选择一组草图实体。

2. 【设定】卷展栏

根据选择的轮廓类型不同，【设定】卷展栏中的内容会有所不同。如果希望添加多个结构构件，单击【路径线段】选择框，选择路径线段即可。

- 【路径线段】：选择焊件的路径线段。
- 【旋转角度】：设置结构构件的旋转角度。
- 【找出轮廓】：单击该按钮，调整结构构件的轮廓位置。

图 8-1 【结构构件】属性管理器

8.2 剪裁和延伸构件

创建结构构件后，可以用结构构件和其他实体剪裁结构构件，确保它们在焊件零件中正确对接。可以利用【剪裁/延伸】命令剪裁或延伸两个汇合的结构构件，以及调整一个或多个结构构件相对于另一实体的位置等。

8.2.1 剪裁/延伸构件的属性设置

单击【焊件】工具选项卡中的【剪裁/延伸】按钮，或选择【插入】|【焊件】|【剪裁/延伸】菜单命令，系统弹出【剪裁/延伸】属性管理器，如图 8-2 所示。

1. 【边角类型】卷展栏

可以设置剪裁的边角类型，包括【终端剪裁】、【终端斜接】、【终端对接 1】、【终端对接 2】，其效果如图 8-3 所示。

2. 【要剪裁的实体】卷展栏

对于【终端斜接】、【终端对接 1】、【终端对接 2】类型，选择一个要剪裁的实体。

对于【终端剪裁】类型，选择一个或者多个要剪裁的实体。

图 8-2 【剪裁/延伸】属性管理器

(a) 未剪裁　　(b) 终端剪裁　　(c) 终端斜接　　(d) 终端对接 1　　(e) 终端对接 2

图 8-3　不同边角类型的效果

3. 【剪裁边界】卷展栏

当单击【终端剪裁】按钮 时，选择剪裁所相对的一个或者多个相邻面。
- 【面/平面】：选中该单选按钮，将使用平面作为剪裁边界。
- 【实体】：选中该单选按钮，将使用实体作为剪裁边界。

> **注意** 通常情况下，选择平面作为剪裁边界会更有效且性能更好；只有在对非平面实体(如圆形管道、阶梯式曲面等的)进行剪裁时，才选择实体作为剪裁边界。

当单击【终端斜接】 、【终端对接 1】 、【终端对接 2】 边角类型按钮时，【剪裁边界】卷展栏如图 8-4 所示，选择剪裁所相对的一个相邻结构构件。
- 【预览】：选中该复选框，在图形区域预览剪裁。
- 【允许延伸】：选中该复选框，允许结构构件进行延伸或者剪裁；取消选中该复选框，则只可以进行剪裁操作。

8.2.2　剪裁/延伸构件的操作步骤

剪裁/延伸构件的操作步骤如下。

(1) 单击【焊件】工具选项卡中的【剪裁/延伸】按钮 ，或选择【插入】|【焊件】|【剪裁/延伸】菜单命令，系统弹出【剪裁/延伸】属性管理器。

图 8-4　单击【终端斜街】按钮时的【剪裁边界】卷展栏

(2) 在【边角类型】卷展栏中，单击【终端剪裁】按钮 ；在【要剪裁的实体】卷展栏中，单击【实体】选择框，在图形区域选择要剪裁的实体，如图 8-5 所示；在【剪裁边界】卷展栏中，单击【面/实体】选择框，在图形区域选择作为剪裁边界的实体，如图 8-6 所示；在图形区域显示剪裁的预览，如图 8-7 所示，单击【确定】按钮 。

图 8-5　选择要剪裁的实体　　　　图 8-6　选择作为剪裁边界的实体　　　　图 8-7　剪裁预览

8.3 添加焊缝

焊缝在模型中显示为图形。焊缝是轻化单元,不会影响模型的性能。下面分别介绍焊缝及圆角焊缝的添加方法。

8.3.1 焊缝简介

用户可以向焊件零件和装配体以及多实体零件添加简化焊缝。

1. 简化焊缝的优点

- 与所有类型的几何体兼容,包括带有缝隙的实体。
- 可以以轻化形式显示。
- 在使用焊接表的工程图中包含焊缝属性。
- 使用智能焊接工具可以为焊缝路径选择面。
- 焊缝符号与实际焊缝关联。
- 支持使用控标调整焊接路径(长度)定义。
- 包含在属性管理器设计树中的焊接文件夹中。

2. 焊接子文件夹的属性

- 焊接材料。
- 焊接工艺。
- 单位长度焊接质量。
- 单位质量焊接成本。
- 单位长度焊接时间。
- 焊道数量。

8.3.2 设置焊缝

进入焊件环境后,单击【焊件】工具选项卡中的【焊缝】按钮 ⬢,或选择【插入】|【焊件】|【圆角焊缝】菜单命令,打开【焊缝】属性管理器,如图 8-8 所示。

图 8-8 【焊缝】属性管理器

1. 【焊接路径】卷展栏

- 【选择面】:选择要产生焊缝的面。
- 【智能焊接选择工具】 ✍:单击该按钮,系统会根据所绘制的曲线自动在图形区域确定焊接面,选择焊接路径。
- 【新焊接路径】:单击该按钮,创建一组新的焊接路径。

2. 【设定】卷展栏

- 【焊接选择】:在图形区域选择焊接面。其中,选中【焊接几何体】单选按钮可以选择几何体以创建焊缝；选中【焊接路径】单选按钮可以选择边线/草图以创建焊缝。

- 【焊接起始点】：从要被焊接的单一实体中选择面和边线，作为焊接的起始位置。
- 【焊接终止点】：从多个实体中选择面或边线，作为焊接的约束位置。
- 【焊缝大小】：输入焊缝的半径大小。

生成焊缝的操作步骤如下。

(1) 单击【焊件】工具选项卡中的【焊缝】按钮，或选择【插入】|【焊件】|【焊缝】菜单命令，系统弹出【焊缝】属性管理器。

(2) 单击【设定】卷展栏中的【焊接选择】选择框，在图形区域选择焊接面，如图 8-9 所示，设置【焊缝大小】为 5 mm。

(3) 选中【两边】单选按钮，参数设置如图 8-10 所示。单击【确定】按钮，创建的焊缝如图 8-11 所示。

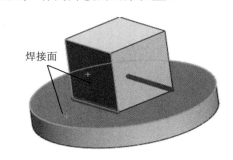

图 8-9 选择焊接面

图 8-10 焊缝的属性设置

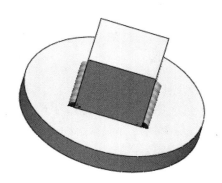

图 8-11 创建的焊缝

8.3.3 设置圆角焊缝

可以在任何交叉的焊件实体(如结构构件、平板焊件或者角撑板等)之间添加全长、间歇或交错的圆角焊缝。圆角焊缝的属性设置如下。

第 8 章 焊件设计

选择【插入】|【焊件】|【圆角焊缝】菜单命令，系统弹出【圆角焊缝】属性管理器，如图 8-12 所示。

1. 【箭头边】卷展栏

【焊缝类型】：在其下拉列表中选择焊缝类型。

【焊缝大小】、【节距】：在设置【焊缝类型】为【间歇】或者【交错】时可用。

> **注意** 尽管面组必须选择平面，在选中【切线延伸】复选框时，可以为面组选择非平面或者相切轮廓。

2. 【对边】卷展栏

其属性设置和【箭头边】卷展栏类似，如图 8-13 所示，不再赘述。

图 8-12 【圆角焊缝】属性管理器

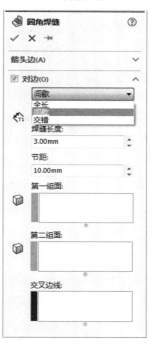
图 8-13 【对边】卷展栏

> **注意** 在设置【焊缝类型】为【交错】时，可以将圆角焊缝应用到对边。

生成圆角焊缝的操作步骤如下。

(1) 选择【插入】|【焊件】|【圆角焊缝】菜单命令，系统弹出【圆角焊缝】属性管理器。

(2) 在【箭头边】卷展栏中，选择焊缝类型，设置【焊缝大小】数值，单击【第一组面】选择框，在图形区域选择一个面组，如图 8-14 所示；单击【第二组面】选择框，在图形区域选择一个交叉面组，如图 8-15 所示。

(3) 在图形区域沿交叉实体之间的边线显示圆角焊缝的预览。

> **注意** 系统会根据选择的第一组面和第二组面指定虚拟边线。

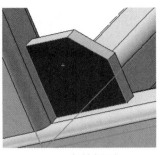 

(a) 角撑板面　　　　　　　　(b) 结构构件面

图 8-14　选择第一组面(1)

 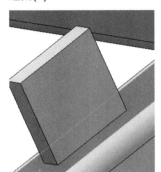

(a) 结构构件面　　　　　　　　(b) 平板焊件面

图 8-15　选择第二组面(1)

(4) 在【对边】卷展栏中，选择焊缝类型，设置【焊缝大小】数值；单击【第一组面】选择框，在图形区域选择一个面组，如图 8-16 所示；单击【第二组面】选择框，在图形区域选择一个交叉面组，如图 8-17 所示。

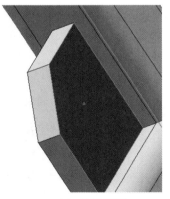 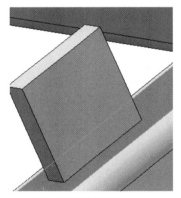

(a) 角撑板面　　　　　　　　(b) 结构构件面

图 8-16　选择第一组面(2)

(5) 单击【确定】按钮，在图形区域沿交叉实体之间的边线，显示圆角焊缝的预览，如图 8-18 所示。

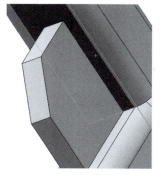 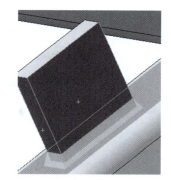

(a) 结构构件面　　　　　　　　　　(b) 平板焊件面

图 8-17　选择第二组面(2)

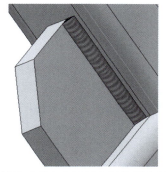 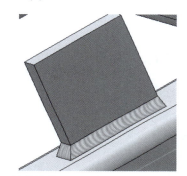

(a) 结构构件和角撑板之间的圆角焊缝　　　(b) 结构构件和平板焊件之间的圆角焊缝

图 8-18　生成圆角焊缝

8.4　子焊件和焊件工程图

下面讲解子焊件和焊件工程图的相关内容。

8.4.1　子焊件

子焊件可以将复杂模型分解为更容易管理的实体。子焊件包括列举在特征管理器设计树的【切割清单】中的任何实体,包括结构构件、顶端盖、角撑板、圆角焊缝以及使用【剪裁/延伸】命令剪裁的结构构件。

(1) 在焊件模型的特征管理器设计树中,展开【切割清单】。

(2) 选择要包含在子焊件中的实体,可以使用 Ctrl 键进行批量选择,所选实体将在图形区域中高亮显示。

(3) 右击选择的实体,在弹出的快捷菜单中选择【生成子焊件】命令,如图 8-19 所示,包含所选实体的【子焊件】文件夹出现在【切割清单】中。

(4) 右击【子焊件】文件夹,在弹出的快捷菜单中选择【插入到新零件】命令,如图 8-20 所示。子焊件模型在新的 SOLIDWORKS 窗口中打开,并弹出【另存为】对话框。

(5) 设置文件名,并进行保存,在焊件模型中所作的更改也会在子焊件模型中更新。

图 8-19　选择【生成子焊件】命令　　　　图 8-20　选择【插入到新零件】命令

8.4.2　焊件工程图

焊件工程图属于图纸设计部分，我们将在第 12 章进行详细介绍。它包括整个焊件零件的视图、焊件零件单个实体的视图(即相对视图)、焊件切割清单、零件序号、自动零件序号、剖面视图的备选剖面线等。

在生成零件序号时，所有配置均参考同一切割清单。即使零件序号是在不同的视图中生成的，它们也会与切割清单保持关联。附加到整个焊件工程图视图中的实体的零件序号，与附加到只显示实体的工程图视图中的同一实体的零件序号，具有相同的项目号。

如果将自动零件序号插入焊件的工程图中，而该工程图不包含切割清单，则会提示是否生成切割清单。一旦删除切割清单，所有与该切割清单相关的零件序号的项目号将会变为 1。

8.5　焊件切割清单

当第一个焊件特征被插入到零件中时，【注解】文件夹会重新命名为【切割清单】，以表示要包含在切割清单中的项目。

在新的焊件零件中，切割清单中所有焊件实体的选项默认打开。如果需要关闭，则右击【切割清单】图标，在弹出的快捷菜单中取消选择【自动切割清单自动创建切割清单】命令，如图 8-21 所示。

8.5.1　生成切割清单

生成切割清单主要包括更新切割清单和制作焊缝。

1. 更新切割清单

在焊件零件的特征管理器设计树中，右击【切割清单】图标，在弹出的快捷菜单中选择【更新】命令。执行此操作，相同的项目将在【切割清单】的项目子文件夹中自动列组。

2. 制作焊缝

焊缝不包含在切割清单中。如果需要将某些特征排除在切割清单之外,可以右击该特征,在弹出的快捷菜单中选择【制作焊缝】命令,如图8-22所示。

图8-21 【切割清单】快捷菜单

图8-22 选择【制作焊缝】命令

8.5.2 保存切割清单

焊件切割清单包括项目号、项目数量以及自定义属性。

右击【切割清单】图标 ,在弹出的快捷菜单中选择【保存实体】命令,如图8-23所示。在弹出的【保存实体】属性管理器中,设置焊件信息,单击【确定】按钮 进行保存,如图8-24所示。

图8-23 选择【保存实体】命令

图8-24 【保存实体】属性管理器

8.6 设计范例

8.6.1 绘制圆筒座焊件范例

本范例完成文件：范例文件/第 8 章/8-1.SLDPRT

范例操作

step 01 单击【草图】工具选项卡中的【草图绘制】按钮，选择上视基准面，在上视基准面上绘制矩形，如图 8-25 所示。

step 02 单击【特征】工具选项卡中的【拉伸凸台/基体】按钮，创建拉伸特征，参数设置如图 8-26 所示。

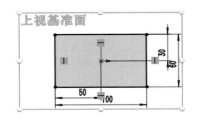

图 8-25　绘制矩形

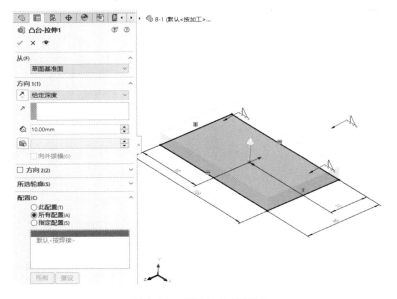

图 8-26　创建拉伸特征(1)

step 03 单击【草图】工具选项卡中的【圆】按钮，绘制圆形，如图 8-27 所示。

step 04 单击【特征】工具选项卡中的【拉伸凸台/基体】按钮，创建拉伸特征，参数设置如图 8-28 所示。

step 05 单击【特征】工具选项卡中的【线性阵列】按钮，创建线性阵列特征，参数设置如图 8-29 所示。

step 06 单击【草图】工具选项卡中的【直线】按

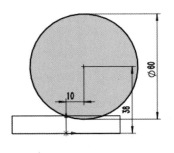

图 8-27　绘制圆形

钮 ，绘制直线，如图 8-30 所示。

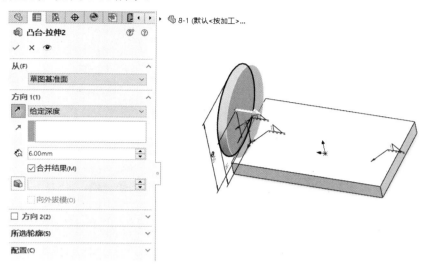

图 8-28　创建拉伸特征(2)

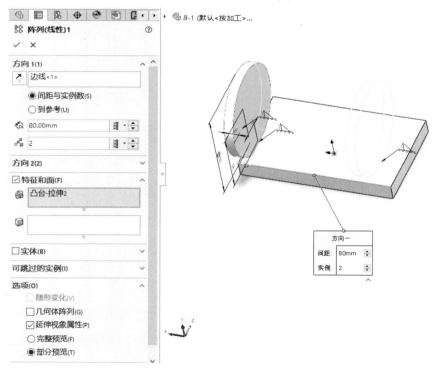

图 8-29　创建线性阵列特征

step 07　单击【焊件】工具选项卡中的【焊件】按钮 ，进入焊件环境，再单击【焊件】工具选项卡中的【结构构件】按钮 ，创建结构构件，参数设置如图 8-31 所示。

step 08　单击【焊件】工具选项卡中的【焊缝】按钮 ，创建构件焊缝，参数设置如图 8-32 所示。

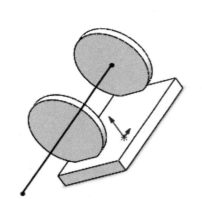
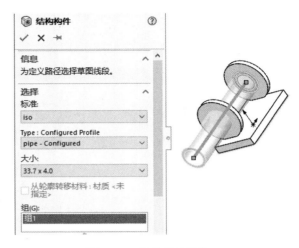

图 8-30 绘制直线　　　　　　　　图 8-31 创建结构构件

step 09 单击【焊件】工具选项卡中的【焊缝】按钮，再次创建构件焊缝，参数设置如图 8-33 所示。

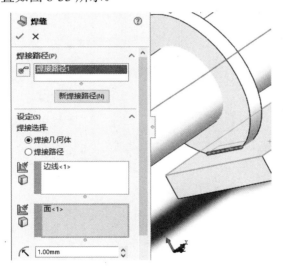
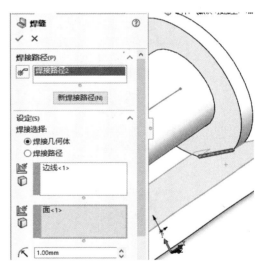

图 8-32 创建构件焊缝(1)　　　　　　图 8-33 创建构件焊缝(2)

step 10 单击【焊件】工具选项卡中的【焊缝】按钮，创建第 3 条构件焊缝，参数设置如图 8-34 所示。

step 11 单击【草图】工具选项卡中的【圆】按钮，绘制圆形，如图 8-35 所示。

step 12 单击【特征】工具选项卡中的【拉伸切除】按钮，创建拉伸切除特征，参数设置如图 8-36 所示，创建结果如图 8-37 所示。

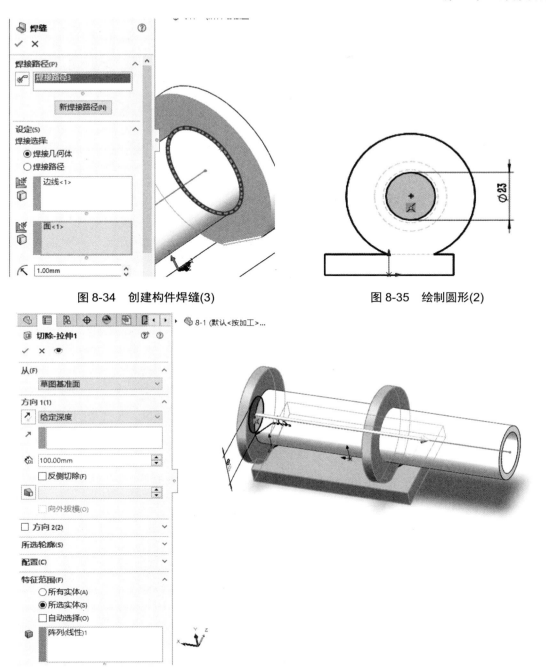

图 8-34　创建构件焊缝(3)　　　　图 8-35　绘制圆形(2)

图 8-36　创建拉伸切除特征

至此，圆筒座焊件模型创建完成，最终结果如图 8-38 所示。

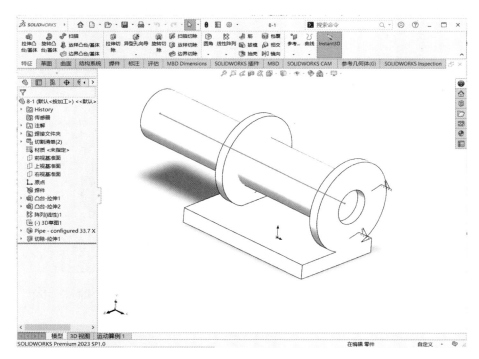

图 8-37　创建结果

图 8-38　圆筒座焊件模型

8.6.2　绘制构件焊件范例

本范例完成文件：范例文件/第 8 章/8-2.SLDPRT

step 01　单击【草图】工具选项卡中的【草图绘制】按钮，选择上视基准面，在上视基准面上绘制矩形，如图 8-39 所示。

step 02 单击【焊件】工具选项卡中的【焊件】按钮，进入焊件环境，再单击【焊件】工具选项卡中的【结构构件】按钮，创建结构构件，参数设置如图 8-40 所示。

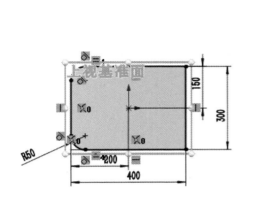

图 8-39 绘制矩形

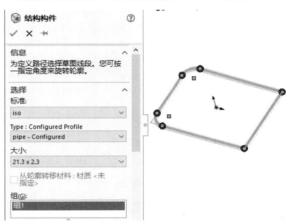

图 8-40 创建结构构件(1)

step 03 单击【草图】工具选项卡中的【直线】按钮，绘制直线，如图 8-41 所示。

step 04 单击【焊件】工具选项卡中的【结构构件】按钮，创建结构构件，参数设置如图 8-42 所示。

图 8-41 绘制 3D 直线(1)

图 8-42 创建结构构件(2)

step 05 单击【草图】工具选项卡中的【直线】按钮，绘制直线，如图 8-43 所示。

step 06 单击【焊件】工具选项卡中的【结构构件】按钮，创建结构构件，参数设置如图 8-44 所示。

step 07 单击【焊件】工具选项卡中的【剪裁/延伸】按钮，剪裁结构构件，如图 8-45 所示。

step 08 单击【焊件】工具选项卡中的【剪裁/延伸】按钮，继续剪裁结构构件，如图 8-46 所示。

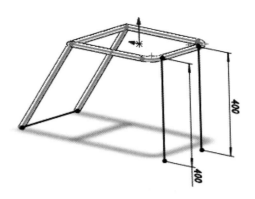

图 8-43　绘制 3D 直线(2)

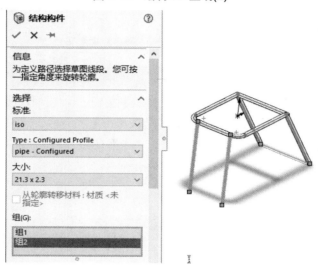

图 8-44　创建结构构件(3)

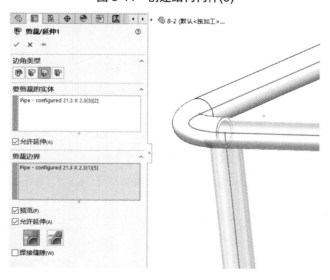

图 8-45　剪裁结构构件(1)

第 8 章　焊件设计

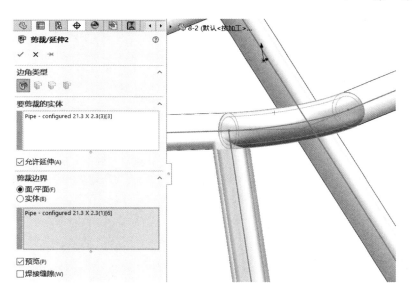

图 8-46　剪裁结构构件(2)

step 09 单击【焊件】工具选项卡中的【剪裁/延伸】按钮，再次剪裁结构构件，如图 8-47 所示。

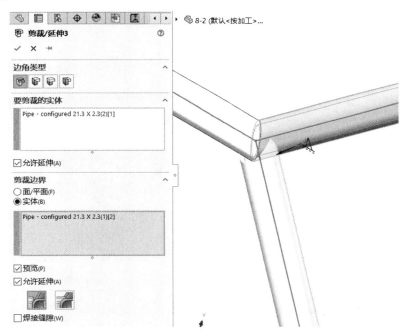

图 8-47　剪裁结构构件(3)

step 10 单击【焊件】工具选项卡中的【剪裁/延伸】按钮，接着剪裁结构构件，如图 8-48 所示。

step 11 单击【焊件】工具选项卡中的【焊缝】按钮，创建构件焊缝，参数设置如图 8-49 所示。

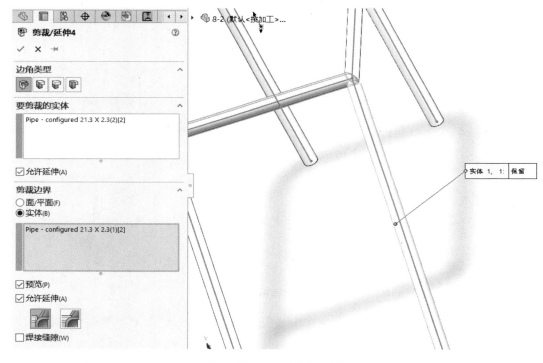

图 8-48　剪裁结构构件(4)

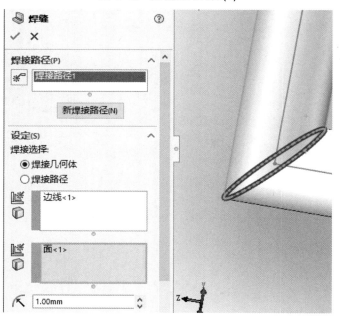

图 8-49　创建构件焊缝(1)

step 12 单击【焊件】工具选项卡中的【焊缝】按钮，再次创建构件焊缝，参数设置如图 8-50 所示，创建结果如图 8-51 所示。

至此，构件焊件创建完成，最终结果如图 8-52 所示。

第 8 章 焊件设计

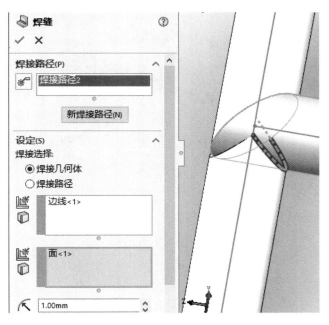

图 8-50 创建构件焊缝(2)

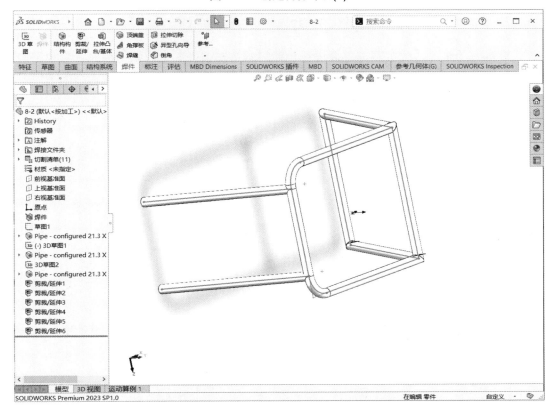

图 8-51 创建结果

197

图 8-52　构件焊件

8.7　本 章 小 结

通过本章的练习，读者可以掌握焊件设计的基本知识，如生成结构构件、剪裁结构构件、生成圆角焊缝、管理切割清单等。掌握添加焊缝的技巧将为后续的加工出图工作带来便利，请读者结合范例认真学习。

第 9 章

钣 金 设 计

本章导读

　　钣金类零件结构简单，应用广泛，多用于各种产品的机壳和支架部分。SOLIDWORKS 软件提供了功能强大的钣金建模功能，使用户能方便地建立钣金模型。
　　本章将讲解钣金模块的各种功能，首先介绍钣金的基本术语，然后介绍生成钣金特征的两种方法、钣金零件设计、编辑钣金特征和使用钣金成形工具。

9.1 基本术语

在钣金零件设计中经常涉及一些术语,包括折弯系数、折弯系数表、K 因子和折弯扣除等。

9.1.1 折弯系数

折弯系数是沿材料中性轴所测得的圆弧长度。在生成折弯时,可输入数值以指定明确的折弯系数给任何一个钣金折弯。

使用折弯系数数值来计算总平展长度的公式如下:

$$L_t = A + B + BA$$

式中:L_t 表示总平展长度;A 和 B 的含义如图 9-1 所示;BA 表示折弯系数值。

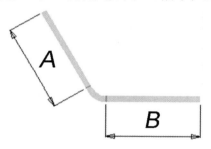

图 9-1 折弯系数中 A 和 B 的含义

9.1.2 折弯系数表

折弯系数表通常包括钣金零件的折弯系数或折弯扣除数值,此外还包括折弯半径、折弯角度以及零件厚度等数值。有两种折弯系数表可使用:一是带有 .btl 扩展名的文本文件;二是嵌入的 Excel 电子表格。

9.1.3 K 因子

K 因子代表中立板相对于钣金零件厚度的位置的比率。考虑 K 因子的折弯系数可以使用以下公式计算:

$$BA = \pi(R + KT)A/180$$

式中:BA 表示折弯系数值;R 表示内侧折弯半径;K 表示 K 因子;T 表示材料厚度;A 表示折弯角度。

9.1.4 折弯扣除

折弯扣除,通常是指回退量,也是一个通过简单算法来描述钣金折弯的数值。在生成折弯时,可以通过输入数值来给任何钣金折弯指定一个明确的折弯扣除。

使用折弯扣除数值来计算总平展长度的公式如下:
$$L_t=A+B-BD$$
式中：L_t 表示总平展长度；A 和 B 的含义如图 9-2 所示；BD 表示折弯扣除值。

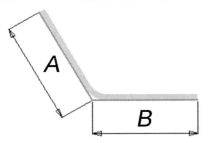

图 9-2 折弯扣除中 A 和 B 的含义

9.2 钣金特征设计

生成钣金特征有两种方法，一是利用钣金工具直接生成，二是将零件进行转换。

9.2.1 利用钣金工具生成钣金

下面的三个特征分别代表钣金的三个基本操作，这些特征位于钣金的特征管理器设计树中。

(1)【钣金】：包含了钣金零件的定义，此特征保存了整个零件的默认折弯参数信息，如折弯半径、折弯系数、自动切释放槽(预切槽)比例等。

(2)【基体法兰】：钣金零件的第一个实体特征，包括深度和厚度等信息。

(3)【平板型式】：默认情况下，平板型式特征是被压缩的，因为零件通常处于折弯状态。若需要平展零件，则右击【平板型式】，然后选择【解除压缩】命令。当平板型式特征被压缩时，在特征管理器设计树中，新特征会自动插入到其上方；当平板型式特征解除压缩后，在特征管理器设计树中，新特征会自动插入到其下方，并且不在折叠零件中显示。

9.2.2 零件转换为钣金

首先生成一个零件，然后使用【钣金】工具选项卡中的【插入折弯】按钮生成钣金。在特征管理器设计树中有三个特征，这三个特征分别代表钣金的三个基本操作：

(1)【钣金】：包含了钣金零件的定义，此特征保存了整个零件的默认折弯参数信息(如厚度、折弯半径、折弯系数、自动切释放槽比例和固定实体等)。

(2)【展开】：此特征代表展开的零件，包含将尖角或圆角转换成折弯的有关信息。每个由模型生成的折弯作为单独的特征列出在展开折弯下，由圆角边角、圆柱面和圆锥面形成的折弯作为圆角折弯列出；由尖角、边角形成的折弯作为尖角折弯列出。展开折弯中列出的尖角草图，包含了系统生成的所有尖角折弯和圆角折弯的折弯线。

(3)【折叠】：此特征代表将展开的零件转换成成形零件，由在展开零件中指定的折弯线生成的折弯会列出在此特征中。加工折弯下列出的平面草图是这些折弯线的占位符，特征管理器设计树中加工折弯图标后列出的特征，不会在零件展开视图中出现。

9.3 钣金零件设计

有两种基本方法可以生成钣金零件，一是利用钣金命令直接生成，二是将设计实体进行转换。

9.3.1 基体法兰

基体法兰是使用特定的钣金命令生成钣金零件时添加的第一个特征。

当在 SOLIDWORKS 中向零件添加基体法兰特征后，系统会将该零件标记为钣金零件，在适当位置生成折弯，并在特征管理器设计树中显示特定的钣金特征。

单击【钣金】工具选项卡中的【基体法兰/薄片】按钮，或选择【插入】|【钣金】|【基体法兰】菜单命令，系统弹出【基体法兰】属性管理器，如图 9-3 所示。

图 9-3 【基体法兰】属性管理器

1.【钣金规格】卷展栏

根据指定的材料，选中【使用规格表】复选框定义钣金的电子表格及数值。规格表由 SOLIDWORKS 软件提供，位于安装目录中。

2.【钣金参数】卷展栏

● 【厚度】：设置钣金厚度。

● 【反向】：选中该复选框，将以相反方向加厚草图。

3.【折弯系数】卷展栏

【折弯系数】下拉列表中包含【K 因子】、【折弯系数】、【折弯扣除】、【折弯系数表】、【折弯计算】等选项，如图 9-4 所示。

4.【自动切释放槽】卷展栏

在【自动切释放槽类型】下拉列表中选择【矩形】或者【矩圆形】选项，其选项如图 9-5 所示。取消选中【使用释放槽比例】复选框，则可以设置【释放槽宽度】和【释放槽深度】。

第 9 章 钣金设计

图 9-4 【折弯系数】选项

图 9-5 【自动切释放槽类型】选项

9.3.2 边线法兰

可以在一条或者多条边线上添加边线法兰特征。单击【钣金】工具选项卡中的【边线法兰】按钮，或选择【插入】|【钣金】|【边线法兰】菜单命令，系统弹出【边线-法兰1】属性管理器，如图 9-6 所示。

1. 【法兰参数】卷展栏

- 【边线】：在图形区域选择边线。
- 【编辑法兰轮廓】：单击该按钮，编辑轮廓草图。
- 【使用默认半径】：选中该复选框，将使用系统默认的半径。
- 【折弯半径】：在取消选中【使用默认半径】复选框时可用。
- 【缝隙距离】：设置缝隙数值。

2. 【角度】卷展栏

- 【法兰角度】：设置角度数值。
- 【选择面】：为法兰角度选择参考面。

3. 【法兰长度】卷展栏

- 【长度终止条件】：选择终止条件，有【给定深度】和【成形到一顶点】两种选项。
- 【反向】：单击该按钮改变法兰边线的方向。
- 【长度】：设置长度数值，然后为测量选择一个原点，包括【外部虚拟交点】、【双弯曲】和【内部虚拟交点】。

4. 【法兰位置】卷展栏

- 【法兰位置】：可以单击以下按钮之一，包括【材料在内】按钮、【材料在外】按钮、【折弯在外】按钮、【虚拟交点的折弯】按钮、【与折弯相切】按钮。

- 【剪裁侧边折弯】：选中该复选框，将移除邻近折弯的多余部分。
- 【等距】：选中该复选框，可以生成等距法兰。

5. 【自定义折弯系数】卷展栏

【自定义折弯系数】卷展栏如图 9-7 所示。选择折弯系数类型并为折弯系数设置数值，【折弯系数类型】的选项如图 9-8 所示。

图 9-6 【边线-法兰 1】属性管理器

图 9-7 【边线-法兰 1】其他参数

6. 【自定义释放槽类型】卷展栏

选择释放槽类型以添加释放槽切除，【释放槽类型】的选项如图 9-9 所示。

图 9-8 【折弯系数类型】选项

图 9-9 【释放槽类型】选项

9.3.3 斜接法兰

单击【钣金】工具选项卡中的【斜接法兰】按钮，或选择【插入】|【钣金】|【斜接法兰】菜单命令，系统弹出【斜接法兰】属性管理器，如图 9-10 所示。

第 9 章 钣金设计

1.【斜接参数】卷展栏

【沿边线】：选择要斜接的边线。

其他参数不再赘述。

2.【启始/结束处等距】卷展栏

如果需要斜接法兰特征覆盖模型的整个边线，则将【开始等距距离】和【结束等距距离】设置为 0。

9.3.4 其他生成钣金零件的方法

生成钣金零件的方法还包括褶边、绘制的折弯、闭合角、转折和断裂边角等，下面分别介绍这几种方法。

1. 褶边

褶边可以被添加到钣金零件的所选边线上。单击【钣金】工具选项卡中的【褶边】按钮，或选择【插入】|【钣金】|【褶边】菜单命令，系统弹出【褶边】属性管理器，如图 9-11 所示。

褶边的创建原则为：所选边线必须为直线；斜接边角被自动添加到交叉褶边上；如果选择多个要添加褶边的边线，则这些边线必须在同一面上。

(1)【边线】卷展栏。

【边线】：在图形区域选择需要添加褶边的边线。

(2)【类型和大小】卷展栏。

选择褶边类型，包括【闭合】、【打开】、【撕裂形】和【滚轧】，选择不同类型的效果如图 9-12 所示。

- 【长度】：在选择【闭合】和【打开】类型时可用。
- 【缝隙距离】：在选择【打开】类型时可用。
- 【角度】：在选择【撕裂形】和【滚轧】类型时可用。
- 【半径】：在选择【撕裂形】和【滚轧】类型时可用。

2. 绘制的折弯

绘制的折弯是在钣金零件处于折叠状态时，将折弯线添加到零件，并将这些折弯线的尺寸标注关联到其他已折叠的几何体上。

图 9-10 【斜接法兰】属性管理器

图 9-11 【褶边】属性管理器

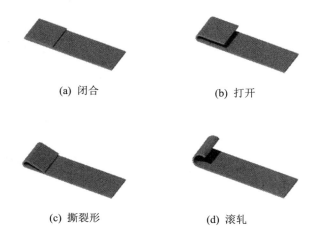

(a) 闭合　　　　　　(b) 打开

(c) 撕裂形　　　　　(d) 滚轧

图 9-12　不同褶边类型的效果

单击【钣金】工具选项卡中的【绘制的折弯】按钮，或选择【插入】|【钣金】|【绘制的折弯】菜单命令，系统弹出【绘制的折弯】属性管理器，如图 9-13 所示。

- 【固定面】：在图形区域选择一个不会因为添加特征而移动的面。
- 【折弯位置】：选择折弯位置，包括【折弯中心线】、【材料在内】、【材料在外】和【折弯在外】。

3. 闭合角

可以在钣金法兰之间添加闭合角。

单击【钣金】工具选项卡中的【闭合角】按钮，或选择【插入】|【钣金】|【闭合角】菜单命令，系统弹出【闭合角】属性管理器，如图 9-14 所示。

图 9-13　【绘制的折弯】属性管理器

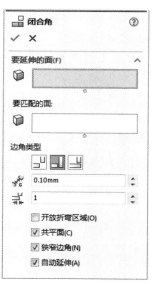

图 9-14　【闭合角】属性管理器

- 【要延伸的面】：选择一个或者多个平面。

- 【边角类型】：选择边角类型，包括【对接】⌐、【重叠】⌐、【欠重叠】⌐。
- 【缝隙距离】：设置缝隙数值。
- 【重叠/欠重叠比率】：设置重叠或欠重叠的比率数值。

4. 转折

转折通过从草图线生成两个折弯来将材料添加到钣金零件上。

单击【钣金】工具选项卡中的【转折】按钮或者选择【插入】|【钣金】|【转折】菜单命令，系统弹出【转折】属性管理器，如图 9-15 所示。

其属性设置和绘制的折弯类似不再赘述。

5. 断裂边角

单击【钣金】工具选项卡中的【断裂边角/边角剪裁】按钮，或选择【插入】|【钣金】|【断裂边角】菜单命令，系统弹出【断裂边角】属性管理器，如图 9-16 所示。

图 9-15 【转折】属性管理器

- 【边角边线/法兰面】：选择要断开的边角、边线或者法兰面。
- 【折断类型】：选择折断类型，包括【倒角】、【圆角】，选择不同类型的效果如图 9-17 所示。
- 【距离】：在单击【倒角】按钮时可用。
- 【半径】：在单击【圆角】按钮时可用。

图 9-16 【断裂边角】属性管理器

(a) 倒角　　(b) 圆角

图 9-17 不同折断类型的效果

9.3.5 实体转换为钣金

下面介绍将实体转换为钣金的方法。

1. 使用折弯生成钣金零件

单击【钣金】工具选项卡中的【折弯】按钮，或选择【插入】|【钣金】|【折弯】

菜单命令，系统弹出【折弯】属性管理器，如图9-18所示。

- 【折弯参数】卷展栏：在【固定的面或边线】选择框中选择模型上的固定面，当零件展开时该固定面的位置保持不变。
- 【切口参数】卷展栏：在【要切口的边线】选择框中选择内部或者外部边线，也可以选择线性草图实体。

2．添加薄壁特征到钣金零件

首先在零件上选择一个草图，然后选择需要添加薄壁特征的平面上的线性边线，并单击【草图】工具选项卡中的【转换实体引用】按钮。移动距折弯最近的顶点至一定距离处，留出折弯半径。

单击【特征】工具选项卡中的【拉伸凸台/基体】按钮，系统弹出【凸台-拉伸】属性管理器；在【方向1】卷展栏中，选择【终止条件】为【给定深度】，设置【深度】数值；在【薄壁特征】卷展栏中，设置【厚度】数值与钣金基体零件相同；单击【确定】按钮。

3．生成包含圆锥面的钣金零件

单击【钣金】工具选项卡中的【插入折弯】按钮，或选择【插入】|【钣金】|【折弯】菜单命令，系统弹出【折弯】属性管理器。在【折弯参数】卷展栏中，单击【固定的面或边线】选择框，在图形区域选择圆锥面一个端面的一条线性边线作为固定边线；设置【折弯半径】数值；在【折弯系数】卷展栏中，选择折弯系数类型并进行设置。

图9-18 【折弯】属性管理器

> 注意 当生成一个或者多个包含圆锥面的钣金零件时，必须选择【K因子】作为折弯系数类型。所选择的折弯系数类型以及为折弯半径、折弯系数和自动切释放槽设置的数值，将会成为下一个新生成的钣金零件的默认设置。

9.4 编辑钣金特征

下面介绍几种主要的编辑钣金特征的方法。

9.4.1 切口

切口特征通常用于生成钣金零件，可以将切口特征添加到任何零件上。

单击【钣金】工具选项卡中的【切口】按钮，或选择【插入】|【钣金】|【切口】菜单命令，系统弹出【切口】属性管理器，如图9-19所示。其属性设置不再赘述。

图9-19 【切口】属性管理器

生成切口特征的原则如下。
(1) 沿所选内部或者外部模型边线生成切口。
(2) 从线性草图实体上生成切口。
(3) 通过组合多条模型边线，在单一线性草图实体上生成多个切口。

9.4.2 展开

单击【钣金】工具选项卡中的【展开】按钮，或选择【插入】|【钣金】|【展开】菜单命令，系统弹出【展开】属性管理器，如图 9-20 所示。

图 9-20 【展开】属性管理器

(1) 【固定面】：在图形区域选择一个不会因为添加特征而移动的面。
(2) 【要展开的折弯】：选择一个或者多个折弯。
其他属性设置不再赘述。

9.4.3 折叠

单击【钣金】工具选项卡中的【折叠】按钮，或选择【插入】|【钣金】|【折叠】菜单命令，系统弹出【折叠】属性管理器，如图 9-21 所示。

图 9-21 【折叠】属性管理器

(1) 【固定面】：在图形区域选择一个不会因为添加特征而移动的面。
(2) 【要折叠的折弯】：选择一个或者多个折弯。
其他属性设置不再赘述。

9.4.4 放样折弯

在钣金零件设计中，放样折弯是一种使用两个开环轮廓草图通过放样连接形成的特征。基体法兰特征通常不与放样折弯特征结合使用。SOLIDWORKS 提供了多个以放样折弯生成的预制钣金零件，位于安装目录中。

单击【钣金】工具选项卡中的【放样折弯】按钮，或选择【插入】|【钣金】|【放样折弯】菜单命令，系统弹出【放样折弯】属性管理器，如图 9-22 所示。

【折弯线数量】：设置数值以控制平板型式折弯线的粗糙度。
其他属性设置不再赘述。

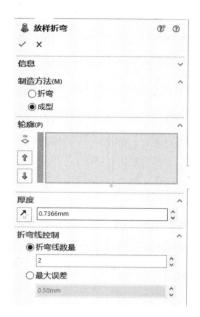

图 9-22 【放样折弯】属性管理器

9.5 使用钣金成形工具

成形工具可以用作折弯、伸展或者成形钣金的冲模,用于生成一些成形特征,例如百叶窗、矛状器具、法兰和筋等。这些成形工具存储在软件的安装目录中。可以从设计库中插入成形工具,并将之应用到钣金零件。生成成形工具的许多步骤与 SOLIDWORKS 中生成零件的步骤相似。

9.5.1 成形工具的属性设置

可以创建新的成形工具,并将它们添加到钣金零件中。生成成形工具时,可以添加定位草图以确定成形工具在钣金零件上的位置,并应用颜色以区分停止面和需要移除的面。

单击【钣金】工具选项卡中的【成形工具】按钮，或选择【插入】|【钣金】|【成形工具】菜单命令,系统弹出【成形工具】属性管理器,如图 9-23 所示。

其属性设置不再赘述。

图 9-23 【成形工具】属性管理器

9.5.2 定位成形工具的操作方法

在【成形工具】属性管理器中，切换到【插入点】选项卡，可以使用草图工具在钣金零件上定位成形工具，如图 9-24 所示。

(1) 在钣金零件的一个面上绘制任何实体(如构造性直线等)，从而使用尺寸和几何关系帮助定位成形工具。

(2) 在【设计库】任务窗格中，选择工具文件夹。

(3) 选择成形工具，将其拖动到需要定位的面上释放鼠标，成形工具被放置在该面上，设置【放置成形特征】对话框中的参数。

图 9-24 【插入点】选项卡

(4) 使用【智能尺寸】等草图命令定位成形工具，单击【确定】按钮。

9.5.3 使用设计库成形工具的操作方法

在 SOLIDWORKS 中，还可以使用设计库中的成形工具生成钣金零件，操作方法如下。

(1) 打开钣金零件，在任务窗口中切换到【设计库】选项卡，选择工具文件夹，如图 9-25 所示。

(2) 选择成形工具，将其从【设计库】任务窗格中拖动到需要改变形状的面上。

(3) 按 Tab 键改变其方向到材质的另一侧，如图 9-26 所示。

(4) 将特征拖动至要应用的位置，设置【放置成形特征】对话框中的参数。

(5) 使用【智能尺寸】等草图命令定义成形工具，最后单击【确定】按钮。

图 9-25 选择工具文件夹

图 9-26 改变方向

9.6 设计范例

9.6.1 制作 CD 盒钣金件范例

本范例完成文件：范例文件/第 9 章/9-1.SLDPRT

范例操作

step 01 单击【草图】工具选项卡中的【草图绘制】按钮，选择上视基准面，在上视基准面上绘制矩形，如图 9-27 所示。

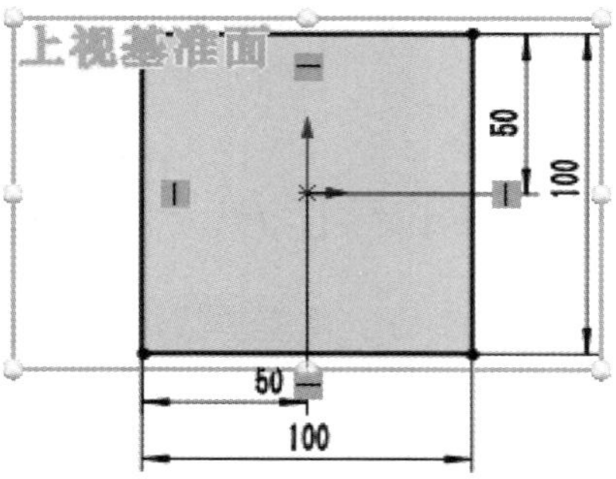

图 9-27 绘制矩形

step 02 单击【钣金】工具选项卡中的【基体法兰/薄片】按钮，创建基体法兰，参数设置如图 9-28 所示。

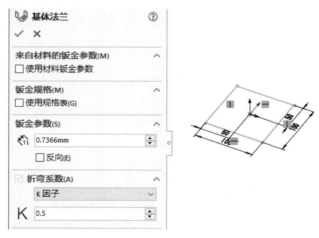

图 9-28 创建基体法兰

step 03 单击【钣金】工具选项卡中的【边线法兰】按钮，创建边线法兰，参数设置如图 9-29 所示。

step 04 单击【钣金】工具选项卡中的【边线法兰】按钮，继续创建其他边线法兰，参数设置如图 9-30 所示。

第 9 章 钣金设计

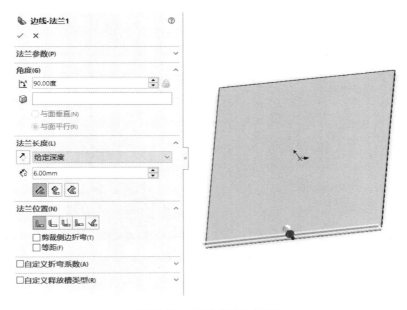

图 9-29 创建边线法兰(1)

图 9-30 创建边线法兰(2)

step 05 单击【钣金】工具选项卡中的【闭合角】按钮，创建钣金闭合角，参数设置如图 9-31 所示。

step 06 单击【钣金】工具选项卡中的【闭合角】按钮，创建另一个钣金闭合角，如图 9-32 所示。

step 07 单击【钣金】工具选项卡中的【闭合角】按钮，创建第 3 个钣金闭合角，如图 9-33 所示。

213

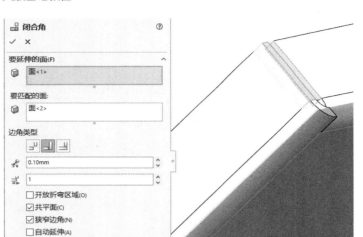

图 9-31　创建闭合角(1)

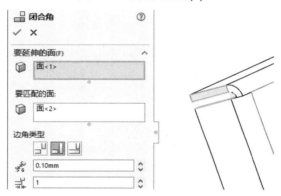

图 9-32　创建闭合角(2)

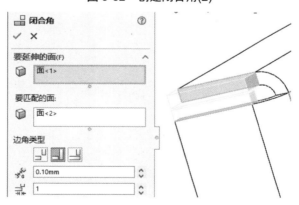

图 9-33　创建闭合角(3)

step 08　单击【钣金】工具选项卡中的【闭合角】按钮，创建最后一个钣金闭合角，如图 9-34 所示。

提示　闭合角通过选择要闭合的所有边角的面，可以同时闭合多个边角。闭合角可以封闭非垂直边角。

第9章 钣金设计

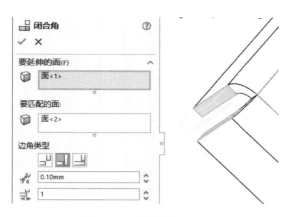

图 9-34 创建闭合角(4)

step 09 在【设计库】任务窗格中，选择零件拖动到零件的表面，如图 9-35 所示。

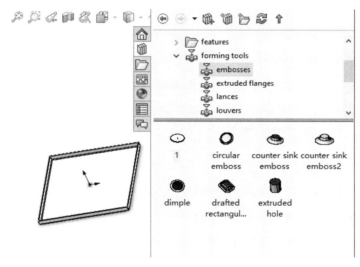

图 9-35 添加设计库零件

step 10 单击【钣金】工具选项卡中的【成形工具】按钮，创建钣金成形特征，参数设置如图 9-36 所示。

> 提示 成形工具可以用作折弯、伸展或者成形钣金的冲模，生成一些成形特征，例如百叶窗、矛状器具、法兰和筋等。

step 11 单击【草图】工具选项卡中的【直线】按钮，绘制三角形，如图 9-37 所示。

step 12 单击【草图】工具选项卡中的【绘制圆角】按钮，给三角形绘制圆角，如图 9-38 所示。

step 13 单击【特征】工具选项卡中的【拉伸切除】按钮，创建拉伸切除特征，参数设置如图 9-39 所示。

step 14 单击【特征】工具选项卡中的【圆周阵列】按钮，创建圆周阵列特征，参数设置如图 9-40 所示，结果如图 9-41 所示。

215

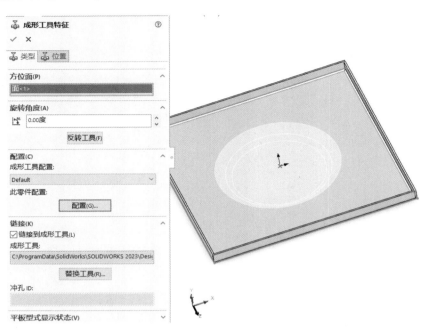

图 9-36　创建成形工具特征

图 9-37　绘制三角形　　　　　图 9-38　绘制圆角

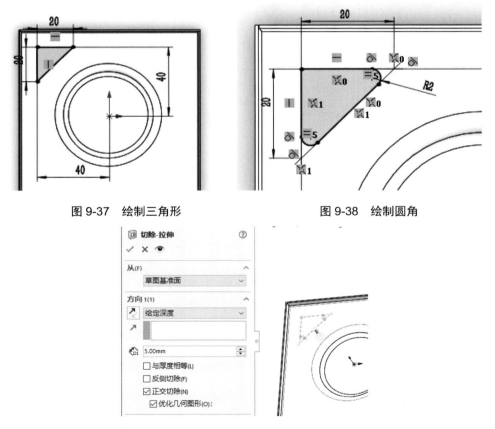

图 9-39　创建拉伸切除特征

第 9 章 钣金设计

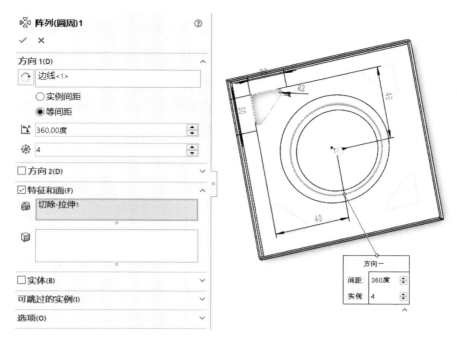

图 9-40 创建圆周阵列特征

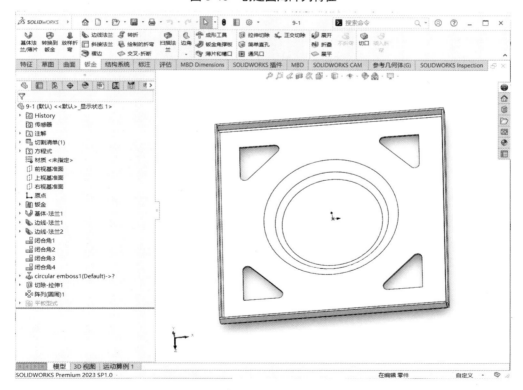

图 9-41 创建结果

至此，CD 盒钣金件制作完成，最终结果如图 9-42 所示。

图 9-42　CD 盒钣金件

9.6.2　制作顶盖钣金件范例

本范例完成文件：范例文件/第 9 章/9-2.SLDPRT

范例操作

step 01　单击【草图】工具选项卡中的【草图绘制】按钮，选择上视基准面，在上视基准面上绘制矩形，如图 9-43 所示。

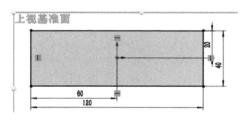

图 9-43　绘制矩形(1)

step 02　单击【钣金】工具选项卡中的【基体法兰/薄片】按钮，创建基体法兰，参数设置如图 9-44 所示。

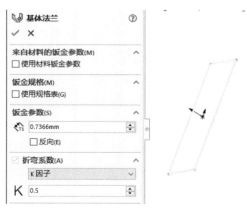

图 9-44　创建基体法兰

step 03　单击【钣金】工具选项卡中的【边线法兰】按钮，创建边线法兰，参数设置如图 9-45 所示。

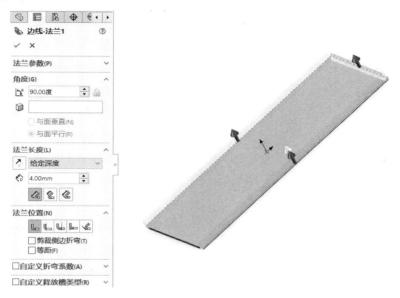

图 9-45　创建边线法兰(1)

step 04　单击【钣金】工具选项卡中的【边线法兰】按钮，创建另一个边线法兰，参数设置如图 9-46 所示。

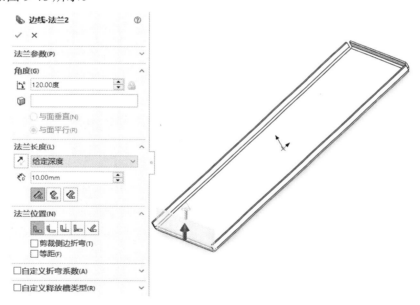

图 9-46　创建边线法兰(2)

step 05　单击【钣金】工具选项卡中的【展开】按钮，展开钣金，参数设置如图 9-47 所示。

step 06　单击【钣金】工具选项卡的【简单直孔】按钮，创建简单直孔，参数设置如图 9-48 所示。

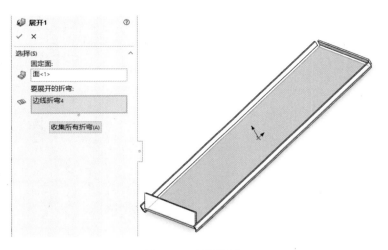

图 9-47 展开钣金

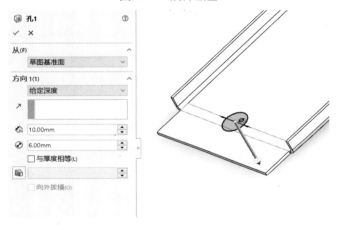

图 9-48 创建简单直孔

step 07 单击【钣金】工具选项卡中的【折叠】按钮，折叠钣金，参数设置如图 9-49 所示。

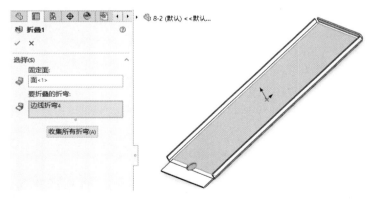

图 9-49 折叠钣金

step 08 单击【草图】工具选项卡中的【边角矩形】按钮，绘制矩形，如图 9-50

所示。

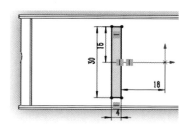

图 9-50　绘制矩形(2)

step 09　单击【特征】工具选项卡中的【线性阵列】按钮，创建线性阵列特征，参数设置如图 9-51 所示。

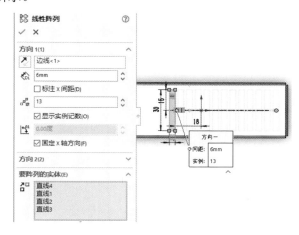

图 9-51　创建线性阵列特征

step 10　单击【特征】工具选项卡中的【拉伸切除】按钮，创建拉伸切除特征，参数设置如图 9-52 所示，创建结果如图 9-53 所示。

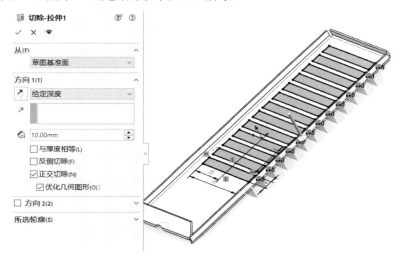

图 9-52　创建拉伸切除特征

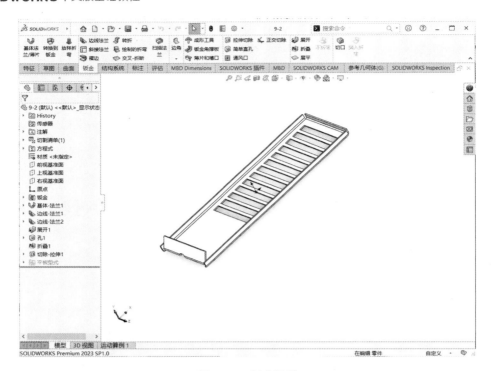

图 9-53 创建结果

至此,顶盖钣金件创建完成,最终结果如图 9-54 所示。

图 9-54 顶盖钣金件

9.7 本章小结

本章介绍了有关钣金的基本术语、生成钣金特征和编辑钣金特征的方法,以及使用钣金成形工具的方法,最后结合具体实例讲解了创建钣金零件的步骤。熟练使用钣金工具和钣金成形工具可以设计结构复杂的钣金零件,希望读者能够认真学习掌握。

第 10 章

装配体设计

本章导读

装配体设计是 SOLIDWORKS 的基本功能之一，装配体的首要功能是描述产品零件之间的配合关系。除此之外，装配模块还提供了干涉检查、爆炸视图、轴测剖视图、零部件压缩和装配统计轻化等功能。本章将主要介绍这些装配模块的工具和方法，同时还包括标准零件库的使用方法，以及线路设计方法。另外，本章还将介绍 SOLIDWORKS 的运动算例，它是一个与 SOLIDWORKS 完全集成的动画制作工具，其最大的特点在于能够方便地制作出丰富的动画效果以演示产品的外观和性能，从而增强客户与企业之间的交流。

10.1 装配体设计的两种方式

装配体是由许多零部件组成的复杂结构，这些零部件可以是单个的零件或者其他装配体，后者被称为子装配体。在大多数操作中，编辑零件和装配体的操作方法是相同的。当在 SOLIDWORKS 中打开装配体时，系统会自动加载所需的零部件文件，以确保它们在装配体中正确显示，同时零部件中的更改都会自动反映在装配体中。

10.1.1 插入零部件的属性设置

单击【评估】工具选项卡中的【插入零部件】按钮 ，或选择【插入】|【零部件】|【现有零件/装配体】菜单命令，系统弹出【插入零部件】属性管理器，如图 10-1 所示。

1. 【要插入的零件/装配体】卷展栏

单击【浏览】按钮打开现有零件文件。

2. 【选项】卷展栏

- 【生成新装配体时开始命令】：选中该复选框，当生成新装配体时，打开此属性设置。
- 【生成新装配体时自动浏览】：选中该复选框，当生成新装配体时，自动打开模型浏览视图。
- 【图形预览】：选中该复选框，在绘图区显示所选文件的预览。
- 【使成为虚拟】：选中该复选框，使加载的零部件虚拟显示。
- 【封套】：选中该复选框，透明显示零部件。
- 【显示旋转菜单关联工具栏】：选中该复选框，在绘图区显示旋转菜单关联工具栏，如图 10-2 所示。

图 10-1　【插入零部件】属性管理器

图 10-2　旋转菜单关联工具栏

在绘图区单击将零部件添加到装配体中，并可以固定零部件的位置，使其不能相对于装配体的原点进行移动。在默认情况下，装配体中的第一个零部件是固定的，但是可以随时更改其为浮动状态。

> **注意**　至少有一个装配体零部件是固定的，或者与装配体的基准面(或者原点)具有配合关系，这样可以为其余零部件的配合提供参考，而且可以防止零部件在添加配合关系时被意外移动。

10.1.2　设计装配体的两种方式

1. 自下而上设计装配体

自下而上设计法是比较传统的方法。先设计并造型零件，然后将之插入装配体，接着使用配合关系来定位零件。若需要更改零件，必须单独编辑该零件，更改完成后，装配体中会自动反映出这些更新。

自下而上设计法适用于已经建造完成的零件，或者诸如金属器件、皮带轮、马达等标准零部件，这些零件不会根据设计而更改其形状和大小，除非选择不同的零部件。

2. 自上而下设计装配体

在自上而下的装配体设计方法中，零件的一个或多个特征是根据装配体中的布局草图或另一零件的几何体来定义的。设计意图(特征的大小、装配体中零部件的放置，与其他零部件的相对位置等)是从顶层(装配体)向下层(到零件中)传递的，因此称为"自上而下"。例如，当使用拉伸命令在塑料零件上生成定位销时，可选择【成形到面】选项，并选择线路板的底面(不同零件)作为终止面。这样的选择将使定位销的长度被设置为刚好接触线路板，无论线路板在后续的设计更改中如何移动。这意味着定位销的长度是在装配体环境中定义的，而不是由零件中的静态尺寸决定的。

可使用自上而下设计法中的一些或所有方法。

单个特征可通过参考装配体中的其他零件进行自上而下设计，如上述生成定位销的情形。在传统的自下而上设计中，零件在单独窗口中建造，此窗口中只显示单个零件。然而，SOLIDWORKS 提供了在装配体环境中编辑零件的功能，这便于将所有其他零部件的几何体作为参考(例如，复制或标注尺寸)。该方法适用于大部分是静态但需要与其他装配体零部件有特定交界特征的零件。

完整零件可通过在关联装配体中，创建新零部件而以自上而下方法建造。用户所建造的零部件实际上会附加(配合)到装配体中的另一现有零部件上。新建造的零部件的几何体基于现有零部件。该方法适用于像托架和器具之类的零件，它们大多或完全依赖其他零件来定义其形状和大小。

整个装配体亦可自上而下设计，先通过创建定义零部件位置、关键尺寸等的布局草图。接着使用以上方法之一建造 3D 零件，使 3D 零件遵循草图的大小和位置。草图的速度和灵活性允许用户在建造任何 3D 几何体之前快速尝试多个设计版本。在建造 3D 几何体后，草图也允许用户进行更改。

10.2　装配体的干涉检查

在一个复杂装配体中，如果用视觉检查零部件之间是否存在干涉是件困难的事情，因此要用到干涉检查功能。

10.2.1　干涉检查的功能

在 SOLIDWORKS 中，装配体干涉检查的功能如下。
(1) 确定零部件之间是否存在干涉。
(2) 显示干涉的真实体积，并以彩色高亮显示。
(3) 更改干涉和非干涉零部件的显示设置，以更清晰地查看干涉。
(4) 选择忽略需要排除的干涉，如紧密配合、螺纹扣件的干涉等。
(5) 选择将实体之间的干涉包含在多实体零件中。
(6) 选择将子装配体视为单一零部件，这样子装配体零部件之间的干涉将不会被报告。
(7) 区分重合干涉和标准干涉。

10.2.2　干涉检查的属性设置

单击【装配体】工具栏选项卡的【干涉检查】按钮 ，或选择【工具】|【干涉检查】菜单命令，系统弹出【干涉检查】属性管理器，如图 10-3 所示。

1. 【所选零部件】卷展栏

- 【所选零部件】选择框：选择要进行干涉检查的零部件。根据默认设置，除非预选了其他零部件，否则顶层装配体将出现在选择框中。当检查一个装配体的干涉情况时，其所有零部件都将被检查。如果选择单一零部件，将只检查涉及该零部件的干涉。如果选择两个或者多个零部件，则只检查所选零部件之间的干涉。
- 【计算】：单击此按钮，检查干涉情况。检测到的干涉显示在【结果】列表框中，干涉的体积数值显示在每个列举项的右侧，如图 10-4 所示。

2. 【结果】卷展栏

- 【忽略】、【解除忽略】：单击该按钮，设置所选干涉的模式为【忽略】或【解除忽略】。如果设置干涉为【忽略】，则会在以后的干涉检查中始终保持为【忽略】模式。
- 【零部件视图】：选中该复选框，将按照零部件名称而非干涉标号显示干涉。

图 10-3　【干涉检查】属性管理器

在【结果】卷展栏中，可以进行的操作包括：选择某干涉，使其在绘图区以红色高亮显示；展开干涉以显示互相干涉的零部件的名称；右击某干涉，在弹出的快捷菜单中选择【放大所选范围】命令，如图 10-5 所示，在绘图区放大干涉；右击某干涉，在弹出的快捷菜单中选择【忽略】命令；右击某忽略的干涉，在弹出的快捷菜单中选择【解除忽略】命令。

第 10 章 装配体设计

图 10-4 被检测到的干涉

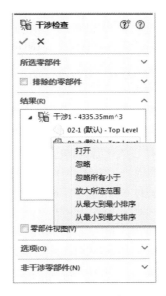

图 10-5 选择【放大所选范围】命令

3. 【选项】卷展栏

- 【视重合为干涉】：选中该复选框，将重合实体报告为干涉。
- 【显示忽略的干涉】：选中该复选框，在【结果】卷展栏中显示被设置为【忽略】的干涉。取消选中此复选框时，忽略的干涉将不被列举。
- 【视子装配体为零部件】：选中此复选框时，子装配体被看作单一零部件，子装配体内部零部件之间的干涉将不被报告。
- 【包括多体零件干涉】：选中该复选框，报告多实体零件中实体之间的干涉。
- 【使干涉零件透明】：选中该复选框，以透明模式显示所选干涉的零件。
- 【生成扣件文件夹】：选中该复选框，将扣件(如螺母和螺栓等)之间的干涉隔离为【结果】卷展栏中的单独文件夹。
- 【创建匹配的装饰螺纹线文件夹】：选中该复选框，将匹配的装饰螺纹线隔离为单独的文件夹。
- 【忽略隐藏实体/零部件】：选中该复选框，将不计算隐藏实体的干涉。

4. 【非干涉零部件】卷展栏

以所选模式显示非干涉的零部件，包括【线架图】、【隐藏】、【透明】、【使用当前项】。

10.3 装配体爆炸视图和轴测剖视图

出于制造的目的，经常需要分离装配体中的零部件以形象地分析它们之间的相互关系。SOLIDWORKS 装配体的爆炸视图可以分离其中的零部件以便查看该装配体。

隐藏零部件、更改零部件透明度等是观察装配体模型的常用手段，但在许多产品中零部件之间的空间关系非常复杂,具有多重嵌套关系,需要进行剖切才能便于观察装配体内部结构,借助SOLIDWORKS中的装配体特征可以创建轴测剖视图。

10.3.1 爆炸视图的作用和配置

一个爆炸视图由一个或者多个爆炸步骤组成,每一个爆炸视图保存在生成爆炸视图的装配体配置中,而每一个配置都可以有一个爆炸视图。可以通过在绘图区选择和拖动零部件的方式生成爆炸视图。

在爆炸视图中可以进行如下操作。

- 自动均分爆炸成组的零部件(如硬件和螺栓等)。
- 附加新的零部件到另一个零部件的现有爆炸步骤中。如果要添加一个零部件到已有爆炸视图的装配体中,这个方法很有用。
- 如果子装配体中有爆炸视图,则可以在更高级别的装配体中重新使用此爆炸视图。

注意 在装配体爆炸视图中,不能为其添加配合约束关系。

单击【装配体】工具选项卡中的【爆炸视图】按钮,或选择【插入】|【爆炸视图】菜单命令,系统弹出【爆炸】属性管理器,如图10-6所示。

图10-6 【爆炸】属性管理器

1. 【爆炸步骤】卷展栏

【爆炸步骤】卷展栏中显示现有的爆炸步骤。其中的【爆炸步骤】列表框显示爆炸到单一位置的一个或者多个所选零部件。

2. 【添加阶梯】卷展栏

- 【爆炸步骤的零部件】:选择当前爆炸步骤所涉及的零部件。
- 【爆炸方向】:选择当前爆炸步骤的爆炸方向。
- 【反向】:单击该按钮,改变爆炸的方向。
- 【爆炸距离】:设置当前爆炸步骤零部件移动的距离。
- 【旋转轴】:选择零部件的旋转固定轴,可以单击【反向】按钮调整方向。
- 【旋转角度】:设置零部件的旋转度数。

3. 【选项】卷展栏

- 【自动调整零部件间距】:沿轴心自动均匀地分布零部件的间距。
- 【选择子装配体零件】:选中此复选框,可以选择子装配体的单个零件;取消选中此复选框,可以选择整个子装配体。
- 【显示旋转环】:选中该复选框,将在绘图区显示提示零部件旋转方向的环状标识。
- 【重新使用爆炸】:使用先前在所选子装配体或零件中定义的爆炸步骤。

10.3.2 生成和编辑爆炸视图

下面介绍生成和编辑爆炸视图的方法。

1. 生成爆炸视图

(1) 单击【装配体】工具选项卡中的【爆炸视图】按钮，或选择【插入】|【爆炸视图】菜单命令，系统弹出【爆炸】属性管理器。

(2) 在绘图区或者特征管理器设计树中，选择一个或者多个零部件以将其包含在第一个爆炸步骤中，绘图区会出现一个三重轴。零部件名称将显示在【添加阶梯】卷展栏中的【爆炸步骤的零部件】选择框中。

(3) 将鼠标指针移动到指向零部件爆炸方向的三重轴臂杆上。

(4) 拖动三重轴臂杆以爆炸零部件，现有爆炸步骤会显示在【爆炸步骤】列表框中。

> **提示** 可以拖动三重轴中心的球体，将三重轴移动至其他位置。如果将三重轴放置在边线或者面上，则三重轴的轴会对齐该边线或者面。

(5) 在【添加阶梯】卷展栏中，单击【重设】按钮，【爆炸步骤的零部件】选择框中的内容被清除，并且为下一个爆炸步骤做准备。

(6) 根据需要生成更多爆炸步骤，单击【确定】按钮。

2. 自动调整零部件间距

(1) 选择两个或者多个零部件。
(2) 在【选项】卷展栏中，选中【自动调整零部件间距】复选框。
(3) 拖动三重轴臂杆以爆炸零部件。

当放置零部件时，其中一个零部件保持在原位，系统会沿着相同的轴自动调整剩余零部件的位置，以使它们的间距相等。

> **提示** 可以更改自动调整的间距，在【选项】卷展栏中，滑动【调整零部件链之间的间距】滑杆即可。

3. 在装配体中使用子装配体的爆炸视图

选择先前已经定义爆炸视图的子装配体；在【爆炸】属性管理器中，单击【重新使用爆炸】中的【从子装配件】按钮，子装配体会在绘图区爆炸，且子装配体的爆炸步骤显示在【爆炸步骤】列表框中。

4. 编辑爆炸步骤

在【爆炸步骤】列表框中，右击某个爆炸步骤，在弹出的快捷菜单中选择【编辑步骤】命令，根据需要进行以下修改。

(1) 拖动零部件以将它们重新定位。
(2) 选择零部件以添加到爆炸步骤。
(3) 更改【添加阶梯】卷展栏中的参数。

(4) 更改【选项】卷展栏中的参数。

(5) 单击【确定】按钮☑以完成此操作。

5. 从【爆炸步骤】卷展栏中删除零部件

在【爆炸步骤】卷展栏中，展开某个爆炸步骤。右击零部件，在弹出的快捷菜单中选择【删除】命令。

6. 删除爆炸步骤

在【爆炸步骤】卷展栏中，右击某个爆炸步骤，在弹出的快捷菜单中选择【删除】命令。

10.3.3 爆炸与解除爆炸

爆炸视图保存在生成爆炸视图的装配体配置中，每一个装配体配置都可以有一个爆炸视图。

切换到【配置管理器】选项卡，展开【爆炸视图】图标 以查看爆炸步骤，如图 10-7 所示。

如果需要爆炸，可做如下操作。

(1) 右击【爆炸视图】图标 ，在弹出的快捷菜单中选择【爆炸】命令。

(2) 右击【爆炸视图】图标 ，在弹出的快捷菜单中选择【动画爆炸】命令，在装配体爆炸时显示【动画控制器】工具栏。

如果需要解除爆炸，右击【爆炸视图】图标 ，在弹出的快捷菜单中选择【解除爆炸】命令，如图 10-8 所示。

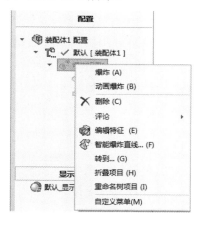

图 10-7　【配置管理器】选项卡

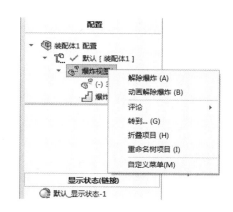

图 10-8　选择【解除爆炸】命令

10.3.4 轴测剖视图的属性设置

装配体特征是在装配体窗口中生成的特征实体，虽然装配体特征改变了装配体的形态，但并不对零件产生影响。装配体特征主要包括切除和孔，适用于展示装配体的剖视图。

在装配体窗口中,选择【插入】|【装配体特征】|【切除】|【拉伸】菜单命令,系统弹出【切除-拉伸】属性管理器,如图10-9所示。

在【特征范围】卷展栏中选择特征范围,从而应用特征到一个或者多个多实体零件中。

- 【所有零部件】:每次重新生成特征时,都要应用到所有的实体。如果将与特征交叉的新实体添加到模型上,则这些新实体也会被重新生成以将该特征包括在内。
- 【所选零部件】:应用特征到选择的实体。
- 【将特征传播到零件】:将特征扩展至零件部分。
- 【自动选择】:当首先以多实体零件生成模型时,特征将自动处理所有相关的交叉零件。选中此复选框将只处理初始清单中的实体,并不会重新生成整个模型。
- 【影响到的零部件】 (在取消选中【自动选择】复选框时可用):在绘图区选择受影响的实体。

图 10-9 【切除-拉伸】属性管理器

10.3.5 生成轴测剖视图的操作步骤

生成轴测剖视图的操作步骤如下。

(1) 在装配体窗口中,单击【草图】工具选项卡中的【矩形】按钮,在装配体的上表面绘制矩形。

(2) 在装配体窗口中,选择【插入】|【装配体特征】|【切除】|【拉伸】菜单命令,系统弹出【切除-拉伸】属性管理器;在【方向1】卷展栏中,设置【终止条件】为【完全贯穿】,如图10-10所示。单击【确定】按钮,装配体将生成轴测剖视图,如图10-11所示。

图 10-10 切除-拉伸属性设置

图 10-11 生成轴测剖视图

10.4 复杂装配体中零部件的压缩状态

根据某段时间内的工作需求，可以为零部件指定合适的压缩状态。这样可以减少工作时装入和计算的数据量，从而加快装配体的显示和重建速度，并可以更有效地使用系统资源。

10.4.1 压缩状态的种类

装配体零部件共有 3 种压缩状态。

1. 还原

装配体零部件的正常状态。完全还原的零部件会完全装入内存，可以使用所有功能及模型数据，并可以完全访问、选取、参考、编辑以及在配合中使用其实体。

2. 压缩

可以使用压缩状态暂时将零部件从装配体中移除(而不是删除)，零部件不装入内存，也不再是装配体中有功能的部分，用户无法看到压缩的零部件，也无法选择这个零部件的实体。

压缩的零部件将从内存中移除，所以装入速度、重建模型速度和显示性能均可提高，由于减少了复杂程度，其余零部件的计算速度也会更快。

压缩零部件包含的配合关系也会被压缩，因此装配体中零部件的位置可能变为"欠定义"，参考压缩零部件的关联特征也可能受影响，当恢复压缩的零部件为完全还原状态时，可能会产生矛盾，所以在生成模型时必须小心使用压缩状态。

3. 轻化

激活的零部件可以以完全还原或者轻化状态装入装配体，零件和子装配体都可以被轻化。

当零部件完全还原时，其所有模型数据被装入内存。

当零部件被轻化时，只有部分模型数据被装入内存，其余的模型数据根据需要被装入。

通过使用轻化零部件，可以显著提高大型装配体的性能，将轻化的零部件装入装配体比将完全还原的零部件装入同一装配体速度更快，因为计算的数据少，包含轻化零部件的装配体重建速度也更快。

因为零部件的完整模型数据只有在需要时才被装入，所以使用轻化零部件的效率很高。只有受当前编辑进程中所作更改影响的零部件才被完全还原，可以对轻化零部件不还原而进行多项装配体操作，包括添加(或者移除)配合、干涉检查、边线(或者面)选择、零部件选择、碰撞检查、创建装配体特征、添加注解、测量、标注尺寸、设置截面属性、使用装配体参考几何体、计算质量属性、生成剖面视图、生成爆炸视图、高级零部件选择、物理模拟、高级显示(或者隐藏)零部件等。零部件压缩状态的比较如表 10-1 所示。

第 10 章 装配体设计

表 10-1 压缩状态比较表

	还原	轻化	压缩	隐藏
装入内存	是	部分	否	是
可见	是	是	否	否
在【特征管理器设计树】中可以使用的特征	是	否	否	否
可以添加配合关系的面和边线	是	是	否	否
解出的配合关系	是	是	否	是
解出的关联特征	是	是	否	是
解出的装配体特征	是	是	否	是
在整体操作时考虑	是	是	否	是
可以在关联中编辑	是	是	否	否
装入和重建模型的速度	正常	较快	较快	正常
显示速度	正常	正常	较快	较快

10.4.2 压缩状态的方法

压缩状态的方法和操作步骤如下。

(1) 在装配体窗口中，右击特征管理器设计树中的零件名称，弹出的快捷菜单如图 10-12 所示。

图 10-12 快捷菜单

(2) 单击【压缩】按钮，选择的零部件将被压缩，如图 10-13 所示。

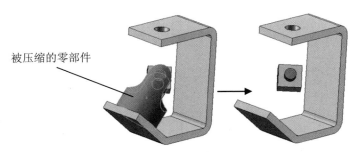

图 10-13 压缩零部件

(3) 也可以在绘图区右击零部件，弹出快捷菜单，如图 10-14 所示。

(4) 单击【压缩】按钮，则该零部件处于压缩状态，在绘图区该零部件被隐藏，如图 10-15 所示。

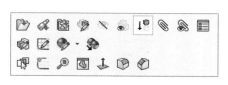

图 10-14　快捷菜单

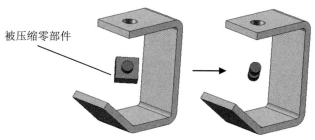

图 10-15　压缩零部件被隐藏

10.5　装配体的统计和轻化

装配体统计功能可以在装配体中生成零部件和配合报告。

另外，激活的零部件可以以完全还原或轻化状态装入装配体，零件和子装配体都可以被轻化。

10.5.1　装配体的统计

下面分别介绍装配体统计的信息和生成装配体统计的方法。

在装配体窗口中，单击【评估】工具选项卡中的【性能评估】按钮 ，弹出【性能评估】对话框，查看装配体统计的信息，如图 10-16 所示。

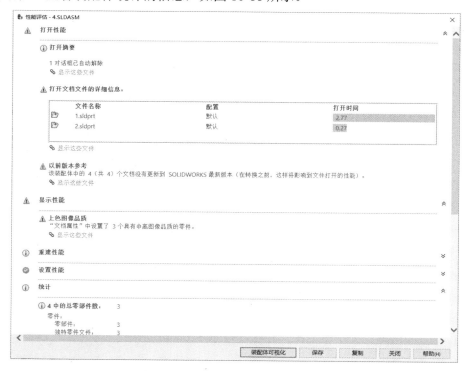

图 10-16　【性能评估】对话框

生成装配体统计的方法如下。

(1) 打开如图 10-17 所示的轴装配体。在装配体窗口中，单击【装配体】工具选项卡中的【性能评估】按钮 ，弹出【性能评估】对话框，在绘图区显示性能评估结果，如图 10-18 所示。

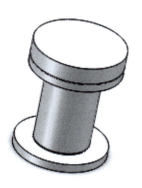 

图 10-17　轴装配体　　　　　图 10-18　评估结果

(2) 在弹出的【性能评估】对话框中，单击【保存】按钮，保存统计结果，如图 10-19 所示。

图 10-19　保存装配体统计结果

10.5.2　装配体的轻化

下面介绍装配体的轻化状态和轻化零部件的方法。

1. 轻化状态介绍

当零部件完全还原时，其所有模型数据将装入内存。

当零部件被轻化时，只有部分模型数据装入内存，其余的模型数据根据需要装入。

通过使用轻化零部件，可以显著提高大型装配体的性能，使用轻化的零件装入装配体比使用完全还原的零部件装入同一装配体速度更快，因为计算的数据更少，包含轻化零部件的装配体重建速度更快。

因为零部件的完整模型数据只有在需要时才装入，所以使用轻化零部件的效率很高。只有受当前编辑进程中所作更改影响的零部件才完全还原，可不对轻化零部件还原而进行以下装配体操作：添加/移除配合，干涉检查，边线/面/零部件选择，碰撞检查，创建装配体特征，添加注解，测量，标注尺寸，设置截面属性，使用装配体参考几何体，计算质量属性，生成剖面视图，生成爆炸视图，高级零部件选择，物理模拟，高级显示/隐藏零部件。

轻化零部件被还原，零部件上的关联特征将自动更新。

整体操作包括计算质量特性、干涉检查、生成爆炸视图、高级选择和高级显示/隐藏、求解方程式、显示剖面视图以及输出为其他格式文件。

当输出为其他格式文件或当求解涉及轻化零部件的方程式时，软件将提示还原轻化零部件或取消操作。

轻化零部件在被选取进行此操作时会自动还原。

2. 轻化零部件的方法和操作步骤

在装配体窗口中，在特征管理器设计树中单击零部件名称或者在绘图区选择零部件。选择【编辑】|【轻化】菜单命令，选择的零部件被轻化。

也可以在特征管理器设计树中，右击零部件名称或者在绘图区单击零部件，在弹出的快捷菜单中选择【设定为轻化】命令，如图10-20所示。

图10-20 选择【设定为轻化】命令

10.6 标准零件库

装配体经常会用到标准零件，这就要用到SOLIDWORKS中的Toolbox插件库，其主要包含支持各种标准的零件文件。在SOLIDWORKS中使用新的零件时，Toolbox会根据用户的参数设置更新主零件文件以记录配置信息。

10.6.1 Toolbox管理员

Toolbox支持的国际标准包括ANSI、AS、BSI、CISC、DIN、GB、ISO、IS、JIS和

KS。其主要零件种类包括轴承、螺栓、凸轮、钻模套管、螺母、销钉、链轮、结构形状、正时皮带和垫圈等。

作为 Toolbox 管理员，可以将 Toolbox 零部件放置在具体的网络位置中，并精简 Toolbox 零部件，还可以制定处理零部件文件的规则，并给 Toolbox 零部件指派零件号和其他自定义属性。Toolbox 管理员管理的内容如下。

1. 管理 Toolbox

Toolbox 管理员负责管理 SOLIDWORKS 设计库中可重新使用的 CAD 文件。作为管理员，应熟悉机构所需的标准及用户常用的零部件，如螺母和螺栓等。此外，还应知道每种 Toolbox 零部件所需的零件号、说明和材料。

2. 放置 Toolbox 文件夹

Toolbox 文件夹是存放 Toolbox 零部件的中心位置，必须确保所有用户都能访问。作为 Toolbox 管理员，应决定将 Toolbox 文件夹设置在网络上的哪个位置，可以在安装 Toolbox 时设定 Toolbox 文件夹的位置。

3. 精简 Toolbox

默认情况下，Toolbox 包含 12 种标准的 2000 多种零部件模型，以及其他业界的特定内容，从而产生上百万种零部件。作为 Toolbox 管理员，可以过滤默认的 Toolbox 服务内容，这样 Toolbox 用户可以只访问机构所需的零部件。精简 Toolbox 可以使用户花费更少的时间搜索零部件或决定使用哪些零部件。

4. 指定零部件文件类型

作为 Toolbox 管理员，可以决定 Toolbox 零部件文件的类型，这些文件的作用如下：
- 作为单一零部件文件的配置。
- 作为每种大小的单独零部件文件。

5. 指派零件号

作为 Toolbox 管理员，可以在用户参考引用前给 Toolbox 零部件指派零件号和其他自定义属性，从而使装配体设计和生成的材料明细表更高效。当事先指派零件号和属性时，用户不必在每次参考引用 Toolbox 零部件时都进行此操作。

10.6.2 启动和配置 Toolbox

Toolbox 管理员使用 Toolbox 配置工具来选择并定义标准件，并设置用户优先参数和权限，最佳的做法是使用 Toolbox 前对其进行配置。

1. 启动 Toolbox

在 SOLIDWORKS 中选择【工具】|【插件】菜单命令，弹出【插件】对话框，如图 10-21 所示。在【插件】对话框中的【活动插件】和【启动】下选中 SOLIDWORKS Toolbox Library 和 SOLIDWORKS Toolbox Utilities 复选框，单击【确定】按钮即可启动该插件。

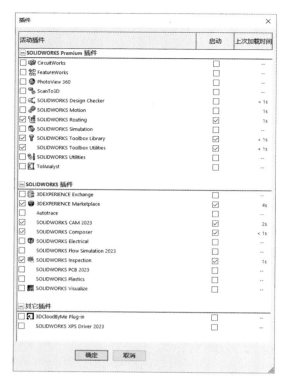

图 10-21 【插件】对话框

2. 配置 Toolbox

在 SOLIDWORKS 中选择【工具】|【选项】|【系统选项】|【异型孔向导/Toolbox】菜单命令，在【系统选项】对话框中单击【配置】按钮，如图 10-22 所示，打开【欢迎使用 Toolbox 设置】面板。

图 10-22 配置 Toolbox

第 10 章 装配体设计

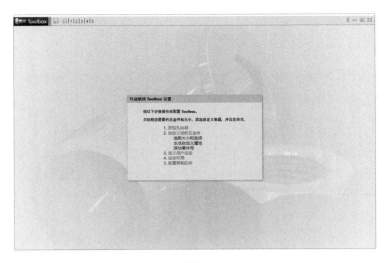

图 10-22 配置 Toolbox(续)

要设定 Toolbox 用户首选项，单击【定义用户设定】选项。

要使用密码保护 Toolbox 不受未授权访问并为 Toolbox 功能设置权限，单击【设定权限】选项。

要指定默认智能扣件、异型孔向导孔，以及其他扣件有限设定，单击【配置智能扣件】选项。

设置好后，在【系统选项】对话框中单击【确定】按钮即可保存。

3. 选取和定义五金件

在 SOLIDWORKS 中，选择【工具】|【选项】|【异型孔向导/Toolbox】|【配置】菜单命令，然后单击【选取五金件】按钮，使用左窗格或单击右窗格中的文件夹导览来选取五金件，如图 10-23 所示。

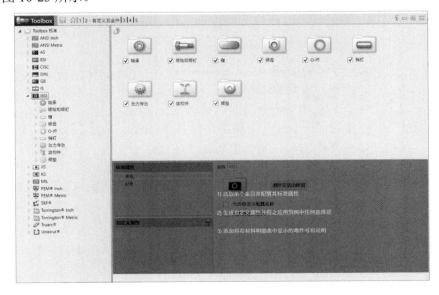

图 10-23 选取和定义五金件

239

10.6.3 生成零部件和添加零部件到装配体

下面介绍使用 Toolbox 生成零部件的方法以及将零部件添加到装配体的方法。

1. 生成零部件

在【设计库】任务窗格中，展开 Toolbox 下的【标准】|【类别】|【零部件】选项，可用的零部件图形和说明会出现在任务窗格中，如图 10-24 所示。右击零部件，然后在弹出的快捷菜单中选择【生成零部件】命令，接着在属性管理器中设置属性值，如图 10-25 所示。最后单击【确定】按钮，即可生成零部件。

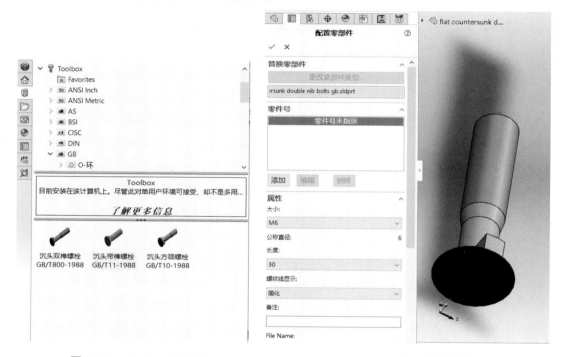

图 10-24　Toolbox 设计库　　　　图 10-25　零部件的属性设置

2. 将零部件添加到装配体

打开装配体后，在【设计库】任务窗格中，展开 Toolbox 下的【标准】|【类别】|【零部件】选项，可用的零部件图形和说明会出现在任务窗格中。接下来可以执行以下两种方法中的任意一种：

- 将零部件拖曳到装配体中，如果将零部件放置在合适的特征旁边，SmartMate 将在装配体中定位零部件。
- 右击零部件，然后单击插入装配体中。

接着在属性管理器中设置属性值，如图 10-26 所示。最后单击【确定】按钮，零部件将出现在装配体中。

第 10 章　装配体设计

图 10-26　插入装配体的属性设置

10.7　装配体动画设计

装配体的运动动画可以通过使用【新建运动算例】命令来创建，方便进行装配体的运动展示。

10.7.1　运动算例概述

运动算例是装配体模型运动的图形模拟，并可以将光源和相机透视图等视觉属性融合到模拟中。

运动算例可以使用 MotionManager 运动管理器来创建，这是基于时间线的界面，主要包括以下运动算例工具。

(1) 动画：可以使用动画来演示装配体的运动。

(2) 基本运动：可以使用基本运动在装配体上模仿马达、弹簧、碰撞和引力的运动方式，并且在计算运动时会考虑质量的影响。

(3) 运动分析：可以使用运动分析在装配体上精确模拟和分析运动单元的效果，包括力、弹簧、阻尼和摩擦。在分析中将使用计算能力超强的动力求解器。

10.7.2　动画基本设置

在装配体窗口中，单击【装配体】工具选项卡中的【新建运动算例】按钮，打开

【运动算例】窗格，如图 10-27 所示，这个窗格中显示的就是基于时间线的界面，在此窗格中进行操作即可创建新的运动算例。

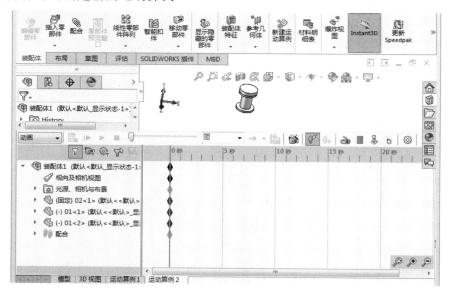

图 10-27 【运动算例】窗格

10.7.3 制作装配体动画的方法

制作装配体动画的方法和操作步骤如下。

(1) 在装配体窗口中，单击【装配体】工具选项卡中的【新建运动算例】按钮 ，弹出【运动算例 1】窗格。

(2) 在【运动算例 1】窗格中拖动零部件对应的时间节点到合适的时间位置，如图 10-28 所示。

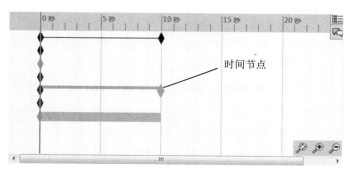

图 10-28 设置时间节点

(3) 单击【装配体】工具选项卡中的【移动零部件】按钮 ，移动零部件，如图 10-29 所示。

(4) 依次拖动时间节点和使用【移动零部件】命令，创建新的动作；最后单击【运动算例 1】窗格中的【播放】按钮 ，演示动画并保存，如图 10-30 所示。

第 10 章 装配体设计

图 10-29 移动零部件

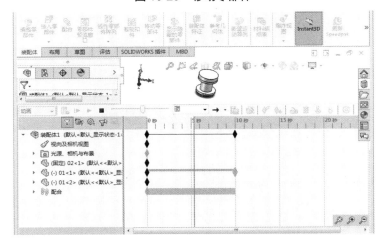

图 10-30 动画演示

10.8 设 计 范 例

10.8.1 创建齿轮装配体范例

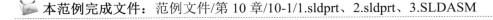本范例完成文件：范例文件/第 10 章/10-1/1.sldprt、2.sldprt、3.SLDASM

🔧 范例操作

step 01 启动新建文件窗口，选择【装配体】选项，如图 10-31 所示，新建一个装配体文件，单击【装配体】工具选项卡中的【插入零部件】按钮，打开并放置零部件，如图 10-32 所示。

243

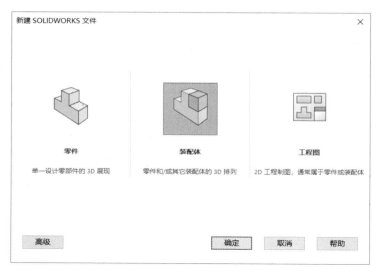

图 10-31 新建装配体文件

图 10-32 插入零部件(1)

step 02 单击【装配体】工具选项卡中的【插入零部件】按钮 ，打开并放置零部件，如图 10-33 所示。

图 10-33 插入零部件(2)

第 10 章 装配体设计

step 03 单击【装配体】工具选项卡中的【配合】按钮，设置零部件的配合约束关系，参数设置如图 10-34 所示。

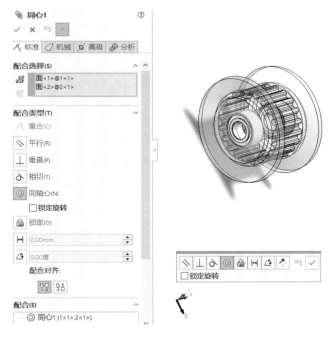

图 10-34 设置同心配合

step 04 单击【装配体】工具选项卡中的【配合】按钮，设置零部件的配合约束关系，参数设置如图 10-35 所示。

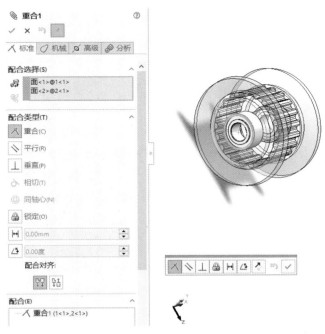

图 10-35 设置重合面

245

step 05 单击【装配体】工具选项卡中的【基准面】按钮，创建基准面，如图 10-36 所示。

图 10-36　创建基准面

> 提示　本范例主要使用自下而上的装配体设计法，即先设计并造型零件，然后将之插入装配体，接着使用配合约束关系来定位零件。若需要更改零件，必须单独编辑零件，更改完成后可自动反映在装配体中。

step 06 单击【装配体】工具选项卡中的【镜向零部件】按钮，创建镜向零部件，参数设置如图 10-37 所示，创建结果如图 10-38 所示。

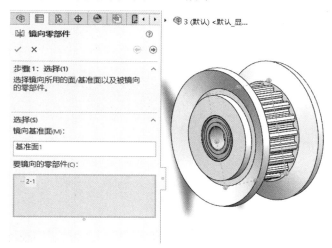

图 10-37　创建镜向零部件设置

第 10 章 装配体设计

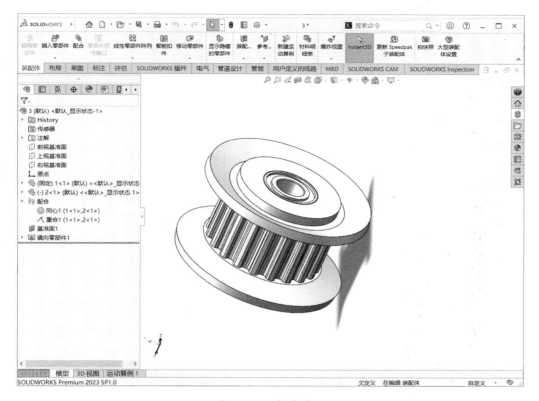

图 10-38 创建结果

至此，齿轮装配体创建完成，最终结果如图 10-39 所示。

图 10-39 齿轮装配体模型

10.8.2 创建减震器装配体范例

本范例完成文件：范例文件/第 10 章/10-2/1.sldprt、2.sldprt、3.sldprt、4.sldprt、5.SLDASM

范例操作

step 01 新建一个装配体文件，单击【装配体】工具选项卡中的【插入零部件】按钮,打开并放置零部件,如图10-40所示。

step 02 单击【装配体】工具选项卡中的【插入零部件】按钮,打开并放置零部件,如图10-41所示。

图10-40 插入零部件(1)

图10-41 插入零部件(2)

step 03 单击【装配体】工具选项卡中的【配合】按钮,设置零部件的配合约束关系,参数设置如图10-42所示。

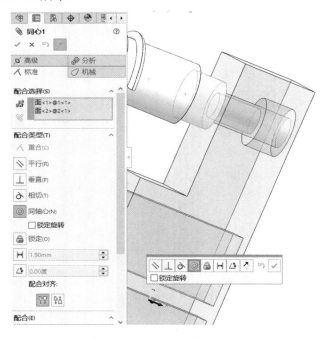

图10-42 设置同心配合(1)

step 04 单击【装配体】工具选项卡中的【插入零部件】按钮,打开并放置零部件,如图10-43所示。

step 05 单击【装配体】工具选项卡中的【移动零部件】按钮,移动零部件,如图10-44所示。

第 10 章 装配体设计

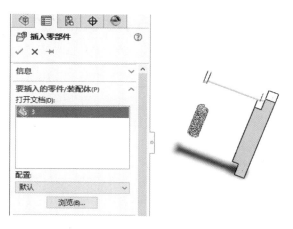

图 10-43 插入零部件(3)

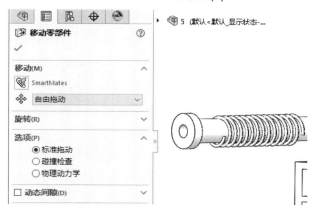

图 10-44 移动零部件

step 06 单击【装配体】工具选项卡中的【线性阵列】按钮，创建线性零部件阵列，参数设置如图 10-45 所示。

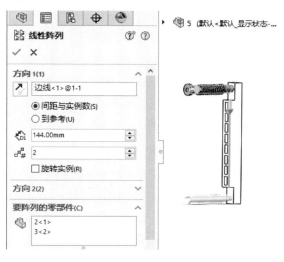

图 10-45 创建线性零部件阵列

249

step 07 单击【装配体】工具选项卡中的【插入零部件】按钮，打开并放置零部件，如图 10-46 所示。

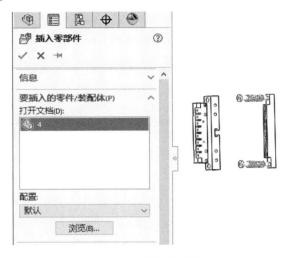

图 10-46 插入零部件(4)

step 08 单击【装配体】工具选项卡中的【配合】按钮，设置零部件的配合约束关系，参数设置如图 10-47 所示。

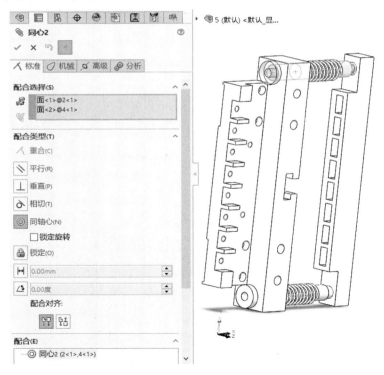

图 10-47 设置同心配合(2)

step 09 单击【装配体】工具选项卡中的【配合】按钮，设置零部件的配合约束关系，参数设置如图10-48所示，创建结果如图10-49所示。

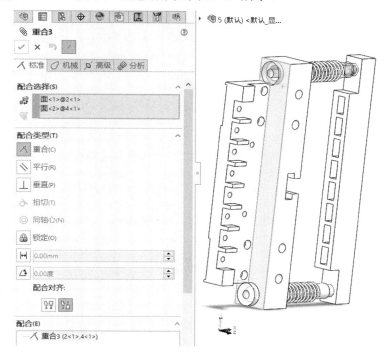

图10-48 设置重合面

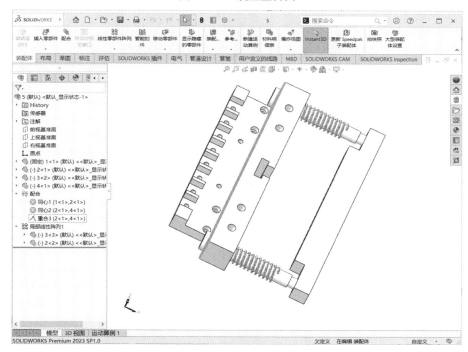

图10-49 创建结果

至此减震器装配体创建完成，最终结果如图10-50所示。

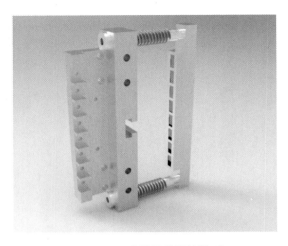

图 10-50 减震器装配体模型

10.9 本章小结

在 SOLIDWORKS 中，可以生成由许多零部件组成的复杂装配体。组成装配体的零部件可以是独立的零件或其他子装配体。灵活运用装配体中的干涉检查、爆炸视图、轴测剖视图、压缩状态和装配统计等功能，可以有效地判断零部件在虚拟现实中的装配关系和干涉位置等，为装配体的设计提供很好的帮助。

第11章

渲染输出

本章导读

　　PhotoView 360 插件是 SOLIDWORKS 中的标准渲染解决方案。SOLIDWORKS 渲染技术更新后改善了用户体验并提升了最终效果的质量。渲染功能可以在 SOLIDWORKS Professional 和 SOLIDWORKS Premium 版本中使用。在打开 PhotoView 360 插件之后，可从 PhotoView 360 菜单栏或【命令管理器】渲染工具栏中选择所需的操作命令。

　　本章首先介绍渲染的基本概述，然后介绍如何设置渲染零件所需的布景、光源、外观和贴图，完成这些设置后，即可渲染输出逼真的图像。

11.1　PhotoView 360 渲染概述

PhotoView 360 是 SOLIDWORKS 的一个插件，可产生具有真实感的 SOLIDWORKS 模型渲染效果。渲染的属性设置包括设置模型中的外观、光源、布景及贴图等。

使用 PhotoView 360 渲染的流程如下。

(1) 选择【工具】|【插件】菜单命令，打开【插件】对话框，选中【活动插件】下的 PhotoView 360 复选框，如图 11-1 所示。

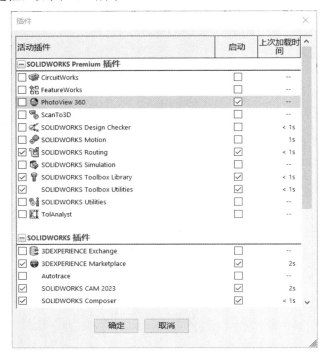

图 11-1　【插件】对话框

(2) 打开 PhotoView 360 插件后，在图形区域开启预览或者打开预览窗口查看对模型所作的更改如何影响渲染效果。

(3) 设置布景、光源、外观以及贴图。

(4) 编辑光源。

(5) 设置 PhotoView 360 选项。

(6) 准备就绪后，选择随即进行最终渲染 (选择 PhotoView 360|【最终渲染】菜单命令)或以后进行渲染(选择 PhotoView 360|【排定渲染】菜单命令)。

(7) 在【最终渲染】对话框中保存图像。

> **注意**　在默认情况下，PhotoView 360 中的光源关闭。在关闭光源时，可以使用布景所提供的逼真光源，该光源通常足够进行渲染。在 PhotoView 360 中，通常需要使用其他照明措施来照亮模型中的封闭空间。

11.2 设置布景、光源、外观和贴图

11.2.1 设置布景

布景是由环绕 SOLIDWORKS 模型的虚拟框或球形组成的，可以调整布景壁的大小和位置。此外，可以为每个布景壁切换显示状态和反射度，并可以将背景添加到布景中。布景功能已经得到增强，现在能够完全控制模型后面的布景显示。外观管理器列出了应用于当前激活模型的背景和环境。新编辑布景的特征管理器可从外观管理器中调用，可供调整地板尺寸、控制背景或环境，并保存自定义布景设置。

选择【工具】|【插件】菜单命令，弹出【插件】对话框，调用 PhotoView 360 插件。

选择【视图】|【工具栏】|【渲染工具】菜单命令，调出【渲染工具】工具选项卡。单击【渲染工具】工具选项卡中的【编辑布景】按钮，或选择 PhotoView 360|【编辑布景】菜单命令，弹出【编辑布景】属性管理器，如图 11-2 所示。

1. 【基本】选项卡

单击【基本】标签，切换到【基本】选项卡，下面介绍该选项卡中的参数。

(1) 【背景】卷展栏

使用布景时，可以配合使用背景图像，这样在模型背后可见的内容将与由环境投射的反射不同。例如，在使用庭院布景中的反射效果时，模型后可能出现素色。

- 【背景类型】：从中选择需要的背景类型。
- 【背景颜色】：将背景设定为单一颜色(在将【背景类型】设定为【颜色】时可用)。
- 【顶部渐变颜色】和【底部渐变颜色】：将背景设定为由用户选定的颜色所定义的颜色范围(在将【背景类型】设定为【梯度】时可用)。

(2) 【环境】卷展栏

可以选取任何图像作为球状映射的布景环境；单击【浏览】按钮，将背景设定为用户选定的图像的球状映射版本。

(3) 【楼板】卷展栏

- 【楼板反射度】：选中该复选框，将在楼板上显示模型反射，在选中【楼板阴影】复选框时可用。
- 【楼板阴影】：选中该复选框，将在楼板上显示模型投射的阴影。
- 【将楼板与此对齐】：将楼板与基准面对齐，选取 XY、YZ、XZ 平面之一或选定的基准面，当更改对齐方式时，视图方向相应更改，从而确保楼板保持在模型之下。
- 【楼板等距】：将模型高度设定到楼板之上或之下，其中单击【反转等距方向】按钮可以交换楼板和模型的位置。

> 提示 ① 当调整【楼板等距】数值时，图形区域中的操纵杆也相应移动。
> ② 要调整等距数值，将鼠标悬空在操纵杆的一端，当光标变成时，拖动操纵杆。
> ③ 要反转等距方向，右击操纵杆的一端，然后单击反向。

2. 【高级】选项卡

单击【高级】标签，切换到【高级】选项卡，如图 11-3 所示，该选项卡为布景设定的高级控件，下面介绍该选项卡中的参数。

(1) 【楼板大小/旋转】卷展栏
- 【固定高宽比例】：更改宽度或高度时，按比例均匀缩放楼板。
- 【自动调整楼板大小】：根据模型的边界框调整楼板大小。
- 【宽度】 和【深度】：调整楼板的宽度和深度。
- 【高宽比例】：只读参数，显示当前的高宽比例。
- 【旋转】：相对环境旋转楼板，旋转环境以改变模型上的反射，当出现反射外观且背景类型是使用环境时，即表现出这种效果。

(2) 【环境旋转】卷展栏

【环境旋转】：相对于模型水平旋转环境，这会影响到光源、反射及背景的可见部分。

(3) 【布景文件】卷展栏
- 【浏览】：单击该按钮，选取布景文件以供使用。
- 【保存布景】：单击该按钮，将当前布景保存到文件中。保存时，会提示用户在任务窗格中将保存了布景的文件夹保持可见状态。

> 提示 当保存布景时，与模型关联的物理光源也会被保存。

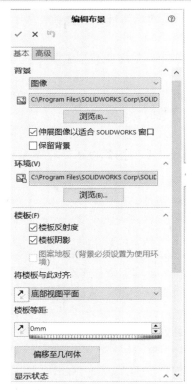

图 11-2 【编辑布景】属性管理器

图 11-3 【高级】选项卡

11.2.2 设置线光源

SOLIDWORKS 和 PhotoView 360 的照明控件相互独立。PhotoView 360 的 DisplayManager 控件可以对照明的各个方面进行管理，管理的内容包括只有在 PhotoView 360 作为插件时才可用的照明控件。DisplayManager 列出了应用于当前激活模型的光源。现在，可通过集成阴影控件和雾灯控件获得更强大的 PhotoView 360 功能。光线强度可以通过功率控制。SOLIDWORKS 提供了常见的三种光源类型：线光源、点光源及聚光源。本节将介绍线光源的使用和设置方法。

在管理器选项卡中切换到【外观属性管理器】选项卡，单击【查看布景、光源与相机】按钮，右击一个光源选项，在弹出的快捷菜单中选择【添加线光源】命令，如图 11-4 所示。弹出【线光源 7】属性管理器(根据生成的线光源顺序，用数字排序)，如图 11-5 所示。

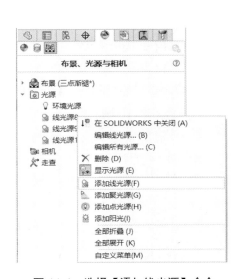

图 11-4　选择【添加线光源】命令

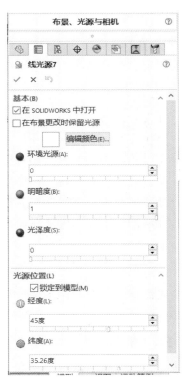

图 11-5　【线光源 7】属性管理器

1. 【基本】卷展栏

- 【编辑颜色】：单击此按钮，弹出【颜色】对话框，在该对话框中可以选择带颜色的光源。
- 【环境光源】：设置光源的强度。滑动滑杆或者输入 0～1 的数值。数值越高，光源强度越强。调整后，光源强度会在模型各个方向上均等地被改变。
- 【明暗度】：设置光源的明暗度。滑动滑杆或者输入 0～1 的数值。数值越高，光源附近的模型上投射的光线就越强。

- 【光泽度】●：设置光泽表面在光线照射处显示强光的能力。滑动滑杆或者输入 0~1 的数值。数值越高，强光越显著且外观更为光亮。

2. 【光源位置】卷展栏

- 【锁定到模型】：选中此复选框，光源的位置将相对于模型保持固定；取消选中此复选框，光源将在模型空间中保持固定位置。
- 【经度】●：光源的经度坐标。
- 【纬度】●：光源的纬度坐标。

11.2.3 设置点光源

右击光源选项，在弹出的快捷菜单中选择【添加点光源】命令，弹出【点光源 2】属性管理器(根据生成的点光源顺序，用数字排序)，如图 11-6 所示。

1. 【基本】卷展栏

参数设置和线光源相似，这里不再赘述。

2. 【光源位置】卷展栏

- 【球坐标】：选中此单选按钮，将使用球形坐标系指定光源的位置。
- 【笛卡尔式】：选中此单选按钮，将使用笛卡尔式坐标系指定光源的位置。
- 【锁定到模型】：选中此复选框，光源的位置将相对于模型保持固定；取消选中此复选框，光源将在模型空间中保持固定位置。
- 【X 坐标】 为光源的 x 坐标；【Y 坐标】 为光源的 y 坐标；【Z 坐标】 为光源的 z 坐标，可分别设置其数值。

11.2.4 设置聚光源

右击光源选项，在弹出的快捷菜单中选择【添加聚光源】命令，弹出【聚光源 1】属性管理器，如图 11-7 所示。

1. 【基本】卷展栏

参数设置与线光源相似，这里不再赘述。

2. 【光源位置】卷展栏

【圆锥角】 ：设置光束扩散的角度，较小的角度将生成较窄的光束。
其他参数设置与点光源相似，这里不再赘述。

11.2.5 设置外观

外观是模型表面的材料属性，添加外观可以使模型表面具有某种材料的表面感官属性。

第 11 章 渲染输出

图 11-6 【点光源 2】属性管理器

图 11-7 【聚光源 1】属性管理器

单击【渲染工具】工具选项卡中的【编辑外观】按钮，或选择 PhotoView 360|【编辑外观】菜单命令，弹出【颜色】属性管理器，单击【高级】按钮，转换到高级模式，其中包含四个选项卡，下面逐一进行介绍。

1. 【颜色/图象】选项卡

首先打开【高级】模式下的【颜色/图象】选项卡，如图 11-8 所示。下面介绍该选项卡中的参数。

(1) 【所选几何体】卷展栏。
- 【过滤器】：帮助选择模型中的几何实体，包括【选择零件】、【选取面】、【选择曲面】、【选择实体】、【选择特征】。
- 【移除外观】：单击该按钮可以从选择的对象上移除设置好的外观。

(2) 【外观】卷展栏：显示所应用的外观。
- 【外观文件路径】：显示外观名称和位置。
- 【浏览】：单击该按钮可浏览材质文件。
- 【保存外观】：单击该按钮可保存外观文件。

注意 图像仅在应用的外观使用图像文件时出现。

(3) 【颜色】卷展栏：添加颜色到所选几何体，如图 11-9 所示。
- 【主要颜色】：设置主要颜色，可以拖动颜色成分滑杆或者输入颜色成分数值。

- 【生成新样块】：生成自定义样块或添加颜色到预定义的样块。
- RGB：选中该单选按钮，将以红色、绿色和蓝色数值定义颜色。
- HSV：选中该单选按钮，将以色调、饱和度和亮度数值定义颜色。

图 11-8 【颜色/图象】选项卡

图 11-9 【颜色】卷展栏

> 提示 如果材质是混合颜色（例如汽车漆），则预览将显示当前颜色 1 和当前颜色 2 等的混合。最多可以有三层颜色。

2．【映射】选项卡

单击高级模式下的【映射】标签，打开【映射】选项卡，如图 11-10 所示，下面介绍该选项卡中的参数。

【所选几何体】卷展栏

- 【过滤器】：帮助选择模型中的几何实体，包括【选择零件】、【选取面】、【选择曲面】、【选择实体】、【选择特征】。
- 【移除外观】：单击该按钮可以从选择的对象上移除设置好的外观。

3．【照明度】选项卡

【照明度】选项卡如图 11-11 所示。在【照明度】选项卡中，可以设置照明属性。

(1) 【照明度】卷展栏。

- 【动态帮助】：选中该复选框，将打开扩展的工具提示，说明各个属性，展示各种效果，并列出所有从属关系。
- 【漫射量】：控制表面的光线强度。值越高，表面显得越亮。
- 【光泽量】：控制表面高亮区，使表面显得更为光亮。如果设置较低的值，则会减少高亮区。

图 11-10 【映射】选项卡

图 11-11 【照明度】选项卡

- 【光泽颜色】：控制零部件内反射高亮显示的颜色。双击可以选择颜色。
- 【光泽传播/模糊】：控制表面的反射模糊度，使表面显得粗糙或光滑。值越高，高亮区面积越大越柔和。
- 【反射量】：按 0~1 的比例控制表面的反射强度。如果设置为 0，则表面无反射。如果设置为 1，表面将成为完美的镜面。
- 【模糊反射度】：选中该复选框，将在效果面启用反射模糊效果。模糊程度由光泽传播控制。当光泽传播为 0 时，不产生模糊。注意：光泽传播和反射量必须大于 0。
- 【透明量】：控制表面的光通透程度。该值降低，不透明度升高；如果设置为 0，则完全不透明。该值升高，透明度升高；如果设置为 100，则完全透明。

> **提示** 当用户更改外观照明度时，如果使用 PhotoView 预览或最终渲染，所有更改都可显现出来。如果使用 RealView 或 OpenGL，则只有某些更改能够显现出来。

(2)【PhotoView 照明度】卷展栏。

【图形锐边】：设置图形图像的锐化处理参数。

4.【表面粗糙度】选项卡

【表面粗糙度】选项卡如图 11-12 所示。在该选项卡中，可以选择表面粗糙度类型，所选择的类型不同，其属性设置也不同。

(1)【表面粗糙度】卷展栏。

【表面粗糙度】类型：在下拉列表框中选择相应的类型，其选项如图 11-13 所示。

图 11-12　【表面粗糙度】选项卡　　　图 11-13　【表面粗糙度】类型下拉列表

(2)【PhotoView 表面粗糙度】卷展栏。

- 【隆起映射】：选中该复选框，将通过修改阴影和反射来模拟凹凸不平的表面，但不更改几何体，渲染的速度比使用位移映射快。
- 【隆起强度】：设置隆起高度，即隆起表面最高点到模型表面的距离。
- 【位移映射】：选中该复选框，将给渲染的模型表面添加纹理，从而改变几何形状，渲染的速度比使用隆起映射慢。
- 【位移距离】：控制从标称表面到位移映射表面粗糙度的距离。

11.2.6　设置贴图

贴图是在模型的表面附加某种平面图形，一般多用于商标和标志的制作。

单击【渲染工具】工具选项卡中的【编辑贴图】按钮，或选择 PhotoView 360 |【编辑贴图】菜单命令，弹出【贴图】属性管理器，如图 11-14 所示。

1. 【图象】选项卡

单击【图象】标签，切换到【图象】选项卡，下面介绍该选项卡中的参数。

(1) 【贴图预览】卷展栏。
- 预览区域：显示贴图预览。
- 【图象文件路径】：显示图像文件的路径。单击【浏览】按钮选择其他图像文件。
- 【保存贴图】：单击此按钮，可以将当前贴图及其属性保存到文件。

(2) 【掩码图形】卷展栏。
- 【无掩码】：选中该单选按钮，将不应用掩码。
- 【图形掩码文件】：选中该单选按钮，将在掩码为白色区域显示贴图，掩码为黑色区域遮盖贴图。
- 【可选颜色掩码】：选中该单选按钮，将在贴图中减去选择的颜色。
- 【使用贴图图像 alpha 通道】：选中该单选按钮，将使用包含贴图和掩码的复合图像。要生成图像，在【PhotoView 360 渲染帧】对话框中单击【保存带图层的图象】按钮，然后在外部图形程序中生成组合图像。支持的文件类型为.tif和.png。

2. 【映射】选项卡

【映射】选项卡如图 11-15 所示。下面介绍该选项卡中的参数。

(1) 【映射】卷展栏。
- 【映射类型】：选择映射类型，所选类型不同，其属性设置也不同。
- 【水平位置】➡：相对于参考轴，将贴图沿基准面水平移动指定的距离。
- 【竖直位置】⬆：相对于参考轴，将贴图沿基准面竖直移动指定的距离。

(2) 【大小/方向】卷展栏。

可以启用【固定高宽比例】、【将宽度套合到选择】、【将高度套合到选择】3 种不同方式。
- 【宽度】：指定贴图宽度。
- 【高度】：指定贴图高度。
- 【高宽比例】：显示当前的高宽比例。
- 【旋转】：指定贴图的旋转角度。
- 【水平镜向】：选中该复选框，将水平反转贴图图像。
- 【竖直镜向】：选中该复选框，将竖直反转贴图图像。
- 【重置比例】：单击该按钮，将高宽比例恢复为贴图图像的原始高宽比例。

3. 【照明度】选项卡

【照明度】选项卡如图 11-16 所示。下面介绍该选项卡中的参数。

(1) 【照明度】卷展栏。
- 【动态帮助】：选中该复选框，将打开扩展的工具提示，说明各个属性，展示各种效果，并列出所有从属关系。
- 【使用内在外观】：选中该复选框，将贴图下外观的照明度设置应用到贴图。取消选中该复选框，则直接为贴图设置照明度，并在此属性管理器中启用其他相关选项。

- 【漫射量】：控制表面的光线强度。值越高，表面显得越亮。
- 【光泽量】：控制表面高亮区，使表面显得更为光亮。如果设置较低的值，则会减少高亮区。
- 【光泽颜色】：控制零部件内反射高亮显示的颜色。双击可以选择颜色。
- 【光泽传播/模糊】：控制表面的反射模糊度，使表面显得粗糙或光滑。值越高，高亮区面积越大越柔和。
- 【反射量】：按 0~1 的比例控制表面的反射强度。如果设置为 0，则表面无反射。如果设置为1，表面将成为完美的镜面。
- 【模糊反射度】：选中该复选框，将在表面启用反射模糊效果。模糊程度由光泽传播控制。当光泽传播为 0 时，不产生模糊。注意：光泽传播和反射量必须大于 0。
- 【透明量】：控制表面的光通透程度。该值降低，不透明度升高；如果设置为 0，则完全不透明。该值升高，透明度升高；如果设置为 100，则完全透明。

(2) 【PhotoView 照明度】卷展栏

【双边】：选中该复选框，将对相对的两侧启用上色。取消选中时，未朝向相机的面将不可见。某些情况下，启用双边可能会导致渲染错误，请谨慎使用。

 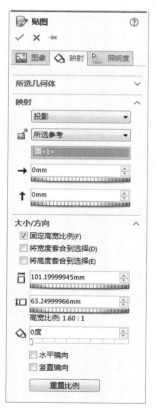 

图 11-14　【贴图】属性管理器　　图 11-15　【映射】选项卡　　图 11-16　【照明度】选项卡

11.3 渲染输出图像

下面介绍渲染输出图像的操作步骤和参数设置方法。

11.3.1 改进渲染能力的方法

一般情况下,改进渲染能力的方法如下。

(1) 利用预览窗口。在进行完整渲染之前,使用预览窗口可以评估和更改渲染效果。同时,可以调整预览窗口的大小。

(2) 设置渲染品质。在 PhotoView 360 选项卡中将最终渲染品质设置为所需的最低等级。

(3) 设置阴影品质。对于线光源、点光源和聚光源,可在每个光源属性管理器中的 PhotoView 360 选项卡中设置阴影品质,较高的阴影品质会增加渲染时间。

11.3.2 预览渲染

PhotoView 360 提供两种方法进行预览渲染:在图形区域(整合预览)或在单独窗口内(预览窗口)。两种方法都可在进行完整渲染之前,帮助快速评估更改渲染效果。由于更新具有连续性,用户可尝试调整影响渲染的控件,但不必完全理解每个控件的具体作用。当对设置满意时,便可进行完整渲染。

在更改模型时,预览连续更新,逐步完成显示效果。对外观、贴图、布景和渲染选项所做的更改都会实时进行更新。如果只更改了模型某部分,预览将只针对这些部分进行更新,而非整个场景。

1. PhotoView 360 整合预览

PhotoView 360 整合预览可在 SOLIDWORKS 图形区域预览当前模型的渲染效果。插入 PhotoView 360 插件后,选择 PhotoView 360 |【整合预览】菜单命令,显示预览界面如图 11-17 所示。

图 11-17 整合预览

2. PhotoView 360 预览窗口

PhotoView 360 预览窗口是区别于 SOLIDWORKS 主窗口的单独窗口。

首先插入 PhotoView 360 插件，然后选择 PhotoView 360|【预览渲染】菜单命令，即可打开该窗口。在重新调整预览窗口大小时，窗口会保持【PhotoView 360 选项】属性管理器中设定的高宽比例。

当需要重建模型时，更新中断。在重建完成后，更新继续。可也可以通过单击【暂停】按钮来中断更新。显示界面如图 11-18 所示。

- 【暂停】：单击该按钮，停止预览窗口的所有更新。
- 【重设】：单击该按钮，更新预览窗口并恢复 SOLIDWORKS 更新传送。

图 11-18　预览窗口

11.3.3　PhotoView 360 选项

【PhotoView 360 选项】属性管理器用于配置 PhotoView 360 的相关设置，包括输出图像品质和渲染品质。

在插入了 PhotoView 360 插件后，在【外观属性管理器】选项卡中单击【PhotoView 360 选项】按钮，系统弹出【PhotoView 360 选项】属性管理器，如图 11-19 和图 11-20 所示。

1. 【输出图像设定】卷展栏

- 【动态帮助】：选中该复选框，将显示每个特性的弹出工具提示。
- 【输出图像大小】参数。
    - ◆ 【预设图像大小】：将输出图像的大小设置为标准宽度和高度，也可选择当前相机所指派的设定或设置自定义值。
    - ◆ 【图象宽度】：以像素为单位设置输出图像的宽度。
    - ◆ 【图象高度】：以像素为单位设置输出图像的高度。
    - ◆ 【固定高宽比例】：选中该复选框，将保持输出图像的高宽比不变。

- ◆ 【使用背景和高宽比例】：选中该复选框，将最终渲染输出图像的高宽比设定为背景图像的高宽比。如果取消选中该复选框，背景图像可能会扭曲。此选项在当前布景使用图像作为其背景时可用。
- 【图像格式】：选择渲染输出图像的格式。
- 【默认图像路径】：为使用 Task Scheduler 所排定的渲染设置默认路径。

 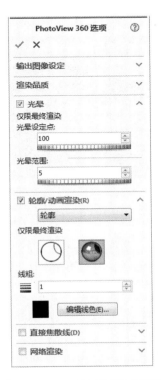

图 11-19 【PhotoView 360 选项】属性管理器(1)　　图 11-20 【PhotoView 360 选项】属性管理器(2)

2. 【光晕】卷展栏

添加光晕效果，使图像中发光或有反射的对象周围发出强光。光晕仅在最终渲染图像中可见，预览中不可见。

- 【光晕设定点】：设置光晕效果的明暗度或发光度等级。降低百分比可将该效果应用到更多项目。
- 【光晕范围】：设置光晕从光源辐射的距离。

3. 【渲染品质】卷展栏

- 【预览渲染品质】：为预览设置品质等级。高品质图像需要更多时间来渲染。
- 【最终渲染品质】：为最终渲染设置品质等级。高品质图像需要更多时间来渲染。
- 【灰度系数】：调整图像的明暗度。

渲染品质和渲染时间的对应关系，如图 11-21 所示。

(a)【良好】，29 秒　　　　　　　　(b)【更佳】，54 秒

(c)【最佳】，2 分 19 秒　　　　　　(d)【最大】，6 分 45 秒

图 11-21　渲染品质和渲染时间的对应关系

> **注意**　通常而言，【最佳】和【最大】的区别很小。【最大】选项在渲染封闭空间或内部布景时最有效。

4.【轮廓/动画渲染】卷展栏

给模型的外边线添加轮廓线。

- 【只随轮廓渲染】：只以轮廓线进行渲染，保留背景或布景显示和景深设定。
- 【渲染轮廓和实体模型】：同时以轮廓线和实体模型进行渲染。
- 【线粗】：以像素为单位设置轮廓线的粗细。
- 【编辑线色】：单击该按钮，可设置轮廓线的颜色。

11.3.4　最终渲染参数设置

【最终渲染】对话框在进行最终渲染时出现。它显示统计及渲染结果。

单击【渲染工具】工具选项卡中的【最终渲染】按钮，或选择 PhotoView 360 |【最终渲染】菜单命令，弹出如图 11-22 所示的【最终渲染】对话框。主要参数设置如下。

(1) 0～9 数目：显示最近十个渲染项目。

(2)【保存图像】：单击该按钮，在指定的路径中保存渲染的图像。

(3)【图像处理】选项卡：设置渲染照片属性。

(4)【比例和选项】选项卡：设置模型比例和照片选项。

(5)【统计】选项卡：计算渲染参数结果。

第 11 章　渲染输出

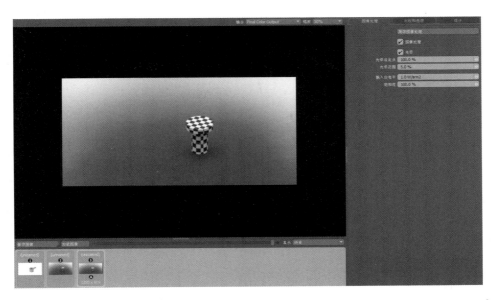

图 11-22　【最终渲染】对话框

11.3.5　排定的渲染

下面介绍排定的渲染方法和参数设置。

1. 批量渲染

可以安排批处理任务以渲染 PhotoView 360 文档和运动算例动画。对于其他批处理任务，可以使用 SOLIDWORKS Task Scheduler 应用程序来调整任务顺序、生成报表等。

> 注意　如果计划渲染的文档对于系统的可用内存要求过高，则批处理任务会跳过此文档并转而处理所计划的下一个文档。

2.【排定渲染】对话框

通过【排定渲染】对话框可以指定特定时间进行渲染，并将渲染结果保存到文件。

在插入 PhotoView 360 插件后，单击【渲染工具】工具选项卡中的【排定渲染】按钮，或选择 PhotoView 360 |【排定渲染】菜单命令，弹出【排定渲染】对话框，如图 11-23 所示。

图 11-23　【排定渲染】对话框

- 【文件名称】：设置输出文件的名称。在【PhotoView 360 选项】属性管理器中的【图像格式】内指定默认文件格式。
- 【保存文件到】：设置输出文件的保存路径。在【PhotoView 360 选项】属性管理器中的【默认图像路径】内指定默认路径。
- 【设定】：单击该按钮，打开与渲染相关的只读设定列表。

- 【任务排定】选项组。
  - ◆ 【在上一任务后开始】：在排定了另一渲染任务时可用，在先前排定的任务结束时开始此任务。
  - ◆ 【开始时间】：在取消选中【在上一任务后开始】复选框时可用，指定开始渲染的时间。
  - ◆ 【开始日期】：在取消选中【在上一任务后开始】复选框时可用，指定开始渲染的日期。

3. 渲染/动画设置

当排定渲染 PhotoView 360 文档(单击【渲染工具】工具选项卡中的【排定渲染】按钮)或运动算例动画(单击【运动算例】工具选项卡中的【保存动画】按钮)时，使用只读的【渲染/动画设置】对话框来审阅应用程序参数。两者的区别体现在以下两个方面。

(1) 文档属性。
- PhotoView 360 文档：通过单击【渲染工具】工具选项卡中的【选项】按钮 来设置参数，如渲染品质。
- 运动算例动画：无法从运动算例显示设置。

(2) 输出设置。
- PhotoView 360 文档：在【排定渲染】对话框(如文件格式和图像大小)中设置参数。
- 运动算例动画：在【视频压缩】对话框中(如压缩程序和压缩品质)设置参数。

11.4 设 计 范 例

11.4.1 渲染轮子范例

本范例完成文件：范例文件/第 11 章/11-1.SLDPRT

范例操作

step 01 首先打开轮子零件文件，单击【SOLIDWORKS 插件】工具选项卡中的 PhotoView 360 按钮 ，然后切换到【外观属性管理器】选项卡 ，设置渲染属性，如图 11-24 所示。

step 02 在【外观属性管理器】选项卡 中，单击【铬】选项，拖动铬材质到绘图区模型上，如图 11-25 所示。

step 03 在【外观属性管理器】选项卡 中，单击【演示布景】选项，拖动【厨房背景】布景到绘图区，如图 11-26 所示。

step 04 右击【线光源】选项，在弹出的快捷菜单中选择【添加聚光源】命令，在【聚光源1】属性管理器中设置参数，并在绘图区设置光源，如图 11-27 所示。

step 05 右击【相机】选项，在弹出的快捷菜单中选择【添加相机】命令，在【相机1】属性管理器中设置参数，在绘图区添加相机和设置相机视角，如图 11-28 所示。

step 06 选择 PhotoView 360 |【最终渲染】菜单命令，完成渲染，如图 11-29 所示。

第 11 章 渲染输出

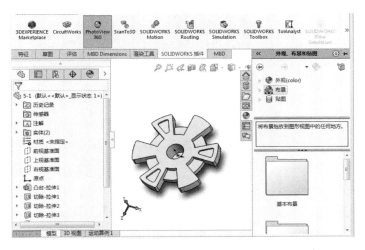

图 11-24 打开插件

图 11-25 设置外观

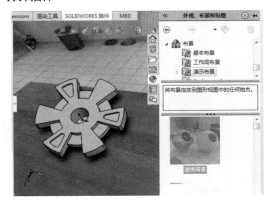

图 11-26 设置布景

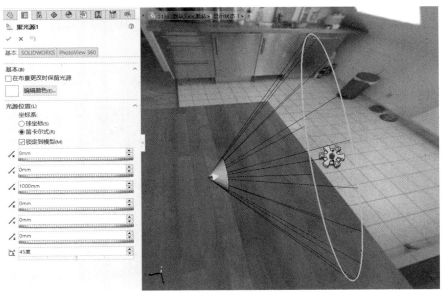

图 11-27 添加聚光源

图 11-28 添加相机

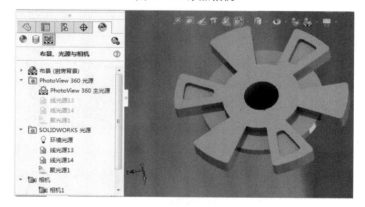

图 11-29 最终渲染

至此，轮子模型渲染完成，结果如图 11-30 所示。

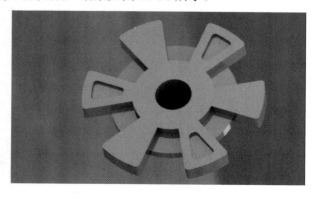

图 11-30 最终渲染结果

11.4.2 渲染螺栓范例

本范例完成文件：范例文件/第 11 章/11-2.SLDPRT

范例操作

step 01 打开螺栓零件文件，单击【SOLIDWORKS 插件】工具选项卡中的 PhotoView 360 按钮，然后切换到【外观属性管理器】选项卡，设置渲染属性，如图 11-31 所示。

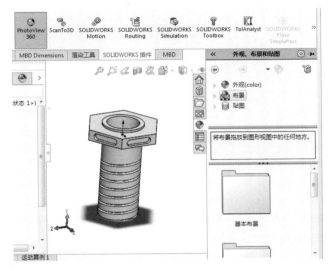

图 11-31 打开插件

step 02 在【外观属性管理器】选项卡中，单击【钢】选项，拖动钢材质到绘图区模型上，如图 11-32 所示。

step 03 在【外观属性管理器】选项卡中，单击【基本布景】选项，拖动【背景-工作间】布景到绘图区，如图 11-33 所示。

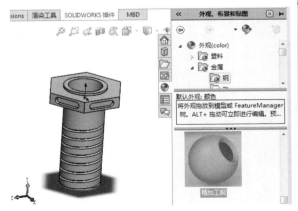

图 11-32 设置外观

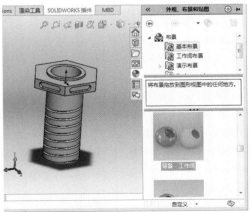

图 11-33 设置布景

step 04 右击【线光源】选项,在弹出的快捷菜单中选择【添加聚光源】命令,在【聚光源1】属性管理器中设置参数,在绘图区设置光源,如图 11-34 所示。

图 11-34 添加聚光源

step 05 选择 PhotoView 360|【整合预览】菜单命令,进行整合预览,至此完成范例制作,整合预览结果如图 11-35 所示。

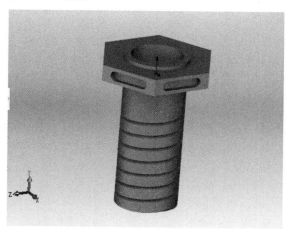

图 11-35 整合预览结果

11.5 本 章 小 结

本章介绍了零件渲染输出的流程,其中包括设置布景、光源、材质和贴图,然后着重讲解了使用 PhotoView 360 插件进行渲染输出的方法,读者可以结合范例进行学习。

第 12 章

工程图设计

本章导读

　　工程图是用来表达三维模型的二维图样，通常包含一组视图、完整的尺寸标注、技术要求、标题栏等内容。在工程图设计中，可以利用在 SOLIDWORKS 中设计的实体零件和装配体直接生成所需视图，也可以基于现有的视图生成新的视图。

　　工程图是产品设计的重要技术文件，一方面体现了设计成果，另一方面也是指导生产的参考依据。在产品的生产制造过程中，工程图还是设计人员进行交流和提高工作效率的重要工具，是工程界的技术语言。SOLIDWORKS 提供了强大的工程图设计功能，用户可以很方便地借助零部件或者装配体三维模型生成所需的各个视图，包括剖视图、局部放大视图等。SOLIDWORKS 在工程图与零部件或者装配体三维模型之间提供全相关的功能，即对零部件或者装配体三维模型进行修改时，所有相关的工程视图将自动更新，以反映零部件或者装配体的形状和尺寸变化；反之，当在一个工程图中修改零部件或者装配体尺寸时，系统也自动将相关的其他工程视图及三维零部件或者装配体中相应结构的尺寸进行更新。

　　本章主要介绍工程图的基本设置方法，以及工程视图创建、尺寸标注和注释添加的方法，最后介绍打印工程图的方法。

12.1 工程图基本设置

下面讲解 SOLIDWORKS 工程图的线型、图层以及图纸格式等的设置方法。

12.1.1 工程图线型设置

对于视图中的线色、线粗、线条样式、颜色显示模式等，可以利用【线型】工具栏进行设置。【线型】工具栏如图 12-1 所示。下面介绍其中几个较为主要的工具。

图 12-1 【线型】工具栏

(1)【图层属性】：单击该按钮，设置图层属性(如颜色、厚度、样式等)，将实体移动到图层中，然后为新的实体选择图层。

(2)【线色】：单击该按钮，可对图线颜色进行设置。

(3)【线粗】：单击该按钮，会弹出如图 12-2 所示的【线粗】菜单，可对图线粗细进行设置。

(4)【线条样式】：单击该按钮，会弹出如图 12-3 所示的【线条样式】菜单，可对图线样式进行设置。

图 12-2 【线粗】菜单

图 12-3 【线条样式】菜单

(5)【颜色显示模式】：单击该按钮，图线颜色会在所设置的颜色中进行切换。

在工程图中如果需要对线型进行设置，一般在绘制草图实体之前，先利用【线型】工具栏中的【线色】、【线粗】和【线条样式】按钮对要绘制的图线设置所需的格式，这样可确保在工程图中绘制的草图实体均使用指定的线型格式，直到重新设置另一种格式为止。

如果需要改变直线、边线或草图实体的格式，可先选择需要更改的直线、边线或草图实体，然后利用【线型】工具栏中的相应按钮进行修改，新格式将被应用到所选对象中。

12.1.2 工程图图层设置

在工程图文件中，用户可根据需求建立图层，并为每个图层上生成的新实体指定线条颜色、线条粗细和线条样式。新的实体会自动添加到激活的图层中。图层可以被隐藏或显示。另外，还可将实体从一个图层移动到另一个图层。创建好工程图的图层后，可分别为每个尺寸、注解、表格和视图标号等局部视图选择不同的图层设置。例如，可创建两个图层，将其中一个分配给直径尺寸标注，另一个分配给表面粗糙度注解。可在文档层设置各个局部视图的图层，无需在工程图中切换图层即可应用自定义图层。

可以将尺寸和注解(包括注释、区域剖面线、块、折断线、局部视图图标、剖面线及表格等)移动到图层上并使用图层指定的颜色。草图实体使用图层的所有属性。

可以将零件或装配体工程图中的零部件移动到图层。【图层】工具栏中包含一个用于为零部件选择命名图层的列表，如图 12-4 所示。

如果将 DXF 文件或者 DWG 文件输入到 SOLIDWORKS 工程图中，会自动生成图层。在最初生成 DXF 文件或 DWG 文件的系统中指定的图层信息(如名称、属性和实体位置等)将保留。

如果将带有图层的工程图作为 DXF 文件或 DWG 文件输出，则图层信息会包含在文件中。当在目标系统中打开文件时，实体都位于相同图层上，并且具有相同的属性，除非使用映射将实体重新导向新的图层。

图 12-4 【图层】工具栏

在工程图中，单击【图层】工具栏中的【图层属性】按钮，可进行相关的图层操作。

1. 建立图层

在工程图中，单击【图层】工具栏中的【图层属性】按钮，弹出如图 12-5 所示的【图层】对话框。单击【新建】按钮，可以输入新图层的名称；

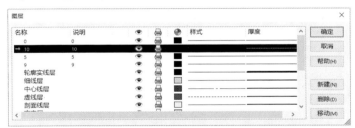

图 12-5 【图层】对话框

还可以更改图层默认图线的颜色、样式和粗细等，其中：单击【颜色】下的颜色框，弹出【颜色】对话框，可选择或设置颜色，如图 12-6 所示；单击【样式】下的图线，在弹出的菜单中选择图线样式；单击【厚度】下的直线，在弹出的菜单中选择图线的粗细。

最后单击【确定】按钮，可为文件建立新的图层。

2. 图层操作

在【图层】对话框中，➡图标所指示的图层为激活的图层。如果要激活图层，单击图层名称左侧，则所添加的新实体会出现在激活的图层中。

图标表示图层打开或关闭的状态。图标表示图层可见，图标表示隐藏该图层。

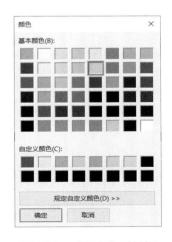

图 12-6 【颜色】对话框

277

如果要删除图层,选择图层,然后单击【删除】按钮。

如果要移动实体到激活的图层,选择工程图中的实体,然后单击【移动】按钮,即可将其移动至激活的图层。

如果要更改图层名称,则单击图层名称,输入新名称即可。

12.1.3 图纸格式设置

当生成新的工程图时,必须选择图纸格式。图纸格式可采用标准图纸格式,也可自定义和修改图纸格式。通过对图纸格式的设置,有助于生成具有统一格式的工程图。

图纸格式主要用于定义图纸中相对固定的部分,如图框、标题栏和明细栏等。

1. 图纸格式的属性设置

(1) 标准图纸格式

SOLIDWORKS 提供了各种标准图纸大小的图纸格式。可在【图纸格式/大小】对话框中的【标准图纸大小】列表框中进行选择。单击【浏览】按钮,可加载用户自定义的图纸格式。【图纸格式/大小】对话框如图 12-7 所示。其中,选中【显示图纸格式】复选框可显示边框、标题栏等。

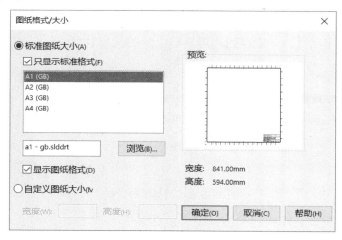

图 12-7 【图纸格式/大小】对话框

(2) 无图纸格式

选中【自定义图纸大小】单选按钮可定义无图纸格式,即选择无边框、无标题栏的空白图纸。选中此单选按钮后要求指定图纸大小,用户也可定义自己的格式,如图 12-8 所示。

2. 生成工程图的操作步骤

单击【标准】工具选项卡中的【新建】按钮,弹出【新建 SOLIDWORKS 文件】对话框,如图 12-9 所示。

单击【工程图】图标,然后单击【确定】按钮,弹出【图纸格式/大小】对话框,根据需要设置参数,最后单击【确定】按钮。

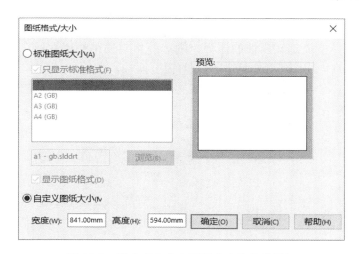

图 12-8　选中【自定义图纸大小】单选按钮

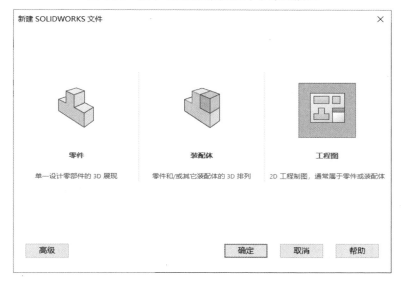

图 12-9　【新建 SOLIDWORKS 文件】对话框

12.1.4　编辑图纸格式

生成一个工程图文件后，可随时对图纸大小、图纸格式、绘图比例、投影类型等细节进行修改。

在特征管理器设计树中，右击图标，或在工程图图纸的空白区域右击，在弹出的快捷菜单中选择【属性】命令，弹出【图纸属性】对话框，如图 12-10 所示。

【图纸属性】对话框中比较特殊的选项如下。

(1)【投影类型】：为标准三视图投影选择【第一视角】或【第三视角】(我国采用的是【第一视角】)。

(2)【下一视图标号】：指定用作下一个剖面视图或局部视图标号的英文字母。

(3)【下一基准标号】：指定用作下一个基准特征标号的英文字母。

(4)【使用模型中此处显示的自定义属性值】：如果在图纸上显示了多个模型，且工程图中包含链接到模型自定义属性的注释，则选择希望使用的属性所在的模型视图；如果没有另外指定，则将使用图纸第一个视图中的模型属性。

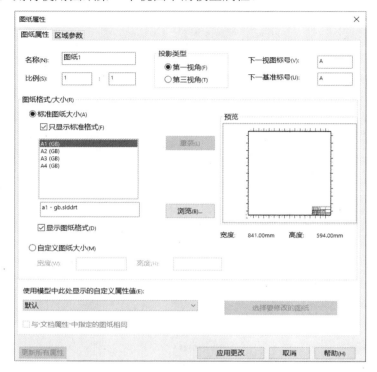

图 12-10 【图纸属性】对话框

12.2 工程视图设计

工程视图是指在图纸中生成的所有视图。在 SOLIDWORKS 中，用户可以根据需要生成各种零件模型的表达视图，如投影视图、剖面视图、局部放大视图、轴测视图等。

12.2.1 概述

在生成工程视图之前，应首先生成零部件或者装配体的三维模型，然后根据此三维模型考虑和规划视图，如工程图由几个视图组成、是否需要剖视等，最后再生成工程视图。

新建工程图文件，完成图纸格式的设置后，就可以生成工程视图了。【工程图】工具选项卡如图 12-11 所示，根据需要，可以选择相应的命令生成工程视图。下面介绍主要的命令按钮。

(1)【投影视图】：单击该按钮，从主、俯、左三个方向插入视图。

(2)【辅助视图】：单击该按钮，生成垂直于所选参考边线的视图。

(3)【剖面视图】：单击该按钮，可以用一条剖切线分割父视图。剖面视图可以是直切剖面或者是用阶梯剖切线定义的等距剖面。

第 12 章 工程图设计

图 12-11 【工程图】工具选项卡

(4) 【移除的剖面】：单击该按钮，添加已移除的剖面视图。

(5) 【局部视图】：单击该按钮，以放大比例显示一个视图的某个部分，可以是正交视图、空间(等轴测)视图、剖面视图、裁剪视图、爆炸装配体视图或者另一局部视图等。

(6) 【相对视图】按钮：单击该按钮，生成正交视图，由模型中两个直交面或者基准面及各自的具体方位的规格定义。

(7) 【标准三视图】：单击该按钮，生成前视图为模型视图，其他两个视图为投影视图，使用在【图纸属性】对话框中指定的第一视角或者第三视角投影法。

(8) 【断开的剖视图】：单击该按钮，创建局部剖切视图，用于展示零件内部结构。

(9) 【断裂视图】：也称为中断视图。单击该按钮，可以将工程视图以较大比例显示在较小的工程图纸上。与断裂区域相关的参考尺寸和模型尺寸反映实际的模型数值。

(10) 【剪裁视图】：单击该按钮，通过隐藏视图中除定义区域之外的所有内容，来集中展示工程图视图的某部分。

12.2.2 标准三视图

标准三视图可以生成三个默认的正交视图，其中主视图方向为零件或者装配体的前视，投影类型则按照第一视角或者第三视角投影法。

在标准三视图中，主视图、俯视图及左视图有固定的对齐关系。主视图与俯视图长度方向对齐，主视图与左视图高度方向对齐，俯视图与左视图宽度相等。俯视图可以竖直移动，左视图可以水平移动。

下面介绍标准三视图的属性设置方法。

单击【工程图】工具选项卡中的【标准三视图】按钮，或选择【插入】|【工程图视图】|【标准三视图】菜单命令，系统弹出【标准三视图】属性管理器，如图 12-12 所示。

单击【浏览】按钮后，选择零件模型，并在绘图区单击放置视图即可。

12.2.3 投影视图

投影视图是根据已有视图利用正交投影生成的视图。投影视图的投影方法是根据在【图纸属性】对话框中设置的第一视角或者第三视角投影类型而确定的。

单击【工程图】工具选项卡中的【投影视图】按钮，或选择【插入】|【工程图视图】|【投影视图】菜单命令，系统弹出【投影视图】属性管理器，如图 12-13 所示。

下面介绍投影视图的常用属性设置。

1. 【箭头】卷展栏

【标号】：展示按相应父视图的投影方向得到的投影视图的名称。

图 12-12 【标准三视图】属性管理器　　　图 12-13 【投影视图】属性管理器

2. 【显示样式】卷展栏

【使用父关系样式】：取消选中该复选框，可以选择与父视图不同的显示样式，显示样式包括【线架图】、【隐藏线可见】、【消除隐藏线】、【带边线上色】和【上色】。

3. 【比例】卷展栏

- 【使用父关系比例】：选中该单选按钮，可以应用父视图所使用的比例。
- 【使用图纸比例】：选中该单选按钮，可以应用工程图图纸所使用的比例。
- 【使用自定义比例】：选中该单选按钮，可以根据需要应用自定义比例。

12.2.4 剪裁视图

生成剪裁视图的操作方法如下。

(1) 新建工程图文件，生成零部件模型的工程视图。

(2) 单击要生成剪裁视图的工程视图，使用草图绘制工具绘制一条封闭的轮廓，如图 12-14 所示。

(3) 选择封闭的剪裁轮廓，单击【工程图】工具选项卡中的【剪裁视图】按钮，或选择【插入】|【工程图视图】|【剪裁视图】菜单命令。此时，剪裁轮廓以外的视图消失，生成剪裁视图，如图 12-15 所示。

第 12 章 工程图设计

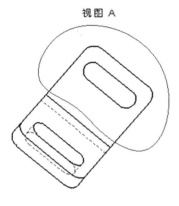

图 12-14　绘制剪裁轮廓　　　　　图 12-15　生成剪裁视图

12.2.5　局部视图

局部视图是一种派生视图，可以用来显示父视图的某一局部形状，通常采用放大比例显示。局部视图的父视图可以是正交视图、空间(等轴测)视图、剖面视图、剪裁视图、爆炸装配体视图或者另一局部视图，但不能在透视图中生成模型的局部视图。

下面介绍局部视图的属性设置方法。

单击【工程图】工具选项卡中的【局部视图】按钮，或选择【插入】|【工程图视图】|【局部视图】菜单命令，系统弹出【局部视图】属性管理器，如图 12-16 所示。

1. 【局部视图图标】卷展栏

- 【样式】：可以选择一种样式，也可以选中【轮廓】(必须在此之前已经绘制好一条封闭的轮廓曲线)或者【圆】单选按钮。【样式】的下拉列表选项如图 12-17 所示。
- 【标号】：编辑与局部视图相关的字母。
- 【字体】：如果要为局部视图标号选择文件字体以外的字体，取消选中【文件字体】复选框，然后单击【字体】按钮。

2. 【局部视图】卷展栏

- 【无轮廓】：选中该单选按钮，将没有轮廓外形显示。
- 【完整外形】：选中该单选按钮，局部视图轮廓外形全部显示。
- 【锯齿状轮廓】：选中该单选按钮，将显示视图锯齿轮廓。
- 【钉住位置】：选中该单选按钮，可以阻止在父视图比例更改时，局部视图发生移动。
- 【缩放剖面线图样比例】：选中该单选按钮，可以根据局部视图的比例缩放剖面线图样比例。

12.2.6　剖面视图

剖面视图是通过一条剖切线切割父视图而生成的，属于派生视图，可以显示模型内部的形状和尺寸。剖面视图可以是剖切面或者是用阶梯剖切线定义的等距剖面视图，并可以生成半剖视图。

图 12-16 【局部视图】属性管理器

图 12-17 【样式】选项

下面介绍剖面视图的属性设置方法。

单击【草图】工具选项卡中的【中心线】按钮，在激活的视图中绘制单一或者相互平行的中心线(也可以单击【草图】工具选项卡中的【直线】按钮，在激活的视图中绘制单一或者相互平行的直线段)。选择绘制的中心线(或者直线段)，单击【工程图】工具选项卡中的【剖面视图】按钮，或选择【插入】|【工程图视图】|【剖面视图】菜单命令，系统弹出【剖面视图辅助】属性管理器，如图 12-18 所示。在绘图区绘制截面后，弹出【剖面视图 C-C】(根据生成的剖面视图顺序，用字母排序)属性管理器，如图 12-19 所示。

1. 【切除线】卷展栏

- 【反转方向】：单击该按钮，反转剖切的方向。
- 【标号】：编辑与剖切线或者剖面视图相关的字母。
- 【字体】：如果剖切线标号选择文档字体以外的字体，取消选中【文档字体】复选框，然后单击【字体】按钮，可以为剖切线或者剖面视图的相关字母选择其他字体。

第 12 章 工程图设计

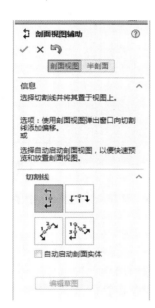

图 12-18 【剖面视图辅助】属性管理器

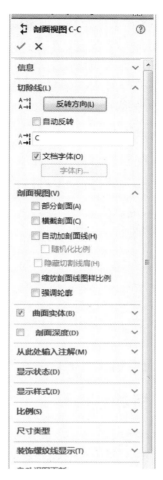

图 12-19 【剖面视图 C-C】属性管理器

2．【剖面视图】卷展栏

- 【部分剖面】：选中该复选框，当剖切线没有完全穿过视图中模型的边框线时，会弹出【剖切线小于视图几何体】的提示信息，并询问是否生成局部剖视图。
- 【横截剖面】：选中该复选框，只有被剖切线切除的曲面才会出现在剖面视图中。
- 【自动加剖面线】：选中该复选框，系统可以自动添加必要的剖面(切)线。
- 【缩放剖面线图样比例】：选中该复选框，可以放大和缩小剖面线比例。
- 【强调轮廓】：选中该复选框，将突出显示视图轮廓。

12.2.7 断裂视图

对于一些较长的零件(如轴、杆、型材等)，如果它们沿着长度方向的形状是统一(或者按一定规律)变化的，可以用折断显示的断裂视图来表达，这样就可以将零件以较大比例显示在较小的工程图纸上。断裂视图可以应用于多个视图，并可根据要求撤销断裂视图。

下面介绍断裂视图的属性设置方法。

单击【工程图】工具选项卡中的【断裂视图】按钮，或选择【插入】|【工程图视

图】|【断裂视图】菜单命令，系统弹出【断裂视图】属性管理器，如图 12-20 所示。

(1)【添加竖直折断线】：单击该按钮，生成断裂视图时，将视图沿水平方向断开。

(2)【添加水平折断线】：单击该按钮，生成断裂视图时，将视图沿竖直方向断开。

(3)【缝隙大小】：设置折断线之间的间距。

(4)【折断线样式】：定义折断线的样式，其效果如图 12-21 所示。

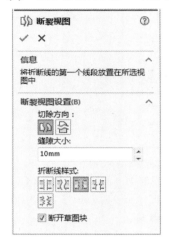

图 12-20 【断裂视图】属性管理器

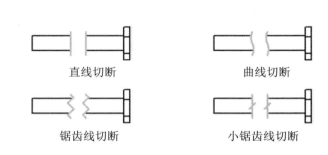

图 12-21 不同折断线样式的效果

12.2.8 相对视图

如果需要零件视图正确、清晰地表达零件的形状结构，使用模型视图和投影视图生成的工程视图可能会不符合实际情况。此时可以利用相对视图自行定义主视图，解决零件视图定向与工程视图投影方向的矛盾。

相对视图是一个相对于模型中所选面的正交视图，由模型的两个直交面及各自具体方位规格定义。通过在模型中依次选择两个正交平面或者基准面并指定所选面的朝向，生成特定方位的工程视图。相对视图可以作为工程视图中的第一个基础正交视图。

下面介绍相对视图的属性设置方法。

选择【插入】|【工程图视图】|【相对于模型】菜单命令，系统弹出【相对视图】属性管理器，如图 12-22 所示。

(1)【第一方向】：选择方向，然后单击【第一方向的面/基准面】选择框，在图纸区域选择一个面或者基准面。

(2)【第二方向】：选择方向，然后单击【第二方向的面/基准面】选择框，在图纸区域选择一个面或基准面。

图 12-22 【相对视图】属性管理器

12.3 尺 寸 标 注

下面对尺寸标注进行简要介绍，并讲解添加尺寸标注的操作步骤。

12.3.1 尺寸标注概述

工程图中的尺寸标注是与模型相关联的，而且模型中的变更会通过尺寸标注反映到工程图中。

(1) 模型尺寸。通常在生成每个零件特征时即生成尺寸，然后将这些尺寸插入各个工程视图中。在模型中改变尺寸会更新工程图，在工程图中改变插入的尺寸也会改变模型。

(2) 为工程图标注。当生成尺寸时，可指定是否将模型尺寸插入到工程图中。也可指定是否将工程图所标注的尺寸自动插入到新的工程视图中。

(3) 参考尺寸。也可以在工程图文档中添加尺寸，但是这些尺寸是参考尺寸，并且是从动尺寸。不能通过编辑参考尺寸的数值而更改模型。然而，当模型的标注尺寸改变时，参考尺寸值也会改变。

(4) 颜色。在默认情况下，模型尺寸为黑色。零件或装配体文件中的尺寸以蓝色显示(例如拉伸深度)。参考尺寸以灰色显示，并默认带有括号。可通过选择【工具】|【选项】|【系统选项】|【颜色】菜单命令为各种类型的尺寸指定颜色，并可选择【工具】|【选项】|【文件属性】|【尺寸标注】菜单命令来指定添加默认括号。

(5) 箭头。尺寸被选中时尺寸箭头上出现圆形控标。当单击箭头控标时(如果尺寸有两个控标，可以单击任意一个控标)，箭头向外或向内反转。右击控标时，箭头样式清单出现。可以使用此方法单独更改任何尺寸箭头的样式。

(6) 选择。可通过单击尺寸的任何地方，包括尺寸、延伸线或箭头来选择尺寸。

(7) 隐藏和显示尺寸。可以使用【视图】菜单来隐藏和显示尺寸。也可以右击尺寸，然后选择【隐藏】命令来隐藏尺寸。也可在注解视图中隐藏和显示尺寸。

(8) 隐藏和显示直线。若要隐藏一条尺寸线或延伸线，右击该直线，然后选择【隐藏尺寸线】命令或【隐藏延伸线】命令。若想显示隐藏线，右击尺寸线或一条可见直线，然后选择【显示尺寸线】命令或【显示延伸线】命令。

12.3.2 添加尺寸标注的操作方法

添加尺寸标注的操作方法如下。

(1) 单击【尺寸/几何关系】工具选项卡中的【智能尺寸】按钮 ，或选择【工具】|【标注尺寸】|【智能尺寸】菜单命令。

(2) 单击要标注尺寸的几何体，即可进行标注。具体的操作如表 12-1 所示。

表 12-1 标注尺寸

标注项目	单击…
直线或边线的长度	直线
两直线之间的角度	两条直线，或一条直线和模型上的一条边线
两直线之间的距离	两条平行直线，或一条直线与一条平行的模型边线
点到直线的垂直距离	点以及直线或模型边线
两点之间的距离	两个点
圆弧半径	圆弧
圆弧真实长度	圆弧及两个端点
圆的直径	圆周
一个或两个实体为圆弧或圆时的距离	圆心或圆弧/圆的圆周，及其他实体 (直线，边线，点等)
线性边线的中点	右击要标注中点尺寸的边线，然后单击选择中点。接着选择第二个要标注尺寸的实体

12.4 注解和注释

利用注释工具可以在工程图中添加文字注释和一些特殊要求的标注形式。文字注释可以独立浮动，也可以指向某个对象(如面、边线或者顶点等)。注释中可以包含文字、符号、参数文字或者超文本链接。如果注释中包含引线，则引线可以是直线、折弯线或者多转折引线。

12.4.1 注释的属性设置

单击【注解】工具选项卡中的【注释】按钮 A，或选择【插入】|【注解】|【注释】菜单命令，系统弹出【注释】属性管理器，如图 12-23 所示。

1. 【样式】卷展栏

- 【将默认样式应用到所选注释】：单击该按钮，可将默认样式应用到所选注释中。
- 【添加或更新样式】：单击该按钮，在弹出的对话框中输入新名称或选择现有名称，然后单击【确定】按钮，即可添加或更新样式，如图 12-24 所示。
- 【删除样式】：在【设定当前样式】下拉列表中选择一种样式，单击该按钮，即可将所选样式删除。
- 【保存样式】：在【设定当前样式】下拉列表中选择一种样式，单击该按钮，在弹出的【另存为】对话框中，选择保存该样式的文件夹，编辑文件名，最后单击【保存】按钮，即可将所选样式保存到文件中。
- 【装入样式】：单击该按钮，在弹出的【打开】对话框中选择合适的文件夹，然后选择一个或者多个文件，单击【打开】按钮，选择的常用尺寸就会出现在【设定当前样式】下拉列表中。

第 12 章 工程图设计

图 12-23 【注释】属性管理器

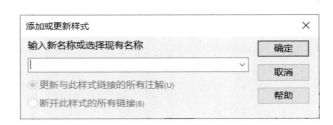

图 12-24 【添加或更新样式】对话框

> **注意** 注释有两种类型。如果在【注释】属性管理器中输入文本并将其另存为常用注释，则该文本会随注释属性保存。当生成新注释时，选择该常用注释并将注释放置在图形区域，注释便会与该文本一起出现。如果选择文件中的文本，然后选择一种常用类型，则会应用该常用类型的属性，而不更改所选文本；如果生成不含文本的注释并将其另存为常用注释，则只保存注释属性。

2．【文字格式】卷展栏

文字对齐方式：包括【左对齐】、【居中】、【右对齐】和【套合文字】。

- 【角度】：设置注释文字的旋转角度(正角度值表示逆时针方向旋转)。
- 【插入超文本链接】：单击该按钮，可以在注释中插入超文本链接。
- 【链接到属性】：单击该按钮，可以将注释链接到文件属性。
- 【添加符号】：将鼠标指针放置在需要添加符号的注释文字框中，单击【添加符号】按钮，弹出快捷菜单选择符号，符号即可显示在注释中，如图 12-25 所示。
- 【锁定/解除锁定注释】：单击该按钮，将注释的位置固定。当编辑注释时，可以调整其边界框，但不能移动注释本身(只可用于工程图)。
- 【插入形位公差】：单击该按钮，在注释中插入形位公差符号。
- 【插入表面粗糙度符号】：单击该按钮，在注释中插入表面粗糙度符号。

图 12-25 选择符号

- 【插入基准特征】：单击该按钮，在注释中插入基准特征符号。
- 【使用文档字体】：选中该复选框，使用文档设置的字体；取消选中该复选框，【字体】按钮处于可用状态。单击【字体】按钮，弹出【选择字体】对话框，可以选择字体样式、大小及效果。

3. 【引线】卷展栏

单击【引线】按钮、【多转折引线】按钮、【无引线】按钮或者【自动引线】按钮，确定是否选择引线。

单击【引线向左】按钮、【引线向右】按钮、【引线最近】按钮，确定引线的位置。

单击【直引线】按钮、【折弯引线】按钮、【下划线引线】按钮，确定引线样式。

从【箭头样式】下拉列表中选择一种箭头样式，如图 12-26 所示。如果选择【智能箭头】样式，则会应用合适的箭头(如根据出详图标准，将——●应用到面上、——▶应用到边线上等)到注释中。

【应用到所有】：单击该按钮，将更改应用到所选注释的所有箭头。如果所选注释有多条引线，而自动引线没有被选择，则可以为每个单独引线使用不同的箭头样式。

4. 【边界】卷展栏(见图 12-27)

- 【样式】列表：指定边界(包含文字的几何形状)的形状或者无。
- 【大小】列表：指定文字是否为【紧密配合】或者固定的字符数。

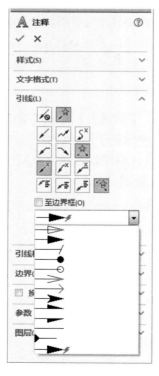

图 12-26　【引线】卷展栏　　　图 12-27　【边界】卷展栏

5. 【图层】卷展栏

【图层】卷展栏中的参数用来指定注释所在的图层。

12.4.2 添加注释的操作方法

添加注释的操作方法如下。

(1) 单击【注解】工具选项卡中的【注释】按钮 A，或选择【插入】|【注解】|【注释】菜单命令，系统弹出【注释】属性管理器。

(2) 在图纸区域拖动鼠标指针定义文本框，在文本框中输入相应的注释文字。

(3) 如果有多处需要添加注释文字，只需在相应位置单击即可添加新注释，单击【确定】按钮，注释添加完成，如图12-28所示。

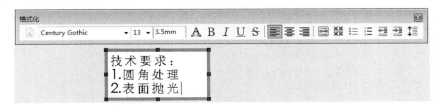

图 12-28　添加注释

(4) 添加注释还可以在工程图图纸区域右击，在弹出的快捷菜单中选择【注解】|【注释】命令。每个注释实例均可以修改文字、属性和格式等。

(5) 如果需要在注释中添加多条引线，在拖曳注释并放置之前，按住 Ctrl 键，注释停止移动，第二条引线即会出现，单击放置引线。

12.5　打印工程图

在 SOLIDWORKS 中，可以打印整个工程图图纸，也可以只打印图纸中所选的区域。如果使用彩色打印机，可以打印彩色的工程图(默认设置为使用黑白打印)，也可以为单独的工程图图纸指定不同的打印设置。

在打印图纸时，要求用户正确安装并设置打印机、页面和线粗等。

12.5.1　页面设置

打印工程图前，需要对当前文件进行页面设置。

打开需要打印的工程图文件。选择【文件】|【页面设置】菜单命令，弹出【页面设置】对话框，如图12-29所示。

1. 【比例和分辨率】选项组

- 【调整比例以套合】(仅对于工程图)：选中该单选按钮，将按照使用的纸张大小自动调整工程图的尺寸。

- 【比例】：选中该单选按钮，并设置图纸打印比例，将按照该比例缩放(即百分比)打印文件。
- 【高品质】(仅对于工程图)：选中该复选框，SOLIDWORKS 软件会根据打印机和纸张大小自动确定最优分辨率，输出并打印工程图。

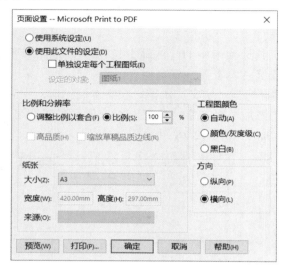

图 12-29 【页面设置】对话框

2. 【纸张】选项组

- 【大小】：设置打印文件的纸张大小。
- 【来源】：设置纸张所处的打印机纸匣。

3. 【工程图颜色】选项组

- 【自动】：如果打印机或者绘图机驱动程序报告能够进行彩色打印，选中该单选按钮，将发送彩色数据，否则发送黑白数据。
- 【颜色/灰度级】：选中该单选按钮，并忽略打印机或者绘图机驱动程序的报告结果，发送彩色数据到打印机或者绘图机。黑白打印机通常以灰度级打印彩色实体。
- 【黑白】：选中该单选按钮，将忽略打印机或者绘图机驱动程序的报告结果，发送黑白数据到打印机或者绘图机。

12.5.2 线粗设置

选择【文件】|【打印】菜单命令，弹出【打印】对话框，如图 12-30 所示。

在【打印】对话框中，单击【线粗】按钮，在弹出的【文档属性-线粗】对话框中设置打印时的线粗，如图 12-31 所示。

第 12 章 工程图设计

图 12-30 【打印】对话框

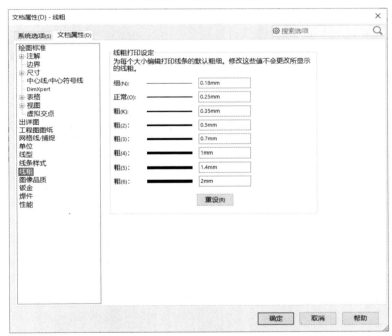

图 12-31 【文档属性-线粗】对话框

12.5.3 打印出图

完成页面设置和线粗设置后，就可以打印出图了。

1. 打印整个工程图图纸

选择【文件】|【打印】菜单命令，弹出【打印】对话框。在该对话框中的【打印范围】

选项组中，选中相应的单选按钮并输入想要打印的页数，单击【确定】按钮打印文件。

2. 打印工程图所选区域

选择【文件】|【打印】菜单命令，弹出【打印】对话框。在该对话框中的【打印范围】选项组中选中【当前荧屏图象】单选按钮，选中其后的【选择】复选框，弹出【打印所选区域】对话框，如图 12-32 所示。

图 12-32　【打印所选区域】对话框

- 【模型比例(1∶1)】：默认情况下，选中该单选按钮，所选区域将按照实际尺寸打印。因此，对于使用不同于默认图纸比例的视图，需要使用自定义比例以获得需要的结果。
- 【图纸比例(1∶1)】：选中该单选按钮，所选区域将按照其在整张图纸中的显示比例进行打印。如果工程图大小和纸张大小相同，将打印整张图纸。
- 【自定义比例】：选中该单选按钮，所选区域将按照定义的比例因子打印，输入比例因子数值，单击【确定】按钮。改变比例因子时，图纸区域中的选择框将发生变化。

拖动选择框到需要打印的区域。可以移动、缩放视图，或者在选择框显示时更换图纸。此外，选择框只能整框拖动，不能拖动单独的边来调整所选区域的大小，如图 12-33 所示，单击【确定】按钮，完成所选区域的打印。

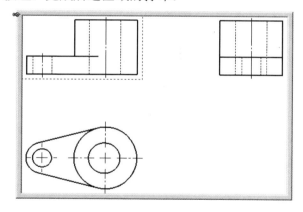

图 12-33　选择打印区域

12.6　设 计 范 例

12.6.1　绘制螺栓组件工程图范例

本范例完成文件：范例文件/第 12 章/12-1.SLDDRW、199.SLDPRT

范例操作

step 01 新建工程图文件，完成图纸格式设置并创建图框，如图 12-34 所示。

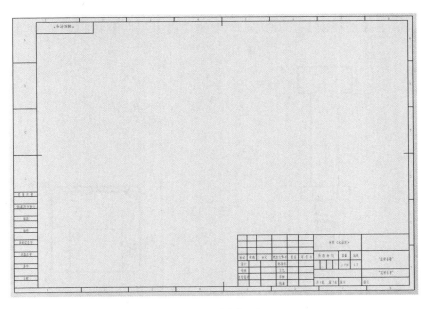

图 12-34　创建图框

step 02 打开螺栓组件模型,单击【工程图】工具选项卡中的【模型视图】按钮,创建主视图,并设置参数,如图 12-35 所示。

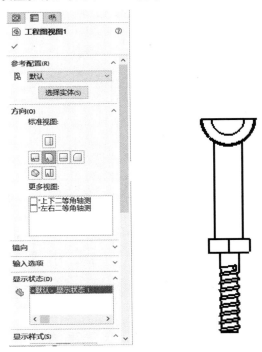

图 12-35　创建主视图

step 03 单击【工程图】工具选项卡中的【投影视图】按钮,创建侧视图,如图 12-36 所示。

step 04 单击【工程图】工具选项卡中的【投影视图】按钮⊞，创建俯视图，如图 12-37 所示。

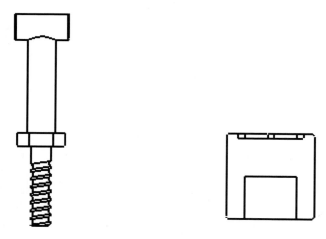

图 12-36 创建侧视图　　　图 12-37 创建俯视图

step 05 单击【工程图】工具选项卡中的【剖面视图】按钮↕，创建剖面视图，如图 12-38 所示。

step 06 单击【注解】工具选项卡中的【智能尺寸】按钮，标注主视图，如图 12-39 所示。

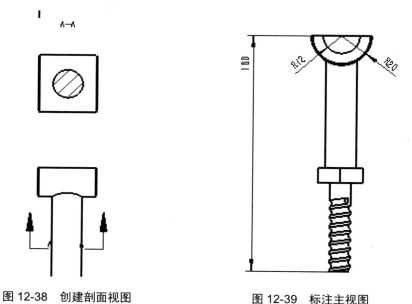

图 12-38 创建剖面视图　　　图 12-39 标注主视图

step 07 单击【注解】工具选项卡中的【智能尺寸】按钮，标注侧视图，如图 12-40 所示。

step 08 单击【注解】工具选项卡中的【智能尺寸】按钮，标注剖面视图，如图 12-41 所示。

step 09 单击【注解】工具选项卡中的【智能尺寸】按钮，标注俯视图，如图 12-42 所示。

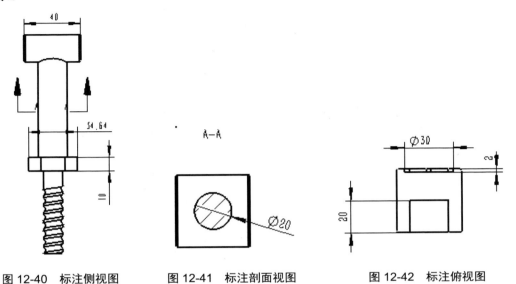

图 12-40 标注侧视图　　图 12-41 标注剖面视图　　图 12-42 标注俯视图

至此，螺栓组件工程图绘制完成，最终结果如图 12-43 所示。

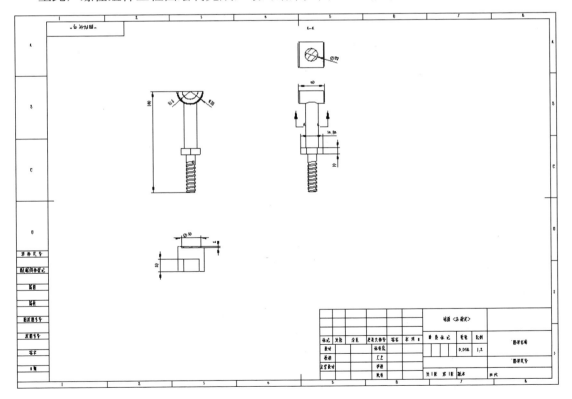

图 12-43 螺栓组件工程图

12.6.2 绘制泵组装配体工程图范例

本范例完成文件：范例文件/第 12 章/12-2.SLDDRW、205.SLDPRT

范例操作

step 01 新建工程图文件，打开泵组装配体模型，单击【工程图】工具选项卡中的【模型视图】按钮，创建主视图，如图 12-44 所示。

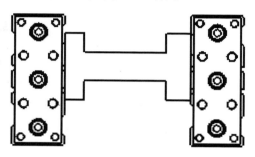

图 12-44　创建主视图

step 02 单击【工程图】工具选项卡中的【投影视图】按钮，创建侧视图，如图 12-45 所示。

step 03 单击【工程图】工具选项卡中的【投影视图】按钮，创建俯视图，如图 12-46 所示。

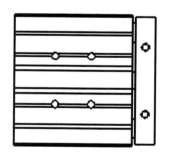
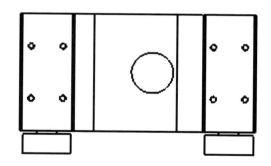

图 12-45　创建侧视图　　　　图 12-46　创建俯视图

step 04 单击【工程图】工具选项卡中的【投影视图】按钮，创建立体图，如图 12-47 所示。

step 05 单击【注解】工具选项卡中的【智能尺寸】按钮，标注主视图，如图 12-48 所示。

step 06 单击【注解】工具选项卡中的【智能尺寸】按钮，标注侧视图，如图 12-49 所示。

step 07 单击【注解】工具选项卡中的【智能尺寸】按钮，标注俯视图，如图 12-50 所示。

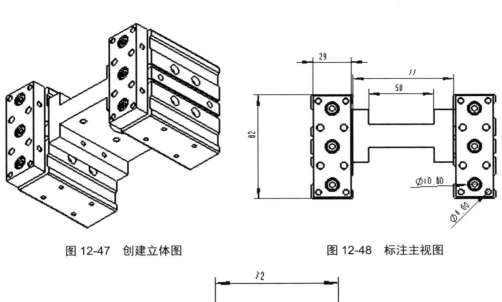

图 12-47 创建立体图　　　　图 12-48 标注主视图

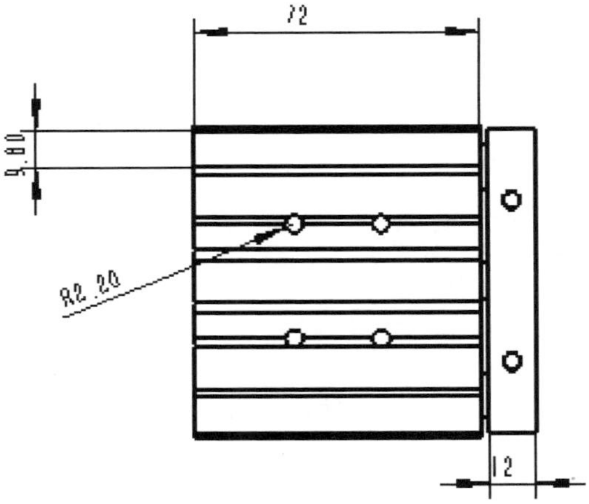

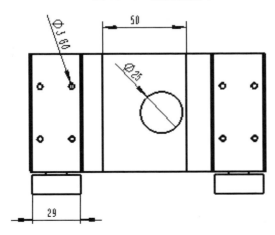

图 12-49 标注侧视图

图 12-50 标注俯视图

至此，泵组装配体工程图绘制完成，最终结果如图 12-51 所示。

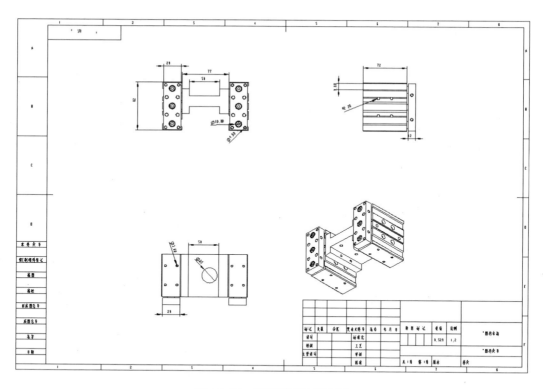

图 12-51 泵组装配体工程图

12.7 本章小结

  生成工程图是 SOLIDWORKS 中一项非常实用的功能,掌握好生成工程视图和工程图文件的基本操作,可以快速、正确地为零件的加工等工程活动提供合格的工程图样。需要注意的是,用户在使用 SOLIDWORKS 软件生成工程图时,一定要注意其与我国技术制图国家标准之间的联系和区别,以便正确使用软件提供的各项功能。

第 13 章

模 具 设 计

本章导读

　　SOLIDWORKS 提供了一系列控制模具生成过程的集成工具，可以使用这些模具工具来分析并纠正塑件模型的潜在问题。模具工具涵盖从初始分析到生成切削分割整个过程需用到的工具。

　　本章将重点介绍 SOLIDWORKS 模具设计的基本知识。首先，将介绍数据准备和项目管理的具体操作，再介绍分型线和分型面的创建命令。

13.1 模具设计准备——分析诊断

分析诊断工具包括拔模分析工具、底切分析工具等，这些工具由 SOLIDWORKS 提供，用于分析产品模型是否可以进行模型设计。分析诊断工具会给出产品模型不适合进行模具设计的区域，然后提交给修正工具对产品模型进行修改。

13.1.1 拔模分析

有了零件的实体，便可以进行模具设计。首先要考虑的问题就是模型是否可以顺利地拔模，否则模型内的零件无法从模具中取出。塑料零件设计者和铸模工具制造者可以使用【模具工具】工具栏中的命令，来检查拔模是否可以正确应用到零件面上。如果塑件无法顺利拔模，则模具设计者需要考虑修改零件模型，从而使零件能顺利拔模。

单击【模具工具】工具栏中的【拔模分析】按钮，系统弹出【拔模分析】属性管理器，如图 13-1 所示。

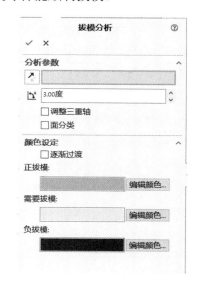

图 13-1 【拔模分析】属性管理器

1. 【分析参数】卷展栏

   - 【拔模方向】选择框：可以选择一个平面、一条线性边线或轴来定义拔模方向。
   - 【反向】按钮：可以更改拔模方向。
   - 【拔模角度】：用来输入一个参考拔模角度，将该参考角度与模型中现有的角度进行比较。

2. 【颜色设定】卷展栏

   - 【颜色】：选择分析面后，里面显示得到的面分类结果，其中面的数量包括在面分类的范围中，显示为属于此范围颜色块上的数字。
   - 【编辑颜色】按钮：切换默认的拔模面颜色。

   最后单击【确定】按钮保存零件绘图区的颜色分类。

13.1.2 底切分析

底切分析工具用来查找模型中不能从模具中顶出的被围困区域。此区域需要侧型芯。当主型芯和型腔分离时，侧型芯沿与主型芯和型腔的运动垂直的方向滑动，从而使零件可以顶出。一般底切分析只可用于实体，不能用于曲面实体。

单击【模具工具】工具选项卡中的【底切分析】按钮，系统弹出【底切分析】属性管理器，如图 13-2 所示。

1. 【分析参数】卷展栏

【拔模方向】：可以选择一个平面、一条线性边线或轴来定义拔模方向。

【坐标输入】：选中该复选框，沿 X 轴、Y 轴和 Z 轴设定坐标。

【反向】：单击该按钮，可以更改拔模方向。

【分型线】：为分析选择分型线，评估分型线以上的面以决定它们是否可从分型线以上看见，评估分型线以下的面来决定它们是否可从分型线以下看见。如果指定了分型线，就不必指定拔模方向。

2. 【底切面】卷展栏

在【底切面】卷展栏中设置不同分类的面在图形区域中以不同颜色显示。

面分类的定义如表 13-1 所示。

图 13-2 【底切分析】属性管理器

表 13-1 面分类的定义

面 分 类	描 述
正拔模	根据指定的参考拔模角度，显示带正拔模的任何面。正拔模是指面的角度相对于拔模方向大于参考角度
需要拔模	显示需要校正的任何面。这些面需校正为成一角度的面。此角度大于负参考角度但小于正参考角度
负拔模	根据指定的参考拔模角度，显示带负拔模的任何面。负拔模是指面的角度相对于拔模方向小于负参考角度
跨立面	显示同时包含正拔模和负拔模的任何面。通常，这些是需要生成分割线的面
正陡面	面中既包含正拔模又包含需要拔模的区域，只有曲面才能显示这种情况
负陡面	面中既包含负拔模又包含需要拔模的区域，只有曲面才能显示这种情况

【底切面】卷展栏中主要包括如下参数。

- 【方向 1 底切】：从零件或分型线以上不可见的面。
- 【方向 2 底切】：从零件或分型线以下不可见的面。
- 【封闭底切】：从零件以上或以下不可见的面。
- 【跨立底切】：以双向拔模的面。
- 【无底切】：不设置底切面显示。

13.2 分 型 设 计

模具工具用于分型设计，这些工具和 IMOLD 插件中的一些功能类似，包括分型线、关闭曲面、分型面和切削分割工具等。

13.2.1 分型线

分型线位于模具零件的边线上，位于型芯和型腔曲面之间。它用于生成分型面并建立模仁的分开曲面。在生成分型线之前，通常会对模型进行缩放，并应用适当的拔模。运用分型线工具，可以在单一零件中生成多个分型线特征，以及生成部分分型线特征。

单击【模具工具】工具选项卡中的【分型线】按钮，系统弹出【分型线】属性管理器，如图13-3所示。

1. 【模具参数】卷展栏

- 【拔模方向】：定义型腔实体拔模以分割型芯和型腔的方向。选择一个基准面、平面或边线，箭头会显示在模型上。其中单击【反向】按钮，可以更改拔模方向。
- 【拔模角度】：设定一个值，带有小于此数值的拔模的面在分析结果中报告为无拔模。
- 【拔模分析】：单击该按钮后，在拔模分析下出现 4 个色块，表示正拔模、无拔模、负拔模及跨立面的颜色。在图形区域中，模型面会自动更改为相应的拔模分析颜色。
- 【用于型心/型腔分割】(此处为与软件界面统一，用"型心")：选中该复选框，可以生成一条定义型芯、型腔分割的分型线。
- 【分割面】：选中该复选框，可以自动分割在拔模分析过程中找到的跨立面。包括【于+/-拔模过渡】：分割正负拔模之间过渡处的跨立面；【于指定的角度】：按指定的拔模角度分割跨立面。

图 13-3 【分型线】属性管理器

2. 【分型线】卷展栏

【分型线】：显示为分型线所选择的边线的名称。

在【分型线】选择框中，可以选择一个名称以标注在图形区域识别的边线；在图形区域选择一条边线从【分型线】选择框中添加或移除；右击并选择【消除选择】命令以清除【分型线】选择框中的所有选择的边线。

如果模型包括一个在正拔模面和负拔模面之间(即不包括跨立面)穿越的边线链，则分型线线段会自动被选择，并列举在【分型线】选择框中。

如果模型包括多个边线链，最长的边线链会自动被选择。

如果想手动选择每条边线进行分型线的添加，则右击边线，并选择【消除选择】命令，选择希望成为分型线的边线。

13.2.2 修补破孔

若想将切削块分割为两块，需要两个无任何通孔的完整曲面，即型芯曲面和型腔曲面。使用【关闭曲面】功能可关闭这样的通孔，该通孔会联结型芯曲面和型腔曲面，一般称作破孔。一般要在生成分型线后生成关闭曲面。关闭曲面通过如下两种方式生成一个曲面修补来闭合通孔：形成连续环的边线和先前生成以定义环的分型线。

单击【模具工具】工具选项卡中的【关闭曲面】按钮，系统弹出【关闭曲面】属性管理器，如图13-4所示。

当生成关闭曲面时，软件会自动添加适当的曲面，以完善型腔曲面实体和型芯曲面实体，如图13-5所示。

图13-4 【关闭曲面】属性管理器

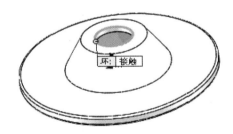

图13-5 关闭曲面模型

1. 【边线】卷展栏

（1）【边线】：这里列举出为关闭曲面所选择的边线或分型线的名称。可以在绘图区选择一条边线或分型线以从【边线】选择框中添加或移除；选择一个名称以标注在绘图区已经识别的边线；右击并选择【消除选择】命令以清除【边线】选择框中的所有选择的边线；在图形区域右击所选环，然后选择【消除选择环】命令，可以把该环从【边线】选择框中移除。可以手动选择边线。在图形区域选择一条边线，然后使用选择工具依次选择边线来完成环。

（2）【缝合】：选中该复选框，将每个关闭曲面连接成型腔和型芯曲面，这样型腔曲面实体和型芯曲面实体分别包含一个曲面实体。当取消选中此复选框时，曲面修补不缝合到型芯及型腔曲面，这样型腔曲面实体和型芯曲面实体包含多个曲面。如果有很多低质量曲面(如带有IGES输入问题)，可能需要取消选中此复选框，以免出现缝合失败的问题，并在使用【关闭曲面】工具后再手动分析并修补曲面。

(3)【过滤环】：选中该复选框，将过滤不是有效孔的环，如果模型中的有效孔被过滤，则取消选中此复选框。

(4)【显示预览】：选中该复选框，将在图形区域显示修补曲面的预览。

(5)【显示标注】：选中该复选框，将为每个环在图形区域显示标注。

2.【重设所有修补类型】卷展栏

这里可以选择不同的填充类型来控制修补的曲率。在绘图区单击一个标注可以把环的填充类型从【全部相触】更改到【全部相切】或【全部不填充】，从而填充破孔。

- 【全部相触】：单击该按钮，在所选边界内生成曲面，这是所有自动选择的环的曲面填充的默认类型。
- 【全部相切】：单击该按钮，在所选边界内生成曲面，同时保持修补到相邻面的相切。可以单击模型中的箭头来指定哪些面用于相切。
- 【全部不填充】：单击该按钮，不生成曲面(通孔不修补)。这在某些情况下非常有用，特别是在需要检查型芯和型腔能否正确分离时。

若想将切削块分割为两块，需要两个无任何通孔的完整曲面(一个是型芯曲面，一个是型腔曲面)。关闭曲面工具最好能够自动识别并填充所有通孔。

13.3 型 芯

模具的分型从型芯开始，本节将介绍如何创建分型面和使用切削分割命令来分割型芯和型腔。

13.3.1 分型面

在创建分型线并生成关闭曲面后，就可以生成分型面。分型面从分型线拉伸，可以把模具型腔从型芯分离出来。

单击【模具工具】工具选项卡中的【分型面】按钮，系统弹出【分型面】属性管理器，如图 13-6 所示。

1.【模具参数】卷展栏

- 【相切于曲面】：选中该单选按钮，分型面与分型线的曲面相切。
- 【正交于曲面】：选中该单选按钮，分型面与分型线的曲面正交。
- 【垂直于拔模】：选中该单选按钮，分型面与拔模方向垂直，此为最普通类型，为默认值。

图 13-6 【分型面】属性管理器

2. 【分型线】卷展栏

【分型线】：显示为分型线所选择的边线的名称。

在【分型线】选择框中，可以选择一个名称以标注在图形区域识别的边线；在图形区域选择一个边线从【分型线】选择框中添加或移除；右击并选择【消除选择】命令以清除【分型线】选择框中的所有选择的边线。

可以手动选择边线，在图形区域选择一条边线，然后使用一系列的选择工具来完成。

3. 【分型面】卷展栏

- 【距离】：为分型面的宽度设定数值，单击【反向】按钮以更改从分型线延伸的方向。
- 【角度】：可以(对于【相切于曲面】或【正交于曲面】)设定一个值，这会将角度从垂直于曲面更改到拔模方向。
- 【平滑】：实现在相邻曲面之间应用一个更平滑的过渡。其中【尖锐】为默认选项。【平滑】用来为相邻边线之间的距离设定一个数值，数值越高，在相邻边线之间生成的过渡越平滑。

4. 【选项】卷展栏

- 【缝合所有曲面】：选中该复选框，将自动缝合曲面。对于大部分模型，曲面正确生成。如果需要修复相邻曲面之间的间隙，取消选中该复选框以阻止曲面缝合。
- 【显示预览】：选中该复选框，在图形区域预览曲面，可以优化系统性能。
- 【手工模式】：选中该复选框，可以手动输入对象。

13.3.2 分割型芯

当定义完分型面以后，便可以使用切削分割工具为模型生成型芯和型腔块。欲生成切削分割，曲面实体的文件夹中最少需要包含三个曲面实体：一个型芯的曲面实体、一个型腔的曲面实体以及一个分型面实体。可以生成切削分割用于多个实体，例如多件模。

单击【模具工具】工具选项卡中的【切削分割】按钮，系统弹出【切削分割】属性管理器，如图 13-7 所示。

图 13-7 【切削分割】属性管理器

1. 【块大小】卷展栏

- 【方向 1 深度】：设定一个方向的深度数值。

- 【方向2深度】：设定另一个方向的深度数值。
- 【连锁曲面】：如果要生成一个可帮助阻止型芯和型腔块移动的曲面，则选中该复选框，这样将沿分型面的周边生成一个连锁曲面。可以为拔模角度设定一个数值，连锁曲面通常有5°拔模。对于大部分模型，手动生成连锁曲面比在这里自动生成连锁曲面更好一些。选择【插入】|【特征】|【移动/复制】菜单命令，来分离切削分割实体以方便观察模具组件。

2. 模具组件卷展栏

首先绘制一个延伸到模型边线以外，但位于分型面边界内的矩形作为型芯。
在【型心】选择框中，型芯曲面实体出现。
在【型腔】选择框中，型腔曲面实体出现。
在【分型面】选择框中，分型面实体出现。另外，可以为一个切削分割指定多个不连续的型芯曲面和型腔曲面。

13.4 设 计 范 例

13.4.1 端盖模具设计范例

本范例完成文件：范例文件/第 13 章/13-1.SLDPRT

范例操作

step 01 打开端盖零件文件后进入模具设计环境，单击【模具工具】工具选项卡中的【拔模分析】按钮，创建端盖模型的拔模分析，参数设置如图 13-8 所示。

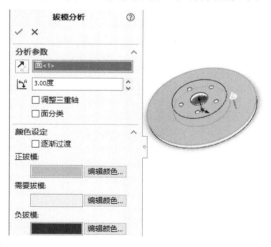

图 13-8 创建拔模分析

step 02 单击【模具工具】工具选项卡中的【分型线分析】按钮，创建模型分型线分析，参数设置如图 13-9 所示。

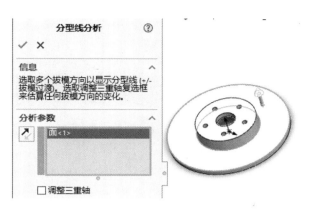

图 13-9 创建分型线分析

step 03 单击【模具工具】工具选项卡中的【分型线】按钮，创建分型线，参数设置如图 13-10 所示。

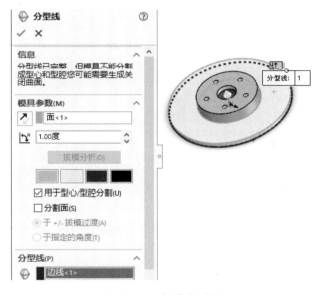

图 13-10 创建分型线

> 提示 分型线位于模具零件的边线上，位于型芯和型腔曲面之间。用分型线来生成分型面并建立模仁的分开曲面。

step 04 单击【模具工具】工具选项卡中的【关闭曲面】按钮，封闭模型上的孔，参数设置如图 13-11 所示。

> 提示 若想将切削块分割为两块，则需要两个无任何通孔的完整曲面，即型芯曲面和型腔曲面。【关闭曲面】功能可关闭联结型芯曲面和型腔曲面的通孔，这样的通孔一般称作破孔。

step 05 单击【模具工具】工具选项卡中的【分型面】按钮，创建分型面，参数设置如图 13-12 所示。

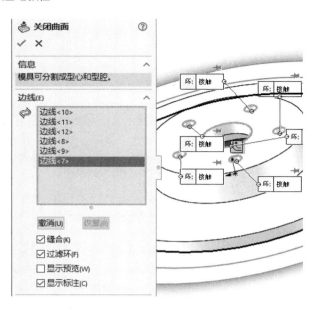

图 13-11 关闭曲面

图 13-12 创建分型面

step 06 单击【草图】工具选项卡中的【圆】按钮,绘制圆形,如图 13-13 所示。

step 07 单击【模具工具】工具选项卡中的【切削分割】按钮,创建型芯和型腔,参数设置如图 13-14 所示,最终所得到的结果如图 13-15 所示。

至此,端盖模具设计完成,最终结果如图 13-16 所示。

第 13 章 模具设计

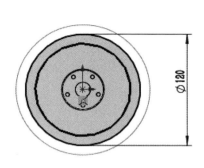
图 13-13 绘制圆形

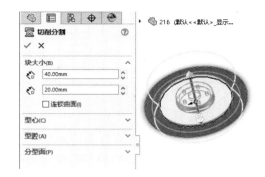
图 13-14 创建型芯和型腔

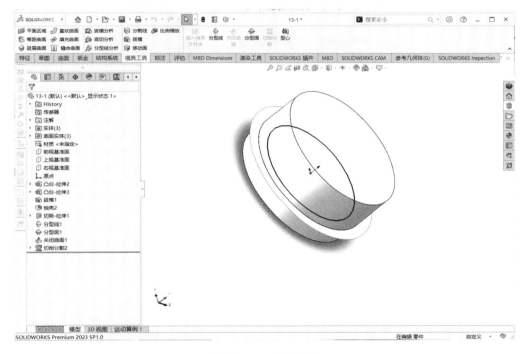
图 13-15 创建结果

图 13-16 端盖模具

13.4.2 导块模具设计范例

本范例完成文件：范例文件/第 13 章/13-2.SLDPRT

范例操作

step 01 打开导块零件文件后进入模具设计环境，单击【模具工具】工具选项卡中的【拔模分析】按钮，创建导块模具模型的拔模分析，参数设置如图 13-17 所示。

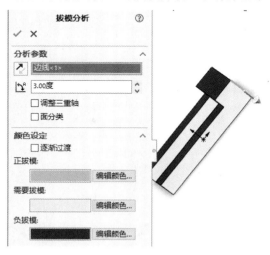

图 13-17　创建拔模分析

step 02 单击【模具工具】工具选项卡中的【分型线分析】按钮，创建模型分型线分析，参数设置如图 13-18 所示。

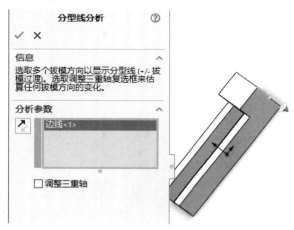

图 13-18　创建分型线分析

step 03 单击【模具工具】工具选项卡中的【分型线】按钮，创建分型线，参数设置如图 13-19 所示。

第 13 章 模具设计

图 13-19 创建分型线

step 04 单击【模具工具】工具选项卡中的【分型面】按钮，创建分型面，参数设置如图 13-20 所示。

图 13-20 创建分型面

step 05 单击【草图】工具选项卡中的【边角矩形】按钮，绘制矩形，如图 13-21 所示。

step 06 单击【模具工具】工具选项卡中的【切削分割】按钮，创建型芯和型腔，参数设置如图 13-22 所示，创建结果如图 13-23 所示。

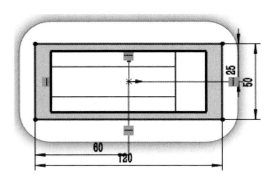

图 13-21　绘制矩形

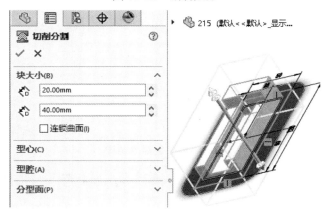

图 13-22　创建型芯和型腔

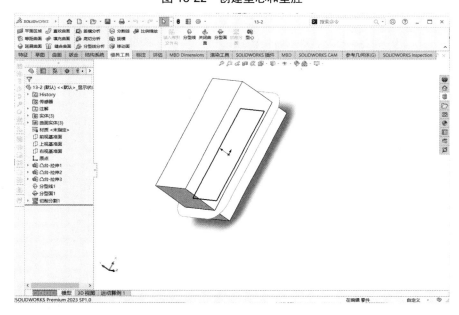

图 13-23　创建结果

至此，导块模具设计完成，最终结果如图 13-24 所示。

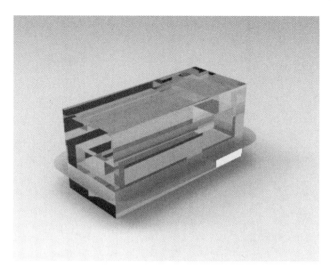

图 13-24　导块模具

13.5　本章小结

本章重点讲解了模具设计，首先介绍了模具设计准备的方法，在创建分型线时，过渡点的放置较为重要。选择分型面是模具设计中比较重要的步骤，分型面的选择将直接影响到模具质量，从而会对产品产生一定的影响。

第14章

综合设计范例

本章导读

在学习了 SOLIDWORKS 的主要设计功能后,本章将主要介绍 SOLIDWORKS 设计的综合范例,以加深读者对 SOLIDWORKS 主要设计方法的理解和掌握,同时增强绘图实战经验。本章介绍的三个案例都是 SOLIDWORKS 设计中比较典型的案例,分别是机械零件、曲面造型和零件装配体模型的绘制,覆盖了 SOLIDWORKS 的主要应用领域,具有很强的代表性,希望读者能认真学习掌握。

14.1 绘制变速器范例

本范例完成文件：范例文件/第 14 章/14-1.SLDPRT

14.1.1 范例分析

本节将绘制一个变速器模型，范例效果如图 14-1 所示，该模型包括拉伸、旋转、孔等特征。范例制作中首先创建模型基体部分，使用拉伸命令和拉伸切除命令完成大部分特征的创建；之后创建挡槽，并使用拉伸切除方法创建孔；最后创建挡孔部分，使用拉伸和扫描等特征创建主体，并进行倒角。

图 14-1 变速器模型

14.1.2 范例操作

step 01 新建图形文件，单击【草图】工具选项卡中的【草图绘制】按钮 □，选择前视基准面进入草绘环境，在前视基准面上绘制矩形，如图 14-2 所示。

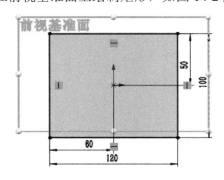

图 14-2 绘制矩形(1)

step 02 单击【特征】工具选项卡中的【拉伸凸台/基体】按钮 ，创建拉伸特征，并设置参数，如图 14-3 所示。

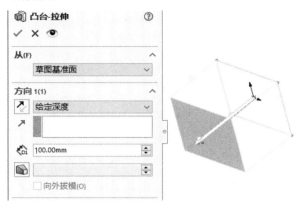

图 14-3　创建拉伸特征(1)

step 03　单击【特征】工具选项卡中的【倒角】按钮，创建倒角特征，并设置参数，如图 14-4 所示。

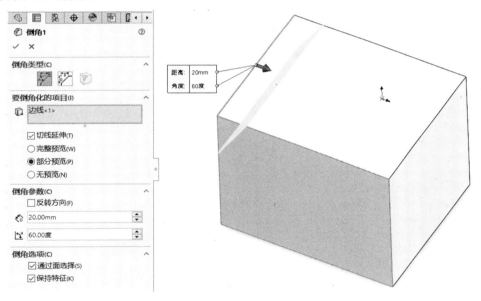

图 14-4　创建倒角特征

step 04　单击【特征】工具选项卡中的【圆角】按钮，创建圆角特征，并设置参数，如图 14-5 所示。

step 05　单击【特征】工具选项卡中的【圆角】按钮，再次创建圆角特征，并设置参数，如图 14-6 所示。

step 06　单击【草图】工具选项卡中的【边角矩形】按钮，绘制矩形，如图 14-7 所示。

step 07　单击【特征】工具选项卡中的【拉伸切除】按钮，创建拉伸切除特征，并设置参数，如图 14-8 所示。

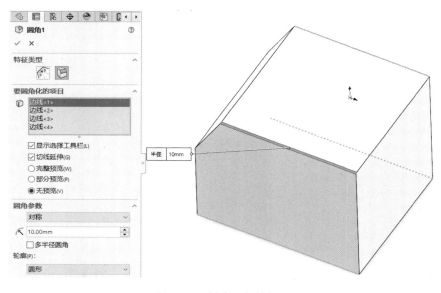

图 14-5 创建圆角特征(1)

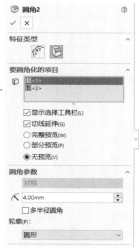
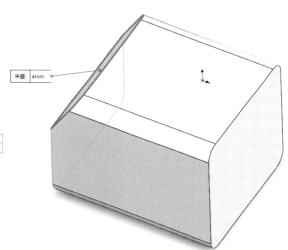

图 14-6 创建圆角特征(2)

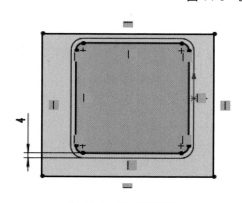

图 14-7 绘制矩形(2)

图 14-8 创建拉伸切除特征(1)

step 08 单击【特征】工具选项卡中的【圆角】按钮,第 3 次创建圆角特征,并设置参数,如图 14-9 所示。

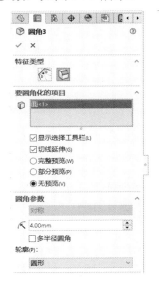
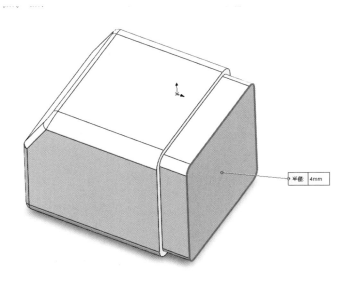

图 14-9 创建圆角特征(3)

step 09 单击【草图】工具选项卡中的【圆】按钮,绘制多个圆形,如图 14-10 所示。

step 10 单击【特征】工具选项卡中的【拉伸切除】按钮,再次创建拉伸切除特征,并设置参数,如图 14-11 所示。

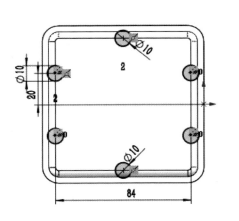
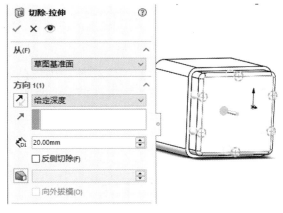

图 14-10 绘制多个圆形　　　图 14-11 创建拉伸切除特征(2)

step 11 单击【草图】工具选项卡中的【圆】按钮,绘制圆形,如图 14-12 所示。

step 12 单击【特征】工具选项卡中的【拉伸凸台/基体】按钮,给圆形创建拉伸特征,并设置参数,如图 14-13 所示。

step 13 单击【草图】工具选项卡中的【多边形】按钮,绘制八边形,如图 14-14 所示。

step 14 单击【特征】工具选项卡中的【拉伸凸台/基体】按钮,给八边形创建拉伸特征,并设置参数,如图 14-15 所示。

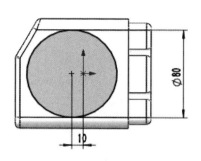

图 14-12 绘制圆形(1)

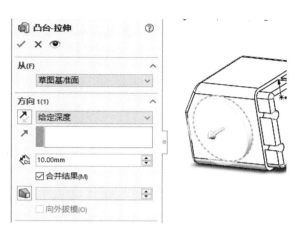

图 14-13 创建拉伸特征(2)

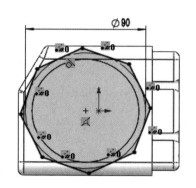

图 14-14 绘制八边形

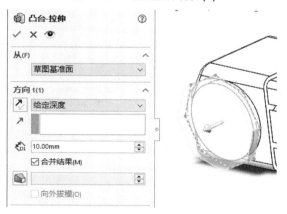

图 14-15 创建拉伸特征(3)

step 15 单击【草图】工具选项卡中的【圆】按钮⊙，绘制圆形，如图 14-16 所示。

step 16 单击【特征】工具选项卡中的【拉伸切除】按钮，创建拉伸切除特征，并设置参数，如图 14-17 所示。

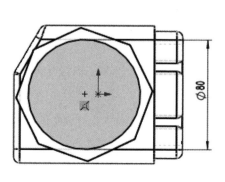

图 14-16 绘制圆形(2)

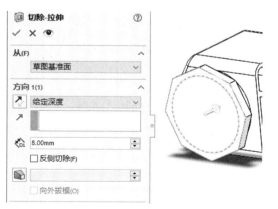

图 14-17 创建拉伸切除特征(3)

step 17 单击【草图】工具选项卡中的【圆】按钮⊙，再次绘制圆形，如图 14-18 所示。

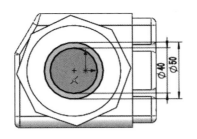

图 14-18 绘制圆形(3)

step 18 单击【特征】工具选项卡中的【拉伸凸台/基体】按钮，给圆形创建拉伸特征，并设置参数，如图 14-19 所示。

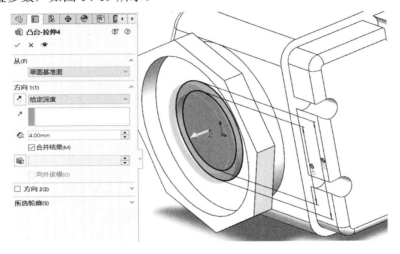

图 14-19 创建拉伸特征(4)

step 19 单击【特征】工具选项卡中的【圆角】按钮，创建圆角特征，并设置参数，如图 14-20 所示。

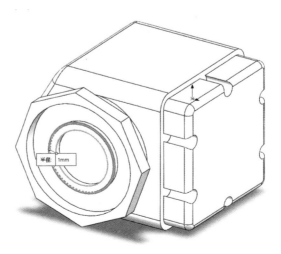

图 14-20 创建圆角特征(4)

step 20 单击【草图】工具选项卡中的【圆】按钮⊙，绘制直径为 10 mm 的圆形，结果如图 14-21 所示。

step 21 单击【特征】工具选项卡中的【拉伸凸台/基体】按钮，为圆形创建拉伸特征，并设置参数，如图 14-22 所示。

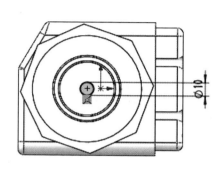

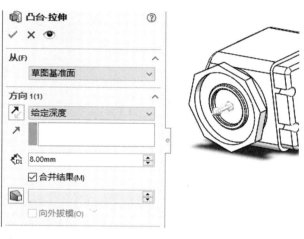

图 14-21 绘制圆形(4)　　　　　图 14-22 创建拉伸特征(5)

step 22 单击【草图】工具选项卡中的【多边形】按钮⊙，绘制多个六边形，如图 14-23 所示。

step 23 单击【特征】工具选项卡中的【拉伸凸台/基体】按钮，为六边形创建拉伸特征，并设置参数，如图 14-24 所示，得到的模型结果如图 14-25 所示。

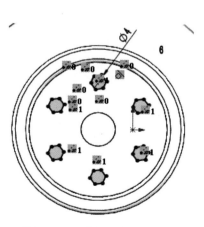

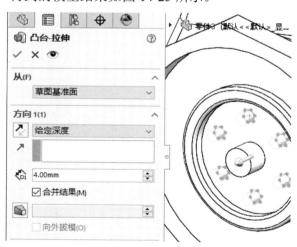

图 14-23 绘制多个六边形　　　　　图 14-24 创建拉伸特征(6)

第 14 章 综合设计范例

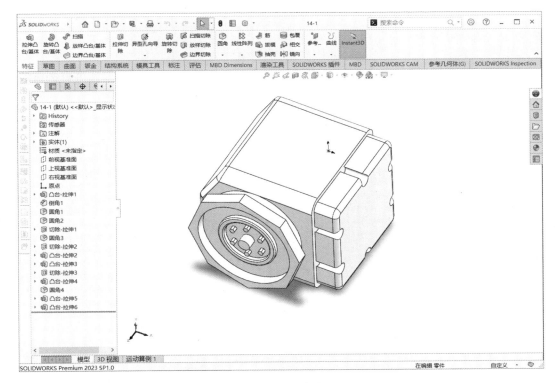

图 14-25 创建结果

至此，变速器模型创建完成，最终结果如图 14-26 所示。

图 14-26 变速器模型

14.2 绘制套管轴装配体范例

本范例完成文件：范例文件/第 14 章/14-2/1.SLDPRT、2.SLDPRT、3.SLDPRT、14-2.SLDASM、14-2L.SLDASM

14.2.1 范例分析

本节将绘制套管轴装配体模型,范例效果如图 14-27 所示。本节主要通过范例讲解套管轴的零件制作和装配方法,并介绍装配爆炸视图等操作。

图 14-27 套管轴装配体模型

这个范例首先创建 3 个零件模型,然后创建装配体文件,并进行装配定位,完成装配体模型,接下来在装配体基础上进行编辑,创建爆炸视图,将零部件分别进行移动形成爆炸视图,最后创建轴测剖面视图。

14.2.2 范例操作

step 01 首先创建第 1 个零件,单击【草图】工具选项卡中的【草图绘制】按钮,选择上视基准面,进行草图绘制,绘制 200×200 mm 的矩形并对四个角进行圆角操作,然后绘制四个直径为 20 mm 的圆形,如图 14-28 所示。

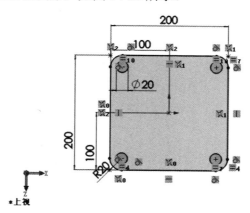

图 14-28 绘制零件 1 草图(1)

step 02 单击【特征】工具选项卡中的【拉伸凸台/基体】按钮,创建拉伸特征,参数设置如图 14-29 所示,对上一步绘制的草图进行拉伸操作。

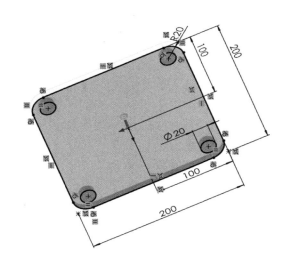

图 14-29　创建零件 1 拉伸特征(1)

step 03　选择模型面进入草绘，绘制直线，如图 14-30 所示。

step 04　单击【特征】工具选项卡中的【拉伸凸台/基体】按钮，创建拉伸特征，参数设置如图 14-31 所示，对上一步绘制的草图进行拉伸操作。

step 05　选择右视基准面进入草绘，绘制直径为 200 mm 的圆形，如图 14-32 所示。

step 06　单击【特征】工具选项卡中的【拉伸凸台/基体】按钮，创建拉伸特征，参数设置如图 14-33 所示，对上一步绘制的草图进行拉伸操作，至此零件 1 制作完成，结果如图 14-34 所示。

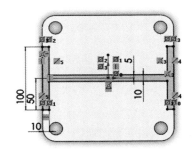

图 14-30　绘制零件 1 草图(2)

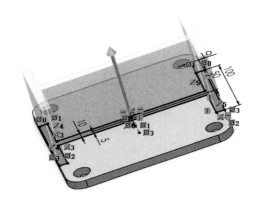

图 14-31　创建零件 1 拉伸特征(2)

step 07 下面制作零件 2，选择前视基准面进入草绘，绘制两个同心圆形，如图 14-35 所示。

step 08 单击【特征】工具选项卡中的【拉伸凸台/基体】按钮，创建拉伸特征，参数设置如图 14-36 所示，对上一步绘制的草图进行拉伸操作。

step 09 单击【特征】工具选项卡中的【异型孔向导】按钮，创建孔特征，参数设置如图 14-37 所示，在模型上进行孔特征操作。

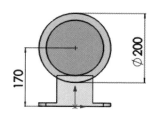

图 14-32　绘制零件 1 草图(3)

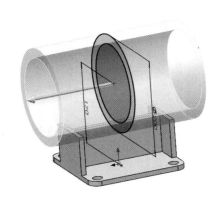

图 14-33　创建零件 1 拉伸特征(3)

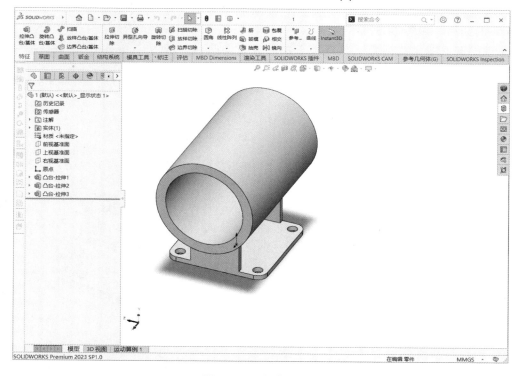

图 14-34　完成零件 1

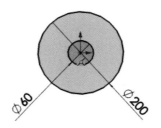

图 14-35 绘制零件 2 草图

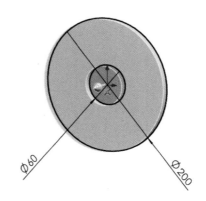

图 14-36 创建零件 2 拉伸特征

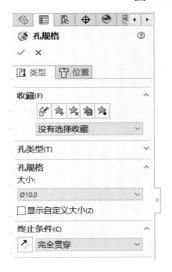

图 14-37 创建零件 2 孔特征

step 10 单击【特征】工具选项卡中的【圆周阵列】按钮，创建圆周阵列，参数设置如图 14-38 所示，选择孔特征进行圆周阵列操作，至此零件 2 制作完成，结果如图 14-39 所示。

step 11 下面制作零件 3。选择前视基准面进入草绘，绘制直线，如图 14-40 所示。

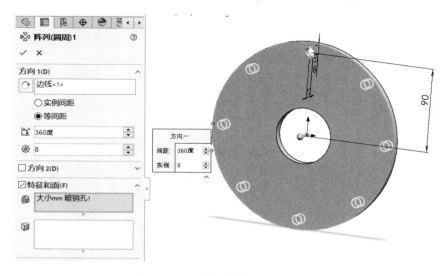

图 14-38 创建零件 2 圆周阵列

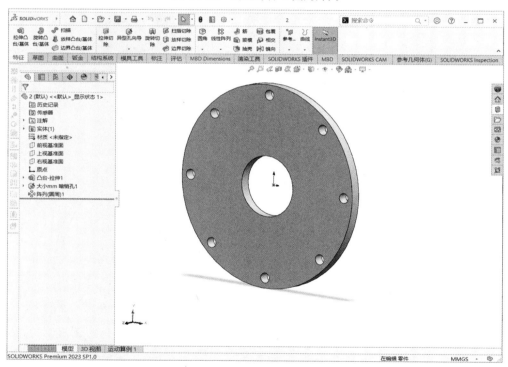

图 14-39 完成零件 2

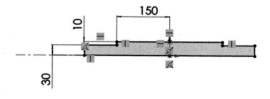

图 14-40 绘制零件 3 草图

step 12 单击【特征】工具选项卡中的【旋转凸台/基体】按钮，创建旋转特征，参数设置如图 14-41 所示，对上步绘制的草图进行旋转特征操作，至此零件 3 制作完成，结果如图 14-42 所示。

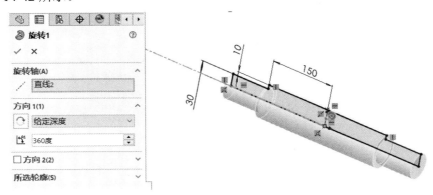

图 14-41 创建零件 3 旋转特征

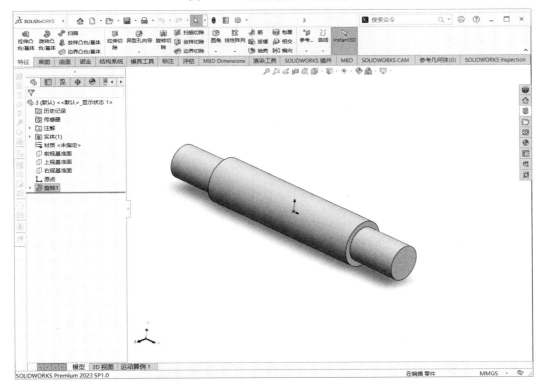

图 14-42 完成零件 3

step 13 下面开始制作装配体。新建一个装配体文件，单击【装配体】工具选项卡中的【插入零部件】按钮，设置【开始装配体】参数，如图 14-43 所示，打开并放置零件 1。

step 14 单击【装配体】工具选项卡中的【插入零部件】按钮，打开并放置零件 2，如图 14-44 所示。

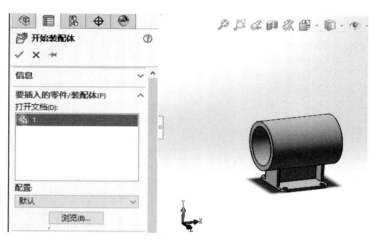

图 14-43 插入零件 1

图 14-44 插入零件 2

step 15 单击【装配体】工具选项卡中的【配合】按钮 ，选择配合约束关系为【同心】和【重合】，设置其中的参数，如图 14-45 所示，设置零件的配合约束关系。

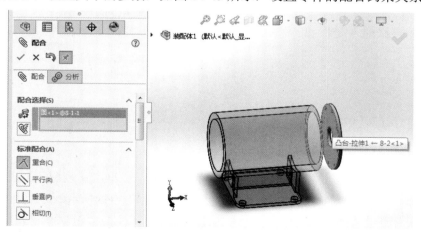

图 14-45 设置配合约束关系(1)

step 16 单击【装配体】工具选项卡中的【插入零部件】按钮，打开并放置零件3，如图 14-46 所示。

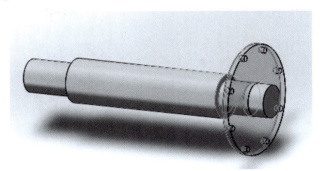

图 14-46　插入零件 3

step 17 单击【装配体】工具选项卡中的【配合】按钮，选择配合关系为【同心】和【重合】，设置其中的参数，如图 14-47 所示，设置零件的配合约束关系。

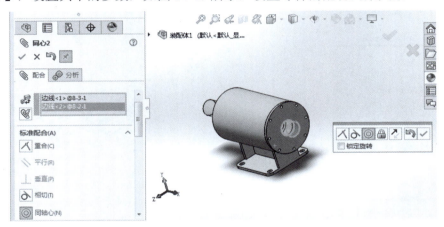

图 14-47　设置配合约束关系(2)

step 18 再次插入零件 2，设置配合约束关系，完成装配体的装配操作，结果如图 14-48 所示。

step 19 单击【装配体】工具选项卡中的【爆炸视图】按钮，设置爆炸步骤 1 的参数，在绘图区设置并移动零部件，如图 14-49 所示。

step 20 在【爆炸】属性管理器中，创建并设置爆炸步骤 2 的参数，在绘图区设置并移动零部件，如图 14-50 所示。

step 21 在【爆炸】属性管理器中，创建并设置爆炸步骤 3 的参数，在绘图区设置并移动零部件，如图 14-51 所示。

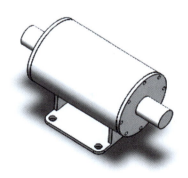

图 14-48　完成装配体

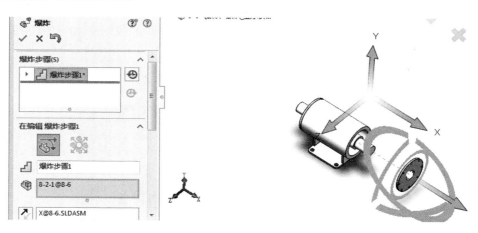

图 14-49　创建爆炸步骤 1

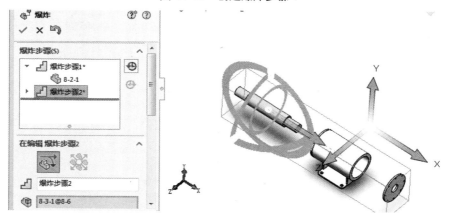

图 14-50　创建爆炸步骤 2

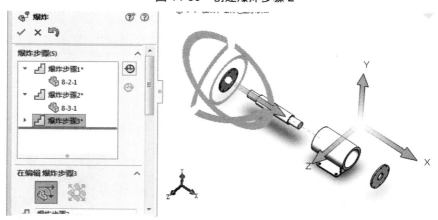

图 14-51　创建爆炸步骤 3

step 22 单击【装配体】工具选项卡中的【拉伸切除】按钮，选择上视基准面进入草绘，绘制矩形，如图 14-52 所示。

第 14 章 综合设计范例

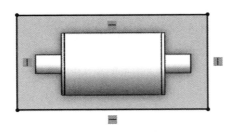

图 14-52 创建轴测剖视图剖切草图

step 23 在【切除-拉伸】属性管理器中设置拉伸切除特征的参数,如图 14-53 所示,进行拉伸切除操作。

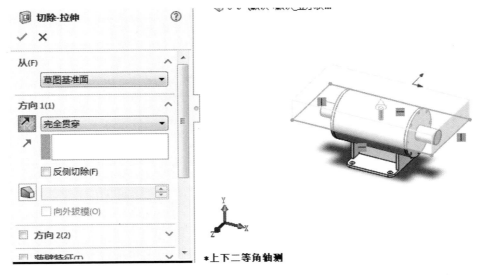

图 14-53 创建拉伸切除特征

至此,轴测剖视图绘制完成,最终结果如图 14-54 所示。

图 14-54 轴测剖视图

14.3 绘制秤台范例

本范例完成文件：范例文件/第 14 章/14-3. SLDPRT

14.3.1 范例分析

本节将绘制秤台模型，范例效果如图 14-55 所示。该模型的绘制是曲面模型设计中较为典型的设计范例，首先通过拉伸操作绘制出基体部分，然后通过填充和剪裁曲面绘制出其他曲面部分。

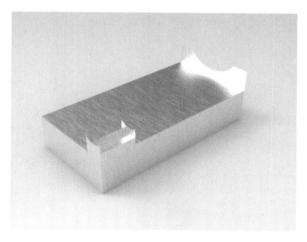

图 14-55 秤台模型

14.3.2 范例操作

step 01 新建图形文件，单击【草图】工具选项卡中的【草图绘制】按钮，选择上视基准面，在上视基准面上绘制矩形，如图 14-56 所示。

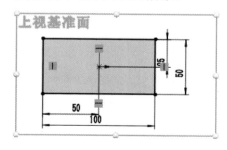

图 14-56 绘制矩形(1)

step 02 单击【曲面】工具选项卡中的【拉伸曲面】按钮，创建拉伸曲面，参数设置如图 14-57 所示。

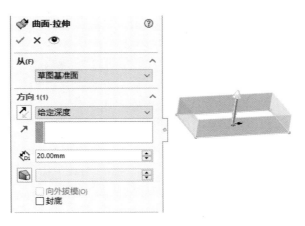

图 14-57　创建拉伸曲面(1)

step 03　单击【曲面】工具选项卡中的【填充曲面】按钮 ，创建填充曲面，如图 14-58 所示。

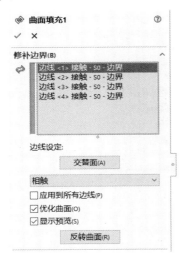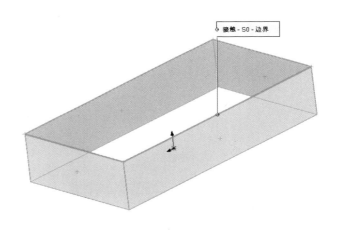

图 14-58　创建填充曲面

step 04　在上视基准面上绘制矩形，如图 14-59 所示。

step 05　单击【曲面】工具选项卡中的【拉伸曲面】按钮 ，再次创建拉伸曲面，如图 14-60 所示。

step 06　单击【曲面】工具选项卡中的【剪裁曲面】按钮 ，剪裁曲面，如图 14-61 所示。

step 07　单击【曲面】工具选项卡中的【延伸曲面】按钮 ，创建延伸曲面，如图 14-62 所示。

step 08　单击【草图】工具选项卡中的【圆】按钮 ，绘制圆形，如图 14-63 所示。

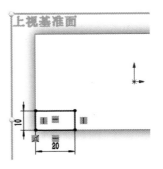

图 14-59　绘制矩形(2)

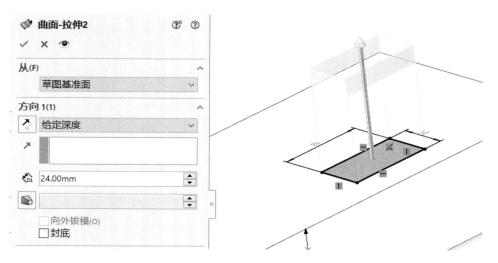

图 14-60 创建拉伸曲面(2)

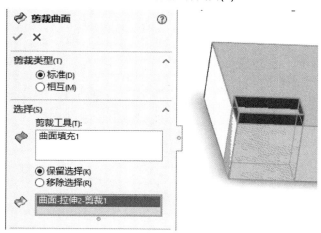

图 14-61 剪裁曲面(1)

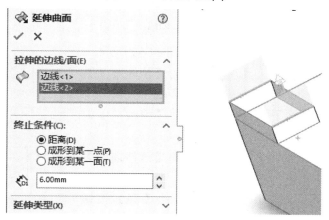

图 14-62 创建延伸曲面(1)

第 14 章 综合设计范例

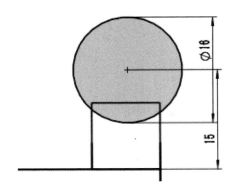

图 14-63 绘制圆形(1)

step 09 单击【曲面】工具选项卡中的【拉伸曲面】按钮，创建第 3 个拉伸曲面，如图 14-64 所示。

step 10 单击【曲面】工具选项卡中的【剪裁曲面】按钮，再次剪裁曲面，如图 14-65 所示。

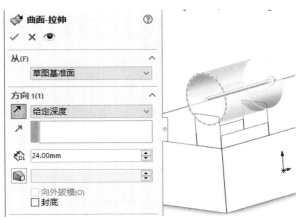

图 14-64 创建拉伸曲面(3)

图 14-65 剪裁曲面(2)

339

step 11 单击【曲面】工具选项卡中的【延伸曲面】按钮，再次创建延伸曲面，如图 14-66 所示。

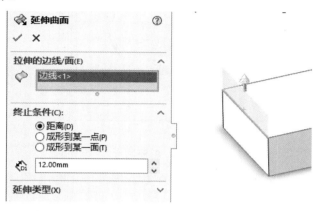

图 14-66 创建延伸曲面(2)

step 12 再绘制一个圆形，如图 14-67 所示。

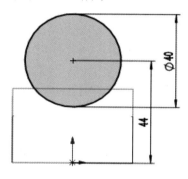

图 14-67 绘制圆形(2)

step 13 单击【曲面】工具选项卡中的【拉伸曲面】按钮，创建第 4 个拉伸曲面，如图 14-68 所示。

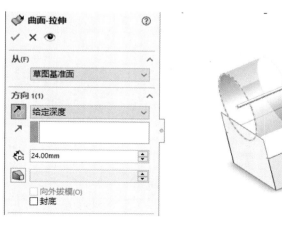

图 14-68 创建拉伸曲面(4)

第 14 章 综合设计范例

step 14 单击【曲面】工具选项卡中的【剪裁曲面】按钮，第 3 次剪裁曲面，参数设置如图 14-69 所示，裁剪后的模型结果如图 14-70 所示。至此，秤台模型创建完成。

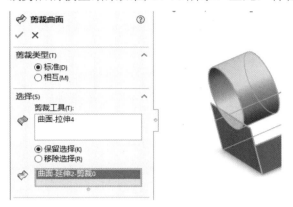

图 14-69 剪裁曲面(3)

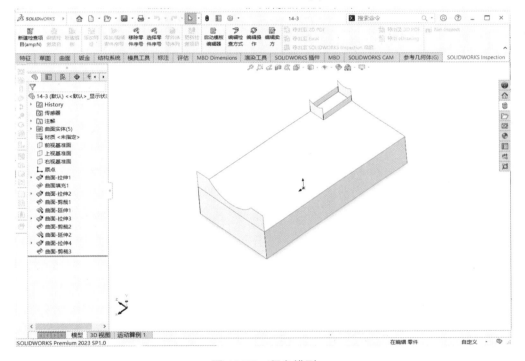

图 14-70 秤台模型

14.4 本章小结

本章主要介绍了使用 SOLIDWORKS 进行实战设计综合范例的方法，分别从 SOLIDWORKS 最常用的设计功能入手，进行三个范例绘制过程的详细讲解，使读者对 SOLIDWORKS 各设计功能有一个整体的认识，从而综合完成实际的设计范例制作。需要读者注意的是，在设计实际范例的过程当中，最重要的是模型参数的对应性和整体性。